영양판정 및 실습

Nutritional Assessment and Practice

머리말

우리는 현재 영양의 과잉과 부족이 공존하는 시대를 살고 있습니다. 더욱이 코로나19 팬데믹으로 인해 인류 모두는 일상과 건강에 많은 변화를 겪고 있으며, 그 어느 때보다 건강을 지키기 위한 영양관리 방법에 대한 관심이 높고, 면역력을 높이기 위한 식품 선택을 고민하는 사람들이 많아지면서 국민 영양 관리정책과 산업도 함께 변화하고 있습니다. 특히 코로나19 장기화에 따라 사회활동과 신체활동이 많은 제약을 받는 만큼 개인이 스스로 실천하는 균형된 영양섭취와 안전한 식생활 관리의 중요성은 더욱 강조되고 있습니다. 따라서 개인이나 집단의 영양상태를 정확히 파악하는 것은 올바른 식생활을 제시하는 데 필수적인 과정입니다.

이러한 현실적 맥락에서 이 책은 단순히 전공지식의 습득을 넘어 다양한 정보를 서로 연관시키고 종합적 평가를 할 수 있는 역량을 키워 체계적이고 실무능력을 갖춘 전문인력을 양성하기 위한 목적으로 기획되었습니다. 때문에 신체계측, 생화학적 조사, 임상조사, 식사조사에 해당하는 이론 내용을 충실히 담아 기본적으로 영양사 국가고시에 대비할 수 있도록 하였습니다. 특히 빠르게 변화하는 건강지표와 관리기준, 평가도구에 발맞추어 가장 최신의, 더욱 정확한, 현실적이고 쓸모있는 내용을 담기 위해 국내외의 방대한 자료를 폭넓게 검토하고 다양한 영양판정 요소를 실습 부분을 통해 다시 한 번 훈련할 수 있도록 구성하였습니다.

필자들의 풍부한 경험을 학생들과 다직종의 보건의료인들에게 성의있게 전달하자는 하나의 마음으로 집필을 시작한 만큼, 해를 넘기면서까지 준비하고 검토하고 다시 확인하면서 최선의 노력을 다했으나 미흡한 부분이 없지 않을 것입니다. 그러한 부분에 대해서는 독자들의 애정 어린 관심과 반응들을 통해 꾸준히 수정・보완하면서 완성도 높은 교재로 발전시킬 것을 약속드리며, 학계와 보건의료 전문인들에게 요긴하게 활용되는 교재가 되기를 바랍니다.

끝으로 이 책을 발간하기까지 물심양면으로 지원해 주신 도서출판 파워북에 감사의 마음을 전합니다.

2022년 2월

저자 일동

차례

CHAPTER 8

CHAPTER 9

입원환자의 영양판정 259

실습 285

부록 317

C H A P T E R

1

영양판정의 개요 및 계획

1. 영양판정의 개요 | 2. 영양판정 체계 | 3. 영양판정 방법 | 4. 영양불량 분류 | 5. 영양판정 계획과 결과 해석 | 6. 영양판정의 활용

C H A P T E R

1

영양판정의 의의, 체계, 조사방법을 설명하고, 적절한 영양판정 도구를 선정하며 영양판정 기준치를 적용하여 결과를 해석할 수 있다.

학습목표

- 영양판정의 정의와 목적을 설명할 수 있다.
- 영양판정이 활용되는 범위를 설명할 수 있다.
- 영양불량을 다양한 기준에 따라 분류할 수 있다.

1. 영양판정의 개요

1) 영양판정이란

영양판정nutritional assessment은 개인이나 집단의 영양소 섭취상태, 식습관 등 영양 정보를 수집·분석하고 건강과 관련된 신체계측, 생화학적 검사, 임상진단 등 다양한 자료를 연관 지어 현재의 영양상태와 영양필요량을 확인하여 대상자의 건강상태와 영양상태를 평가하는 과정을 말한다. 최근에는 식생활의 서구화, 신체활동 감소, 평균수명 증가, 가족 구성원의 감소 등 사회적 변화에 따라 만성질환의 발병이 더불어 증가하고 있다. 그러나 만성질병은 위험인자를 조절하면 예방할 수 있고, 발병을 지연시킬 수 있기 때문에 좋은 영양상태를 유지하고 적절한 영양평가를 시행하는 것은 건강한 생활 유지와 질병 예방, 삶의 질 향상의 기초가 된다.

2) 영양판정의 목적 및 목표

영양판정의 목적은 영양상태를 개선하여 건강증진을 도모하는 것이며 구체적인 목표는 다음과 같다표 1-1.

(1) 영양상태를 파악하여 문제점을 찾아내고 영양적으로 위험한 대상자를 선별한다.

(2) 영양중재 방향 설정과 구체적인 실행에 필요한 다양한 정보를 습득한다.

(3) 영양중재를 계획하고 시행한 후, 효과를 모니터링 및 재평가한다.

표 1-1 대상자별 영양판정의 목적

대상자	목적
건강인	• 개인 혹은 집단의 건강을 유지하는 데 필요한 것을 찾아내고자 함 • 개인 혹은 집단의 식품영양소 섭취 실태를 파악하고 가장 우선으로 필요한 사항과 순위를 정리하고자 함 • 질병과 식사섭취 및 기타 위험요인과의 관련성을 파악하고자 함 • 식생활 지침을 선정하는 기준을 마련하고자 함 • 국민영양정책의 방향을 설정하고 계획하여 실행하고자 함 • 기타 보건, 경제 등 다양한 요인에서 활용하고자 함
환자	• 영양적으로 위험한 상태에 있는 환자를 선별하고 분류하고자 함 • 영양치료 효과를 측정하고자 함 • 질병별 영양관리 지침을 작성하는 데 참고하고자 함

2. 영양판정 체계

영양판정 체계는 영양조사, 영양선별, 영양 모니터링 및 감시의 3가지 형태로 분류할 수 있다.

1) 영양조사

영양조사nutritional survey는 인구집단의 식사 섭취를 조사하여 영양상태를 파악하는 것이다. 보통 지역사회의 전반적인 영양상태를 조사하여 만성적인 영양 관련 문제점을 파악하고, 취약집단을 분류하여 영양증진정책을 수립하고 다양한 영양지원사업을 수행할 수 있다. 일반적으로 횡단적 조사cross-sectional survey가 시행되기 때문에 영양불량의 원인을 밝혀내기에는 어려움이 있으나 영양상태 취약 여부를 분류하는 데는 도움이 된다.

영양조사는 조사계획, 대상선정, 내용결정, 방법확립, 예비조사, 조사실시, 자료정리

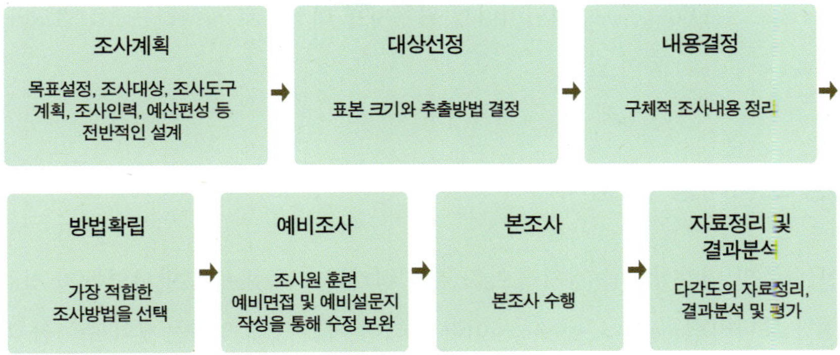

그림 1-1 | 영양조사의 단계

및 결과분석의 총 7단계를 거친다. 이처럼 영양조사는 시간과 비용이 많이 들기 때문에 사전에 철저하게 계획을 세워 목적에 부합하는 영양조사를 시행해야 하며 실행 시 목적과 방법에 따라 단계를 생략하거나 반복하기도 한다그림 1-1.

2) 영양선별

영양선별nutritional screening은 영양조사 결과에 따라 중재가 필요한 대상을 구분하는 과정이다. 영양선별은 주로, 병원이나 보건소와 같은 영양서비스를 제공하는 기관에서 수행하며 영양조사나 영양감시보다 적용 범위가 좁고, 깊이 있는 영양판정과 영양중재를 하기 전에 영양불량 위험이 있는 대상자를 선별하는 전 단계 과정이다. 더욱 구체적인 영양중재를 시행하기 위해서는 개인 또는 집단의 영양문제를 가장 잘 파악할 방법이 무엇인지 결정하고, 대상자의 여러 정보를 위험 수준 또는 판정기준치cut-off point와 비교해야 한다. 영양관리가 필요한 대상자를 분류하여 영양관리를 시행하는 것은 비용-효과 측면에서 매우 효율적이다. 국내 도구로는 한국보건산업진흥원에서 개발한 식생활 기반 건강위험도 평가dietary-related health appraisal, D-HRA, 한국영양학회에서 개발한 생애주기별 영양지수nutrition quotient, NQ 등이 있다. 국외 도구로는 노인 대상의

MNAmini nutritional assessment, 성인이나 입원환자를 대상으로 시행하는 MUSTmalnutrition universal screening tool 등이 있다.

3) 영양 모니터링 및 감시

개인 위주의 영양상태를 정기적으로 조사 평가하고 목표에 도달하였는지 점검하는 것을 영양 모니터링nutritional monitoring이라고 하며 이를 통해 영양문제의 추이를 파악할 수 있다. 반면, 영양감시nutrition surveillance는 인구집단의 영양상태를 지속적으로 점검하는 것인데, 장기간에 걸쳐 자료가 수집 · 분석되고 영양문제의 원인을 잠정적으로 규명하고 영양문제가 다시 발생하지 않도록 관리 · 감독하는 것이다. 영양 모니터링과 감시는 종단적 형태로 영양문제의 규명과 중재방향 모색에 효과적이다.

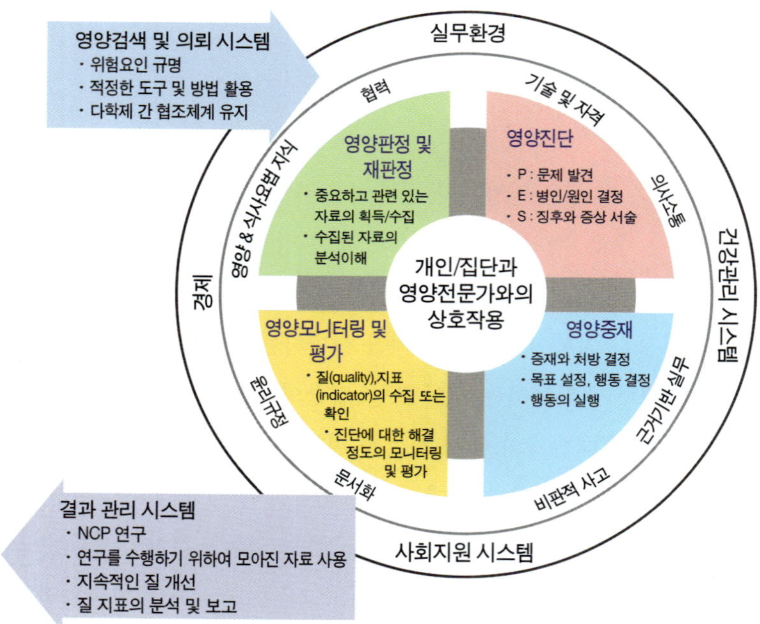

그림 1-2 | 영양관리과정 모델

출처: Manhan & Raymond. Food and nutrition care process(14th ed.). 2016에서 재인용

영양관리는 보다 체계적이고 표준화된 업무과정이 요구되어 2002년 미국영양사협회에서는 영양관리과정nutrition care process, NCP모델을 개발하였다. 이는 주로 질병치료를 목적으로 임상영양사나 전문영양사가 수행하는 영양관리과정으로 영양판정, 영양진단, 영양중재, 영양 모니터링 및 평가 단계로 구성되어 있으며 개인 혹은 집단을 대상으로 양질의 개별화된 영양관리업무가 가능하다그림 1-2 .

3. 영양판정 방법

영양상태를 판정하는 방법은 직접평가와 간접평가로 나뉘는데, 직접평가는 신체계측 조사anthropometric assessment, 생화학적 조사biochemical assessment, 임상조사clinical assessment, 식사섭취 조사dietary assessment로 구분된다. 간접평가는 주로 집단 전체를 대상으로 보건통계, 식품 공급, 문화적 요인, 종교, 경제요인 등 영양상태에 영향을 주는 여러 요인을 조사한다.

1) 직접평가법

(1) 신체계측 조사

신체계측 조사는 성장발육 정도와 체구성분을 측정하여 얻은 신체지수를 기준치와 비교 평가하는 영양상태 판정방법이다. 식사를 통한 영양섭취는 키, 몸무게, 체지방 함량, 체근육 상태, 성장발육 상태 등에 중요한 영향을 미치므로 신체계측은 성장기 아동부터 노인의 영양상태 판정에 매우 유용하며 최근의 영양섭취에 대한 평가보다는 과거로부터 장기간의 영양상태를 반영하기 때문에 예민도가 낮다. 또한 신체계측은 간편하고 비용이 적게 들며, 단기간 훈련을 통해 조사를 수행할 수 있다는 장점이 있다.

(2) 생화학적 조사

생화학적 조사는 혈액, 소변, 조직 중의 영양소와 대사산물의 함량을 화학적으로 분석하고, 기능을 검사하여 관련성을 살펴봄으로써 영양상태를 판정하는 방법이다. 생화학적 조사는 임상 현장에서 환자를 대상으로 장·단기간 영양불량의 정도를 파악하거나 영양치료 효과를 판단할 수 있는 매우 효율적이고 객관적이며 신뢰도가 높은 방법이다.

(3) 임상조사

임상조사는 영양상태의 변화 때문에 나타나는 신체 징후의 유무 및 정도를 조사하는 것으로 병력, 식사력, 임상진단을 통해 조사한 영양불량 징후sign와 증상symptom을 해석하는 것이다. 임상증상은 보통 비특이적이고 영양결핍이 만성적으로 진행되거나 심각한 상태에서 주로 파악되기 쉬우므로 예민도가 낮다. 따라서 임상조사만으로는 영양상태를 판정하기 어려우므로 병력, 신체계측, 식사섭취, 생화학적 분석 등 여러 조사방법과 함께 실시하고 종합적으로 판정하는 것이 가장 정확하다.

(4) 식사섭취 조사

식사섭취 조사는 대상자가 섭취한 식품의 종류와 양을 조사하고, 이를 영양소 섭취량으로 환산하여 기준치와 비교함으로써 식품과 영양소 섭취 상태를 평가하고 식습관을 파악하고 식사 전반의 문제점을 찾아내는 방법이다. 주로 24시간 회상법, 식품섭취빈도법, 식사력 조사법 등 개인을 대상으로 시행하는 방법도 있고, 국가 단위의 식품수급표도 있으므로 조사 내용이나 목적에 알맞은 방법을 선택한다.

2) 간접평가법

간접평가법은 영양상태를 평가하는 데 있어 자료를 분석하고, 문제해결을 위한 원인 파악에 도움이 되는 기초자료를 다양하게 조사하는 방법이다. 보건통계 분석조사 시에는 인구자료(인구구조, 출생률, 사망률 등), 건강의학통계자료(질병발생률, 질병사망률, 영유아사망률, 암사망 순위 등)를 분석하고 식품공급 상황 조사에서는 식품별 수급 실태, 식품 가격, 급식 지원 프로그램 등을 분석한다. 환경행태조사로는 사회적 요인(경제, 직업, 교육 수준 등), 가족적 요인(가족 구성원, 결혼 상태, 종교, 관습, 가족병력 등), 지리적 요인(식품의 생산 및 유통과 관련된 자연환경 등), 생활요인(결혼, 사망, 실직, 이사 등 생활의 변화) 등을 조사 ·분석한다.

4. 영양불량 분류

영양불량은 여러 단계를 거쳐 진행되고 발생한다표 1-2. 영양소 섭취량이 과부족한 상태가 지속되면 체내 저장량이 감소하고 체액의 농도가 변화하는데, 이는 궁극적으로 신체기능 감소를 초래하고 성장, 발육, 건강 유지에 영향을 미치는 극심한 영양불량 상태에 놓이게 된다. 영양불량이 임상증상으로 발현되기까지는 오랜 기간이 걸리고, 증세가 복합적으로 나타날 수 있으므로 영양결핍이 한 가지 영양소에만 국한되지 않는다. 이처럼 영양불량은 영양결핍의 정도와 기간에 따라 다르게 나타날 수 있으므로 단계에 따라 타당성, 정확성, 신뢰성, 예민성, 특이성을 고려한 적절한 판정방법을 적용해야 한다. 또한, 영양불량을 분류하는 기준에 따라 방법에도 차이가 있고, 영양불량 상태는 영양소 섭취량의 과부족과 영양소 이용효율에 의해 결정되므로 영양판정 시 영양소 섭취의 과부족 상태뿐만 아니라 체내 생리 상태와 질병 요인을 함께 조사하고 평가하여야 한다.

표 1-2 영양불량 단계별 영양판정 방법

영양불량 단계	신체 결핍 상태	영양판정 방법
1단계	식사를 통한 영양소 공급 및 섭취가 부적절한 상태	식사섭취 조사법
2단계	조직 내 영양소의 양이 서서히 감소하는 상태	생화학적 분석법
3단계	신체 체액 내 영양소의 양이 감소된 상태	생화학적 분석법
4단계	조직 및 기관의 특성이 약화되는 상태	신체계측법 생화학적 분석법
5단계	영양소 관련 여러 효소활성도가 감소된 상태	생화학적 분석법
6단계	신체 특정 기관의 기능성이 변화되는 상태	행동 변화 관찰법 신체기능 분석법
7단계	임상적 결핍증상이 나타나는 상태	임상관찰법
8단계	해부학적 징후가 나타나는 상태	임상관찰법

1) 영양불량의 분류법

영양불량의 분류법에는 다음과 같이 여러 종류가 있다.

(1) 영양공급의 정도와 기간에 따른 분류

영양판정 방법을 체계적으로 수립한 Jelliffe의 분류법을 주로 사용한다표 1-3.

표 1-3 Jelliffe의 영양불량 분류

분류	정의
영양부족 (undernutrition)	장기간 신체가 필요로 하는 영양소를 섭취하지 못했거나 체내에서 제대로 이용되지 못해 발생하는 영양불량 상태

분류	정의
영양과잉 (overnutrition)	장기간 신체가 과잉의 영양소를 섭취하면서 나타나는 영양불량 상태
영양결핍 (specific nutrient deficiency)	한 가지 또는 그 이상의 특정 영양소를 섭취하지 못하거나 체내 이용률이 감소하면서 나타나는 영양불량 상태
영양불균형 (imbalance)	영양소의 필요량과 섭취량이 질적 · 양적으로 균형을 이루지 못해 나타나는 영양불량 상태

(2) 직접 또는 간접 원인에 따른 분류

영양소의 공급 부족과 생리적 원인에 의해 일차적 또는 이차적 영양불량으로 분류한다.

표 1-4 직 · 간접 원인에 따른 분류

분류	정의
일차적 영양불량 (primary malnutrition)	식사를 통한 영양소 공급이 질적 · 양적으로 부적절하여 신체 요구량을 충족하지 못해 발생하는 영양불량 상태
이차적 영양불량 (secondary malnutrition)	질병이나 신체장애로 영양소 대사항진, 영양소 배설 증가, 신체 요구량 증가로 발생하는 영양불량 상태 임신, 수유, 흡연, 알코올, 약물 복용, 정신질환 등이 해당

(3) 질병과 관련된 발생원인에 따른 분류

질병 발생원인별 분류에서는 Shils 분류법을 주로 사용한다.

- 영양소의 흡수 저하로 인한 영양불량
- 질병으로 인해 발생한 식욕부진에 의한 영양불량
- 대사항진으로 인한 영양불량
- 특정 대사장애로 인한 영양불량
- 장기 손상으로 인한 영양불량
- 치료를 위한 약물이나 다른 처치로 인해 발생한 영양불량

2) 영양상태에 영향을 주는 요인

(1) 신체적 요인

영양상태에 영향을 주는 신체적 요인은 표 1-5와 같다. 신체적 요인에 의해 개인의 영양상태가 영향을 받기도 하고, 반대로 개인의 영양상태에 의해 신체적 요인이 영향을 받기도 한다. 따라서 영양상태의 판정에서는 결과에 영향을 줄 수 있는 다양한 요인을 사전에 충분히 이해하고 조사를 시행해야 한다.

표 1-5 영양상태에 영향을 미치는 신체적 요인

요인	세부 요인 예시
불충분한 영양소 섭취	• 열량, 단백질, 비타민과 무기질 등 영양소 섭취가 부족한 경우 • 식욕부진과 위장관 질환이 있는 경우 • 치아 소실, 거동장애 등 섭식 행동이나 환경에 제약이 있는 경우 • 식품에 대한 알레르기 증상이 있는 경우 • 질병의 치료를 목적으로 영양소 섭취에 방해가 되는 약물을 복용하거나 치료 중인 경우
체내 요구량 증가	• 발열, 감염, 패혈증, 종양, 외상, 수술, 화상 등의 경우 • 스트레스가 많이 증가한 경우 • 임신이나 성장기인 경우
체내 이용 장애	• 인체 기관의 기능 저하로 대사장애가 생긴 경우 • 선천적인 대사장애가 있는 경우 • 특정 약물에 의해 영양소의 이용이 저하된 경우
흡수 불량	• 만성 소화기계 장애가 있는 경우 • 수술로 장관의 일부가 절제된 경우 • 장내 감염, 소아지방변증이 있는 경우 • 약물치료로 인한 부작용이 있는 경우
배설 증가	• 구토, 설사, 출혈이 있는 경우 • 소화기계 장애로 소화액, 효소, 호르몬 등이 체외로 삼출하는 경우 • 장관 체류 시간이 감소한 경우

(2) 환경적 요인

영양상태에 영향을 주는 사회적 요인은 표 1-6과 같다. 다양한 사회적 요인은 일차적으로 영양소 섭취량에 직접적인 영향을 줄 수 있고, 심리적 상태나 호르몬 분비에도 영향을 끼치며, 영양소 흡수 및 이용률에도 장애를 줄 수 있다. 따라서 조사 시 사회적 요인을 포함하고 영양판정 결과와 연관 지어 해석할 수 있어야 한다.

표 1-6 영양상태에 영향을 미치는 환경적 요인

사회환경 요인	가족환경 요인
• 경제상태/빈곤계수 • 지역의 특성 • 직업 및 교육 수준 • 거주지역의 의료환경 • 거주지역의 식품유통 및 공급환경 • 정부나 사회단체의 식품 및 급식 프로그램 지원 여부 • 종교, 관습 등	• 가족 구성원 및 거주상태 • 개인과 가족 구성원의 질병력 • 식품저장시설 및 주방상태 • 개인과 가족의 식생활 특성, 지식 및 태도 • 흡연, 음주, 운동, 수면 • 외식의 빈도 • 스트레스 등

5. 영양판정 계획과 결과해석

영양판정을 계획할 때는 판정의 목적 설정과 대상자 선정, 이를 고려한 영양판정 방법의 선택이 매우 중요하다. 영양판정을 위한 조사방법을 선택할 때에는 타당도, 정확도, 예민도, 특이도, 신뢰도 등이 고려되어야 한다.

1) 영양판정 계획 시 참고사항

(1) 타당도

타당도validity는 사용지표나 방법이 조사하고자 하는 영양소나 영양상태를 적절히 평가하고 있는가를 나타낸다.

(2) 정확도

정확도accuracy는 조사방법이 얼마나 정확하게 참값을 측정하는가를 나타낸다.

(3) 예민도

예민도sensitivity는 영양상태의 평가지표가 영양상태 변화를 얼마나 민감하게 반영하는가를 나타낸다.

(4) 특이도

특이도specificity는 측정결과가 어떤 영양소의 문제인가를 알려준다.

(5) 신뢰도

신뢰도reliability는 같은 방법으로 두 번 이상 반복되는 측정에서 얼마나 비슷한 결과값을 내는가를 나타낸다.

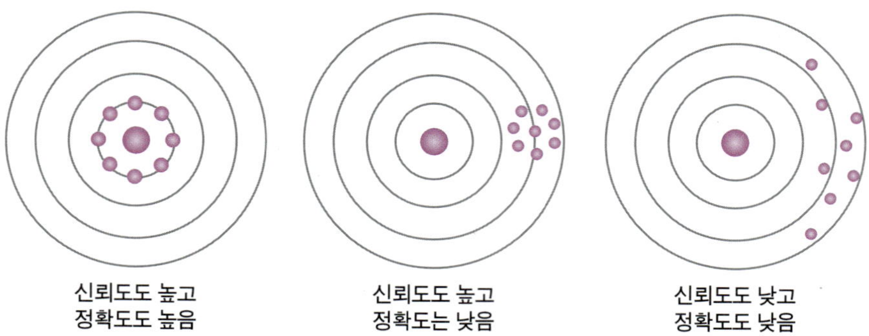

그림 1-3 | 정확도와 신뢰도의 개념

(6) 측정오차

측정오차measurement errors에는 무작위 오차random measurement errors와 구조적 오차systematic measurement errors가 있다. 무작위 오차는 판정방법이나 기구의 부적합성으로 반복되는 측정치 사이에서 오차가 발생하는 것을 의미하며 신뢰도와 관계가 있다. 이 오차는 대상자 수를 늘리거나 기술방법의 표준화와 조사자의 훈련 등으로 줄일 수 있다. 구조적 오차는 판정방법이나 기구 자체의 부적절함으로 인해 모든 측정에서 같은 오차가 발생하는 것을 의미하며 신뢰도와는 관계없으나 타당도가 낮아진다. 체중계의 눈금이 잘못되어 있어 항상 체중을 잘못 측정하게 되는 경우가 구조적 오차의 사례이다.

영양조사를 시행한 후 결과에 대해 판정을 할 때, 여러 기준치를 활용하여 비교하는데 기준치는 판정결과를 해석하는 데 결정적인 역할을 하므로 신중하게 선택해야 한다. 가장 일반적인 방법으로는 참고치reference value, 참고치 분포reference distribution, 참고치 경계reference limits, 한계치cut-off points 등이 있다.

2) 영양판정 결과해석 시 참고사항

(1) 참고치

참고치는 표준이 될만한 건강한 사람들의 측정치로 단순히 표본의 결과를 기술한 것이다.

(2) 참고치 분포

백분위로 나타낸 참고치의 분포도를 의미하며, 개인의 측정치는 참고치 분포에서 몇 백분위수에 해당한다고 평가할 수 있다.

(3) 참고치 경계

참고치 경계는 참고치 분포에서 보통 2곳을 정하여 3개의 참고치 간격을 만들어 기준치로 이용하는 방법이다. 참고치 경계는 통계적으로 발생하는 수치이기 때문에 '매우 낮음', '보통', '매우 높음' 식의 평가가 가능하다.

(4) 한계치

한계치는 체내 저장 영양소의 고갈, 기능손상, 영양결핍 증상 발생을 예측해주는 것으로 한 가지 영양판정 지표에 1~2개의 한계치를 설정한 후 그 이상은 '양호', 미만은 '불량'으로 분류할 수 있다.

6. 영양판정의 활용

영양판정의 결과는 다음과 같이 여러 분야에서 활용할 수 있다.

(1) 국가 단위 조사로, 국민의 영양상태를 파악함으로써 영양정책과 사업계획을 수립하는 데 중요한 근거자료이다.

(2) 지역사회의 보건소, 학교, 산업체 등에서 영양사업의 계획, 실행, 효과 평가에 이용될 수 있다.

(3) 의료기관에서 환자의 영양판정을 통해 적절한 영양 처방과 관리를 시행하여 질병의 치료와 회복을 도울 수 있다.

(4) 식사와 질병 간 관련성을 규명하여 식사지침을 제공하는 등 질병 예방 및 역학연구의 도구로 활용된다.

C H A P T E R

2

식사섭취 조사

C H A P T E R

2

식사섭취 조사는 영양판정 과정 중 가장 중요하고 기본적인 방법으로, 조사 대상자가 누구이고, 조사목적이 무엇이냐에 따라 식사섭취 조사방법이 달라진다. 이 장에서는 개인 또는 집단을 대상으로 식사섭취 조사를 할 때 사용되는 조사방법과 특성을 알아보고자 한다.

학습목표

- 개인의 식사섭취 조사방법의 종류를 알아보고, 각 방법들의 장단점을 설명할 수 있다.
- 집단의 식사섭취 조사방법의 종류를 알아보고, 각 방법들의 장단점을 설명할 수 있다.
- 식사섭취 조사 실행 시 주의할 점을 숙지하고, 측정 시 발생되는 오차와 이를 줄일 수 있는 보완점에 대해 설명할 수 있다.

1. 식사섭취 조사의 의의

식사섭취 조사는 개인이나 집단의 영양소 섭취상태를 파악하는 데 가장 중심이 되는 수단이다. 국민건강영양조사, 역학연구, 지역주민의 영양상태 파악, 건강증진을 위한 보건소 영양프로그램을 평가하려면 대상 집단에 대한 식사섭취 조사가 필수적이다. 뿐만 아니라 식사섭취 조사에서 수집된 정보들은 영양정책의 수립, 만성질환의 관리, 새로운 식품의 개발, 식품의 오염물질, 첨가물에 대한 안전관리대책 수립 등 다양한 용도로 활용된다.

식사섭취 조사방법은 조사대상에 따라 개인 또는 집단으로 분류할 수 있다. 먼저 개인을 대상으로 식사섭취 상태를 파악하는 데 많이 사용하는 식사섭취 조사방법에는 회상법, 식사기록법, 식품섭취빈도법, 식사력 조사법, 실측법 등이 있다. 또한 특정 기간 가족 전체의 식품 소비를 조사할 수도 있는데 이 때에는 식품계정조사, 식품재고조사 방법이 사용된다.

그러나 식사섭취 조사를 실제로 수행하려면 많은 어려움이 따른다. 사람들은 매일 식사하는 내용이 다를 뿐 아니라 일상생활 등 행동을 측정해야 하므로 각 방법마다 측정할 수 있는 범위, 정확성, 비용 등이 다르고, 모든 측면에서 다 만족할 만한 방법은 사실상 없다. 따라서 조사자는 조사방법을 선택할 때에 조사목적, 조사대상자의 특성, 인력, 경제적 측면을 함께 검토하여 조사 여건에 적절한 방법을 찾아야 한다. 조사방법의 신뢰도는 동일한 상황에서 반복해 조사할 때에 비슷한 결과를 보이는가, 측정오차가 얼마나 적은가에 달려 있다. 따라서 조사과정에서는 편견을 배제하고 오차의 발생을 줄여서 타당성이 높은 자료를 수집해야 한다. 식사섭취 조사가 성공적으로 이루어지기 위해서는 조사대상자에게 부담을 적게 주면서 평소 섭취량에 가까운 결과를 얻을 수 있는 방법을 선택하는 것이 중요하다.

2. 개인의 식사섭취 조사

개인을 대상으로 하는 식사섭취 조사방법으로는 단기간 양적인 식사섭취 상태를 파악하기 위해서는 회상법recall method, 식사기록법food record method, 실측법weighing method 등을 사용하고, 장기간 식사섭취 상태를 조사하기 위해서는 식품섭취빈도법food frequency method , 식사력 조사법diet history method 등이 사용된다.

1) 회상법

회상법recall method은 조사대상자의 기억에 의존하여 식사섭취 상태를 조사하는 것으로 24시간 회상법, 3일 회상법, 7일 회상법 등이 있으나 조사기간이 길어질수록 기억의 한계로 인해 정확도가 떨어지므로 주로 24시간 회상법을 사용한다. 조사내용은 섭취한 음식이나 식품의 종류, 양, 섭취시간, 장소, 조리방법 등이며 건강기능성 식품의 복용까지도 상세히 조사해야 한다. 일반적으로 24시간 회상법으로 섭취량을 조사할 경우 소요되는 시간은 15~30분 정도이다.

(1) 장점과 단점

회상법의 장점과 단점은 표 2-1에서 요약하였다.

표 2-1 회상법의 장점과 단점

구분	내용
장점	• 소요 시간이 짧음 • 비용이 저렴함 • 조사대상자의 부담이 적어 응답률이 높음 • 조사대상자의 교육 수준에 관계 없이 누구든지 조사 가능함

구분	내용
단점	• 기억력에 의존하므로 정확한 조사가 어려움(노인, 어린이의 경우 부적합) • 일상적인 식사섭취 조사가 어려움(주말이나 특별한 날의 섭취량 편차) • 보고된 섭취량과 실제 섭취량이 다를 수 있음 • 조사원의 능력에 따라 결과가 달라짐

(2) 유의사항

첫째, 주말, 공휴일, 생일 등의 특정한 날은 피하는 것이 좋다. 평소 식습관과 유사하게 측정되고 오차를 줄이기 위해서는 2~3일 동안의 식사섭취 조사를 하는 것이 좋으며 주중 2일과 주말 1일을 포함하도록 권장한다.

둘째, 조사원의 표준화된 훈련이 중요하다. 섭취한 식품을 잘 기억하도록 유도하기 위해서는 하루 일과를 물어보며 기억을 재생시켜 섭취한 음식을 조사하는 것이 좋다.

셋째, 정확한 목측량을 조사하기 위해 식품모형, 사진, 그릇, 계량컵, 숟가락 등을 보조도구로 사용한다. 목측량을 중량으로 환산하는 과정에서 오차가 많이 발생하므로 표준화된 조사지침을 마련해야 한다.

다음 표 2-2는 24시간 회상법으로 식사섭취량을 조사할 때 사용되는 질문지 양식의 예이다.

표 2-2 24시간 회상법 질문지 양식의 예

식사	시간	음식명	섭취량(목측량)	재료명	식사 장소
아침	07시	커피	1잔(1스틱, 12 g)	믹스커피	집
점심	12시	흰밥	1공기	쌀	회사
		미역국	1대접	미역	
				쇠고기	
		카레라이스	1대접	카레 가루	
				감자	
				당근	
				양파	
				돼지고기	
		단무지	5쪽	단무지	
간식	15시	단팥빵	1개	단팥빵	회사
저녁	19시	흑미밥	1공기	쌀	집
				흑미	
		시금치된장국	1대접	시금치	
		불고기	1접시	쇠고기	
				양파	
				버섯	
		무생채	1접시	무	
		배추김치	3쪽	배추김치	

식품군	1인 1회 분량					
곡류 (300kcal)	쌀밥(210 g)	백미(90 g)	국수(말린 것) (90 g)	냉면국수 (말린 것)(90 g)	가래떡 (150 g)	식빵 1쪽* (35 g)
고기 · 생선 · 달걀 · 콩류 (100kcal)	쇠고기 (생 60 g)	닭고기 (생 60 g)	고등어 (생 70 g)	대두 (20 g)	두부 (80 g)	달걀 (60 g)
채소류 (15kcal)	콩나물 (생 70 g)	시금치 (생 70 g)	배추김치 (생 40 g)	오이소박이 (생 40 g)	느타리버섯 (생 30 g)	미역(마른 것) (10 g)
과일류 (50kcal)	사과 (100 g)	귤 (100 g)	참외 (150 g)	포도 (100 g)	수박 (150 g)	대추(말린 것) (15 g)
우유 · 유제품 (125kcal)	우유 (200 mL)	치즈 1장[†] (20 g)	호상요구르트 (100 g)	액상요구르트 (150 g)	아이스크림/셔벗 (100 g)	
유지 · 당류 (45kcal)	콩기름 1작은술(5 g)	버터 1작은술 (5 g)	마요네즈 1작은술(5 g)	커피믹스 1회 (12 g)	설탕 1큰술 (10 g)	꿀 1큰술 (10 g)

*식빵은 35 g은 0.3회, 치즈 20 g은 0.5회로 계산됩니다.

출처 : 보건복지부(2020). 2020 한국인 영양소 섭취기준

그림 2-1 | 식품군별 대표식품 1인 1회 분량

2) 식사기록법

식사기록법food record method은 식사일기라고도 하며 조사대상자가 조사기간 동안 섭취한 모든 음식을 스스로 기록하는 방법이다. 식품명, 분량, 시간, 장소 등 음식을 섭취할 때마다 기록하기 때문에 회상법에서 우려되는 기억의 오류 문제를 해소할 수 있다. 조사기간은 연구목적에 따라 1일, 3일, 5일, 7일 등으로 정할 수 있으며, 요일의 영향을 고려하여 주중과 주말을 포함해야 한다. 기간이 길어질수록 조사대상자의 일상적인 식사를 반영하기에는 좋으나 조사대상자의 협조를 구하기 힘들고, 정확도가 떨어지기 때문에 대부분 3일 조사를 많이 시행한다.

(1) 장점과 단점

식사기록법의 장점과 단점은 표 2-3과 같다.

표 2-3 식사기록법의 장점과 단점

구분	내용
장점	• 회상법의 기억 오류에 대한 문제점 보완이 가능함 • 비교적 자세하고 정확한 정보 취득이 가능함 • 일기 형식으로 작성이 가능함 • 비용이 저렴함
단점	• 매일 기록에 대한 부담 가중으로 조사일 수가 길어지면 정확도가 감소할 수 있음 • 식사량을 적게 기록할 수 있음 • 수량에 대한 개념과 문자를 읽고 쓸 줄 알아야 함

(2) 유의사항

첫째, 조사대상자의 적극적인 협조가 필요하다. 식사기록법은 조사대상자 스스로 식사내용을 기록해야 하므로 조사대상자의 교육 수준이 어느 정도 이상이어야 하고, 적극적으로 협조할 수 있는 대상자를 구하는 것이 중요하다.

둘째, 조사대상자의 동기유발과 사전교육이 중요하다. 조사대상자는 기록에 대한 부담으로 식습관을 바꾸거나 단순화하는 경향이 있고, 섭취한 것을 기록에서 누락하여 실제 섭취량보다 적게 기록하는 경향을 보인다. 또한 비빔밥과 같은 복합음식의 경우 그 안에 포함된 식품의 종류는 무엇인지, 어느 정도 들어있는지 목측량을 추정해서 기록할 수 있도록 교육해야 한다.

따라서 식사기록법의 정확성을 높이기 위해서는 조사 전에 조사에 대한 동기유발을 통해 적극적인 참여를 유도하고 섭취량과 음식의 종류, 목측량에 대한 사전교육을 실시한다.

3) 식품섭취빈도법

식품섭취빈도법food frequency questionnaire은 장기간 동안 특정 식품의 섭취 횟수를 파악함으로써 평소의 식사량보다 식사의 질을 평가하는 방법이다. 주로 대규모 집단에서 식사섭취와 질병의 관계를 연구하는 역학조사에 많이 이용된다. 식품섭취빈도법을 통해 좋은 결과를 얻기 위해서는 무엇보다 식품목록을 만드는 일이 중요하다. 조사대상자가 자주 섭취하는 식품을 분석해서 식품목록을 만들어야 하고, 만약 특정 영양소의 섭취상태를 조사하는 것이 목적이라면 해당 영양소의 주요 공급원이 되는 식품의 목록을 만들어야 한다. 예를 들어 칼슘의 섭취상태를 조사하려면 칼슘 급원식품들을 중심으로 식품섭취빈도법 설문지를 작성해야 한다. 식품목록이 너무 적으면 조사대상자의 섭취상태 파악이 어렵고, 식품목록이 너무 많아도 조사대상자의 협조가 어렵기 때문에 일반적으로 50~100개의 식품목록을 작성하는 것이 가장 적당하다. 국민건강영양조사에 사용되는 식품섭취빈도조사표에는 총 112개의 식품목록이 있고, 대한골대사학회에서 권장하는 칼슘 급원식품 식품섭취빈도 조사표에는 총 44개의 식품목록이 있다.

표 2-4 식품섭취빈도법 조사표

	식품	1회 분량	섭취 횟수		
			하루	일주일	한 달
곡류	밥류(백미밥, 현미밥, 잡곡밥)	_____ 그릇			
	감자, 빵류	_____ 개			
	고구마	_____ 개			
	떡류	_____ 조각 또는 ___ 그릇			
	전류	_____ 접시 또는 _____ 장			
	면류(냉면, 짜장면, 짬뽕, 우동, 칼국수)	_____ 그릇			
두류	견과류(잣, 땅콩, 호두, 아몬드, 밤)	_____ 큰술			
	콩류(청국장 포함)	_____ 큰술			
	두유음료	_____ 컵 또는 _____ 개			
	두부	_____ 모			
	연두부, 순두부	_____ 팩 또는 _____ 그릇			
육류	고기류(쇠고기, 돼지고기, 닭고기)	_____ 조각 또는 _____ 인분			
	생선류(오징어류 포함)	_____ 토막 또는 _____ 마리			
	생선 통조림류	_____ 토막 또는 _____ 캔			
	멸치류, 새우젓, 뱅어포	_____ 큰술			
	달걀, 게맛살, 어묵	_____ 개			
	추어탕	_____ 그릇			
	곰탕류	_____ 그릇			
	장어	_____ 마리			
	조개류	_____ 개 또는 _____ 접시			
과일류	딸기, 베리류(블루베리, 라즈베리, 크렌베리), 방울토마토	_____ 개			
	사과, 배, 복숭아, 바나나, 감, 귤, 토마토	_____ 개			
	참외, 석류, 키위	_____ 개			
	포도, 자몽, 오렌지, 파인애플	_____ 송이 또는 _____ 조각			

	식품	1회 분량	섭취 횟수		
			하루	일주일	한 달
채소류	김	______ 장			
	김치류	_____ 접시			
	더덕, 연근, 고사리, 도라지, 숙주, 마늘쫑, 단무지	______ 접시			
	피망, 호박, 양파, 가지, 양배추, 양상추, 오이	______ 접시			
	콩나물, 상추, 당근, 브로콜리, 무말랭이	______ 접시			
	참나물, 시금치, 미나리, 쑥갓, 머위	______ 접시			
	근대, 토란대, 고구마줄기, 미역, 씀바귀	______ 접시			
	치커리, 취나물, 아욱, 달래	______ 접시			
	냉이, 톳, 셀러리	______ 접시			
	쑥, 시래기(무청)	______ 접시			
	목이버섯	______ 접시			
	버섯류(목이버섯 제외)	______ 접시			
유제품류	치즈류(치즈버거 포함)	_____ 장 또는 _____ 큰술			
	유제품류(액상 · 호상 요구르트, 아이스크림)	______ 컵 또는 _____ 개			
	우유류, 칼슘강화우유	______ 컵			
인스턴트	라면류	______ 개			
	햄버거	______ 개			
	만두류	______ 개			
	피자	______ 조각			
	커피믹스	______ 잔			

출처: 칼슘 설문지. 대한골대사학회(2016)

식품섭취빈도법은 섭취 빈도수를 조사하는 방법으로 식품량을 파악하기에는 한계가 있어 이러한 점을 보완하기 위해 섭취빈도와 섭취량을 동시에 조사할 수 있는 방법이 다음과 같이 고안되었다.

표 2-5 식품섭취빈도법의 종류

종류	조사방법
단순 식품섭취빈도법 (Non-quantitative food frequency questionnaire)	식품섭취빈도만 조사
반정량 식품섭취빈도법 (semi-quantitative food frequency questionnaire)	섭취빈도, 1회 섭취량 조사
정량 식품섭취빈도법 (quantitative food frequency questionnaire)	표준화된 1회 섭취분량을 기준으로 대 · 중 · 소로 구분하여 섭취빈도와 섭취량 조사

표 2-6 단순 식품섭취빈도법의 예

음식명	1일 1회 이상	1일 1회	1주 3~6회	1주 1~2회	1달 1회 미만	전혀 안 먹음
믹스커피						
호밀빵						
아이스크림						

표 2-7 반정량 식품섭취빈도법의 예

음식명	1일 6회 이상	1일 4~5회	1일 2~3회	1일 1회	1주 5~6회	1주 2~3회	1주 1회	1달 1~3회	1달 1회 미만 또는 전혀 안 먹음
믹스커피 (1컵)									
호밀빵 (1장)									
아이스크림 (1/2컵)									

표 2-8 정량 식품섭취빈도법의 예

음식명		섭취빈도(횟수)										1회 섭취량			
		1일			1주				1달		거의 안먹음	기준분량	적음	기준	많음
		3	2	1	5~6	3~4	2	1	2~3	1					
쇠고기	갈비구이											2대 (200 g)			
	불고기											1인분 (200 g)			
	장조림, 사태찜											60 g			
돼지고기	삼겹살											7쪽(100 g)			
	볶음											1인분 (200 g)			
	살코기											100 g			
닭고기	삼계탕											1그릇			
	볶음											소 1접시			
	튀김											2조각			
	살코기											100 g			
생선류	흰살생선, 구이											1토막			
	흰살생선, 튀김											1토막			
	등푸른생선, 구이											1토막			
	등푸른생선, 튀김											1토막			

출처: 김화영, 양은주(1998)

(1) 장점과 단점

식품섭취빈도법의 장점과 단점은 표 2-9에서 요약하였다.

표 2-9 식품섭취빈도법의 장점과 단점

구분	내용
장점	• 조사대상자 스스로 기록하므로 인건비 절약 가능함 • 온라인, 서신을 이용한 자료 취합 용이함(시간, 비용 절감) • 평소 식사섭취 경향 파악 가능함 • 조사대상자의 부담이 적음 • 식습관과 만성질병의 관련성 등 대규모 연구 이용에 사용 가능함
단점	• 정확한 식사섭취량 측정은 불가능함 • 조사대상자의 기억에 의존하여 오차 발생 가능함 • 조리방법, 식사구성 등 구체적 정보의 조사에는 한계가 있음 • 설문지에 대한 타당도 검증이 필요함

(2) 유의사항

식품섭취빈도법은 식품목록에 따라 조사결과가 달라질 수 있다. 만약 조사대상자가 섭취하는 식품이 식품목록에서 제외되었다면 조사결과가 부정확할 것이며, 식품목록이 너무 많으면 섭취량에 대한 과대평가가 되는 경향이 있다. 따라서 사전에 연구목적이 무엇인지에 따라 식품목록을 선정하는 것이 중요하다.

4) 식사력 조사법

식사력 조사법diet history method은 장기간에 걸친 개인의 식사섭취 패턴을 알아보기 위한 방법으로 조사대상자의 면접을 통해 결과를 얻는다. 면접 내용은 조사대상자가 한 달 또는 일 년 동안 섭취한 식품의 종류, 양, 식사내용 및 구성 등이다. 24시간 회상법처럼 특정한 날의 섭취를 회상하는 것이 아니므로 장기간의 식사 형태나 식습관을 조사하기에는 일반적이지만, 특정한 날을 회상하는 것이 아니기 때문에 섭취한 것을 기억하기에 한계가 있다.

(1) 장점과 단점

식사력 조사법의 장점과 단점은 표 2-10과 같다.

표 2-10 식사력 조사법의 장점과 단점

구분	내용
장점	• 평소 식습관을 조사하기에 가장 좋음 • 만성질환과 과거 식습관의 연관성 조사에 도움이 됨
단점	• 기억에 의존해야 하므로 정확한 측정에 한계가 있음 • 과거를 잘 회상할 수 있는 조사대상자의 협조가 많이 필요함 • 시간과 경비가 많이 소요됨 • 훈련이 잘된 조사원이 필요함

(2) 유의사항

보다 정확한 식사력을 조사하기 위해서는 훈련이 많이 된 조사원이 필요하다. 평소 조사대상자의 식사습관을 잘 회상할 수 있도록 유도하여 조사하는 것이 중요하다.

5) 실측법

실측법food weighing method은 조사대상자나 보호자가 실제로 섭취한 모든 음식을 저울로 측정하여 기록하는 방법이다. 실제로 제공된 음식량을 모두 측정하고, 먹고 남은 음식의 양을 재측정하여 뺀 후 섭취한 양을 계산한다. 실측법은 섭취한 음식의 양을 정

표 2-11 실측법의 장점과 단점

구분	내용
장점	정확한 양의 측정이 가능함
단점	시간과 경비가 많이 소요됨 조사대상자의 협조가 많이 필요함 측량 기록의 부담으로 섭취량에 영향을 줄 수 있음

확하게 측정할 수 있다는 것이 장점이지만 조사대상자의 훈련과 적극적인 협조가 필요하다. 또한 우리나라 음식은 비빔밥과 같은 복합음식이 많아 음식에 들어간 식품의 양을 일일이 측정하는 것이 쉽지 않다. 만약 조사기간이 길어진다면 측량에 대한 부담으로 평소 식사한 음식의 종류들이 바뀔 수도 있고, 외식을 할 경우 저울을 가지고 다니면서 측정하기도 어렵다.

6) 동량수거법

동량수거법direct chemical analysis은 조사대상자가 끼니마다 섭취한 모든 음식을 동일한 양으로 수거하여 영양소별로 함량을 분석하는 방법으로 '직접분석법'이라고도 한다. 영양소 필요량에 대한 대사 실험이나 식품성분표에 누락되어 있는 특정 미량영양소의 섭취상태를 조사하고자 할 때 사용한다. 이 방법의 가장 큰 장점은 영양소 함량을 가장 정확하게 파악할 수 있다는 점이나 비용과 시간이 너무 많이 드는 것이 단점이 된다. 그리고 동일한 음식과 양을 수거해야 하므로 조사대상자가 이에 대한 부담으로 평소 식사내용이 아닌 간소화된 식사를 선택할 수 있다.

3. 집단의 식사섭취 조사

집단을 대상으로 한 식사섭취 조사는 한 지역 내 영양문제 파악과 영양 취약 그룹을 조사하고자 할 때, 또는 어떤 지역의 특정 질병 유병률이 높을 때, 그 질병과 식사섭취와의 관련성을 조사할 때 사용한다. 그리고 식사섭취 조사결과를 바탕으로 우선순위에 따라 영양정책을 세우기도 한다. 집단의 식사섭취 조사를 할 경우에는 조사목적을 분명히 하여 적절한 표본 집단을 선택하고, 수집할 정보를 명확히 해야 한다. 또한 조사방법을 표준화시켜 타당성과 신뢰성을 높이고, 조사계획을 철저히 하여 비용을 절감해야 한다.

1) 가구단위의 조사

가구단위의 조사방법으로는 식품계정 조사, 식품재고 조사가 대표적이다. 조사방법의 목적, 조사대상자의 특성, 조사자의 인력과 비용적인 면을 함께 고려하여 적절한 방법을 선택한다.

(1) 식품계정조사

식품계정조사food account method에서는 일정 기간(보통 7일) 동안 한 가구에서 구매하는 식품의 종류와 양을 조사하고, 이 기간에 선물로 받은 음식과 가족들이 섭취한 음식들을 식품명, 식품량, 가격까지 기록해야 한다. 식품계정 조사방법의 장점은 조사대상자가 부담스러워하지 않기 때문에 식습관이 변하지 않고, 응답률도 높고 비용이 많이 들지 않는다는 것이다. 그러나 식품이 폐기되는 부분(상해서 버리거나, 섭취 후 버린 음식의 양)은 알 수가 없고, 가족 개개인이 실제로 섭취한 양은 알 수가 없다.

표 2-12 식품계정조사의 장점과 단점

구분	내용
장점	• 조사대상자의 부담이 적음 • 비용이 절감됨 • 응답률이 높음 • 식습관 변화가 적음
단점	• 폐기된 분량은 알 수가 없음 • 가족 구성원의 1인 식사량 파악이 불가능함

(2) 식품재고조사

식품재고조사food inventory method는 일정 기간(보통 7일) 한 가구에서 소비되는 식품의 양을 조사하는 방법으로 조사 전 집에 있는 모든 식품의 양을 조사하고, 조사기간 동안 구매한 식품의 양을 더한다. 그리고 조사 마지막 날 집에 남아 있는 식품의 양을 모두 제외한다. 식품재고 조사는 가구단위 조사방법 중에 가장 정확하나 조사대상자의 부담이 많아 반응률도 낮고, 협조를 구하기도 어렵다. 또한 비용도 많이 들고, 오랜 기간 조사하기 어렵기 때문에 일상적인 식품소비를 조사하기에는 한계가 있다. 식품재고조사 역시 가족 구성원의 개개인이 실제로 섭취한 양에 대해서는 알 수가 없다.

식품재고조사 = (현재 식품의 양 + 구매한 식품의 양) − 남아있는 식품의 양

표 2-13 식품재고조사의 장점과 단점

구분	내용
장점	가구단위 조사방법 중 가장 정확함
단점	• 조사대상자들의 부담이 높음 • 비용이 많이 듦 • 가족 구성원 1인 식사량 파악이 불가능함

2) 국가 단위의 조사

국가 단위로 식품섭취 조사를 하는 목적은 국가별 식품섭취와 영양상태를 비교하고, 각 국가별 질병 상황을 분석하여 질병과의 연관성을 파악하기 위함이다. 또한 한 국가 내에서 국민의 보건정책, 영양정책을 세우는 데 기초자료로도 이용할 수 있다.

(1) 식품수급표

식품수급표는 국가 단위로 식품소비를 평가하기 위해 사용하는 방법이다. 세계 200여 국가가 국제연합식량농업기구the food and agriculture organization, FAO에서 권장하는 동일한 방법으로 매년 식품수급표를 작성하고 있고, 작성기간은 매년 1월 1일부터 12월 31일까지이다. 이 자료를 이용하면 연도별로 국가별 식품수급 현황을 비교할 수 있을 뿐 아니라, 식품수급량을 인구 수로 나누면 국민 1인당 식품공급량, 식품섭취 에너지양 등을 계산할 수 있다. 그리고 식품수급표를 통하여 국가별, 지역별 식품 유용도를 비교하거나 시대별 식품공급 변화도 관찰할 수 있다. 특히 영양역학 분야에서는 식품 소비 양상과 국가 간의 질병 유형을 비교하여 영양과 질병의 관계를 규명하는 데 사용된다. 그러나 식품수급표는 식품공급량에서부터 산출한 값일 뿐 실제로 국민이 소비한 식품량을 측정하는 것은 아니다.

표 2-14 식품수급표의 산출방법

식품공급량 산출과정
• 총공급량 = 총생산량 + 수입량 + 이입량 • 식용공급량 = 총공급량 – (이월량 + 수출량 + 사료량 + 종자량 + 감모량 + 식용 가공용 + 비식용 가공용) • 1인 1년당 식품공급량 = 식용 공급량 / 조사연도의 연중 인구 • 1인 1일당 식품공급량 = 1인 1년당 식품공급량 / 365일

출처: 한국농촌경제연구원. 식품수급표(2017)

(2) 국민건강영양조사

『국민건강증진법』 제16조에 근거하여 국민의 건강 및 영양상태를 파악하기 위해 실시되고 있으며, 1998년부터 3년마다 정기적으로 시행하고 있다. 국민건강영양조사는 '국민영양조사'(1969년)와 '국민건강 및 보건의식행태조사'(1971년)를 통합하여 1998년부터 시작했으며, 현재 제8기(2019~2021) 조사가 진행 중이다. 제1~3기까지는 3년마다 조사하다가 제4기부터 계절적 편향을 없애기 위해 매년 통계생산이 가능한 연중조사로 수행하고 있다.

① 국민건강영양조사의 목적

국민건강영양조사는 국민의 건강 및 영양상태 현황과 추이를 파악하여 정책적 우선순위를 두어야 할 건강취약집단을 선별하고, 보건정책과 사업이 효과적으로 전달되고 있는지를 평가하는 데 필요한 통계를 산출한다. 또한 세계보건기구WHO와 경제협력개발기구OECD 등에서 요청하는 흡연, 음주, 신체활동, 비만 관련 통계자료를 제공하고 있다. 실시목적에 따른 세부목표는 다음과 같다.

첫째, 국민건강증진종합계획의 목표지표 설정 및 평가 근거자료 산출

둘째, 흡연, 음주, 영양소 섭취, 신체활동 등 건강위험행태 모니터링

셋째, 주요 만성질환 유병률 및 관리현황(인지율, 치료율, 조절률 등) 모니터링

넷째, 질병 및 장애에 따른 삶의 질, 활동제한, 의료 이용 현황 분석

다섯째, 국가 간 비교 가능한 건강지표 산출

② 국민건강영양조사의 내용

조사 분야	조사 내용
검진조사	신체계측, 비만, 고혈압, 당뇨병, 이상지혈증, 간염, 간기능, 만성콩팥병, 빈혈, 중금속, 폐쇄성 폐질환, 치아우식증, 치주질환, 시력, 굴절이상, 소음 노출 설문, 결핵, 악력, 비타민 등
건강설문조사	가구조사, 흡연, 음주, 비만 및 체중조절, 신체활동, 이환, 의료 이용, 예방접종 및 건강검진, 활동제한 및 삶의 질, 손상(사고 및 중독), 안전의식, 정신건강, 여성건강, 교육 및 경제활동, 구강건강

조사 분야	조사 내용
영양조사	식품 및 영양소 섭취현황, 식생활관리, 식이보충제, 영양지식, 식품안정성, 수유현황, 이유보충식, 식품섭취 빈도

국민건강영양조사 항목은 크게 검진조사, 건강설문조사, 영양조사 3항목으로 구분되며, 이 중 영양조사 항목의 세부 내용은 다음과 같다.

구분	영양조사 항목의 세부 조사 내용
식생활 조사	• 끼니별 식사 빈도 • 외식 빈도 • 끼니별 동반 식사 여부 및 동반 대상 • 식이보충체 복용 경험 여부 • 영양교육 및 상담 수혜 여부 • 영양표시 인지 및 이용 여부, 영양표시 관심영양소, 영양표시 영향 여부 • 모유 수유 여부, 수유기간 • 조제분유 수유 여부, 수유기간 • 이유보충식, 시판 우유 섭취 시작 시기 • 영아기 영양제 복용 여부 및 복용 영양제의 종류
식품섭취 조사	• 조사 1일 전 하루 동안 섭취한 음식의 종류 및 섭취량 • 조리방법
식품섭취 빈도조사	식품 및 영양소 섭취현황, 식생활관리, 식이보충제, 영양지식, 식품안정성, 수유현황, 이유보충식, 식품섭취 빈도
식품안정성 조사	식품안정성 확보 여부

출처: 질병관리청. 국민건강영양조사

③ 국민건강영양조사 결과 활용

국민건강영양조사를 통해 산출된 통계와 수집된 자료는 다음과 같은 보건정책과 프로그램, 연구 등에 활용되고 있다.

- 국민건강증진종합계획 수립 및 평가
- 국제기구(OECD, WHO 등)가 요구하는 건강지표 통계 산출
- 국가 간의 비교
- 소아 · 청소년 표준성장도표 개발
- 영양섭취 기준의 제정
- 건강 및 영양 취약계층 파악
- 프로그램 개발, 예방 및 관리방안 수립

Note

조사 대상자 분류	식사섭취 조사방법의 종류	내용	비고
개인	회상법	조사대상자의 기억에 의존하여 식사섭취량을 조사하는 방법	양적 평가
	식사기록법	조사대상자가 섭취한 음식을 스스로 기록하는 방법	양적 평가
	식품섭취빈도법	장기간 동안 특정 식품의 섭취 빈도를 측정하는 방법	질적 평가
	식사력 조사법	장기간 동안 식사섭취 패턴을 알아보기 위한 방법	질적 평가
	실측법	조사대상자가 섭취한 음식을 저울로 측정하여 기록하는 방법	양적 평가
가구	식품계정조사	일정 기간 한 가구 내에서 구매, 섭취한 모든 음식을 기록하는 방법	–
	식품재고조사	일정 기간 한 가구 내에서 구매, 섭취한 모든 음식뿐 아니라 재고량까지 모두 기록하는 방법	–

조사 대상자 분류	식사섭취 조사방법의 종류	내용	비고
국가	식품수급표	매년 국가에서 재배되는 모든 식품의 생산량, 수입량, 수출량 등을 기록하는 방법	–
	국민건강영양조사	국민건강증진법에 따라 국민의 건강과 영양상태를 파악하기 위해 실시되는 사업 〈조사 분야〉 • 검진조사 • 건강설문조사 • 영양조사: 회상법, 식품섭취빈도법	–

4. 식사섭취조사 실행 시 유의사항

식사섭취 조사방법의 선택 기준은 조사 목적에 따른 방법의 현실성, 신뢰도, 타당도 등이다. 현실성으로는 시간, 경비, 조사대상자의 부담이 고려되어야 하고, 신뢰도와 타당도에서는 조사 내용, 일상적인 식사 섭취량의 반영과 편차의 크기가 고려되어야 한다. 따라서 조사방법을 선택할 때 다음과 같은 사항을 고려해야 한다.

① 조사목적에 맞는 방법을 선택해야 한다. 한 집단의 평균 섭취량을 구하고자 할 때 회상법과 기록법을 사용할 수 있고, 한 집단의 식습관이나 식품 소비성향을 파악하고자 할 때에는 식품섭취빈도법을 사용하는 것이 좋다.

② 조사대상자의 수와 교육 및 협조 정도 등을 고려해야 한다. 조사대상자가 글을 읽고 쓸 수 있는지 여부와 의사소통능력이나 연령 등에 따라 조사방법이 달라져야 한다.

③ 자료수집 및 자료의 처리방법 등을 고려해야 한다.

④ 사용할 수 있는 예산과 인력을 고려해야 한다.

1) 식사섭취 조사의 신뢰도

신뢰도는reliability는 재현성이라고도 하며 같은 방법으로 반복해서 조사했을 때 같은 결과를 얻을 수 있는 것을 말한다. 반복 조사를 하여 영양소 섭취 결과에 차이가 적을수록 신뢰도가 높다고 할 수 있는데, 실제 섭취량의 차이로 두 조사 결과가 일치하지 않는다고 해서 신뢰도가 낮다고는 할 수 없다. 왜냐하면 사람은 매일매일의 섭취량이 다르고(개인 내 변이), 사람들마다 섭취량이 모두 다르기 때문에(개인 간 변이) 이러한 변이는 식사섭취 특성상 발생할 수밖에 없다. 따라서 통계적으로 측정하여 두 변이를 각각 분리하여 변이를 최소화할 때 식사섭취방법에 대한 신뢰도가 높아진다.

표 2-15 식사섭취 조사의 변이 종류

변이 종류	내용	변이를 줄이는 방법
개인 간 변이	사람마다 식사섭취량이 다르기 때문에 발생되는 변이	조사대상자 수 증가
개인 내 변이	한 개인 내에서도 매일 섭취량과 섭취 패턴이 달라져 발생되는 변이	조사일 수 증가

2) 식사섭취 조사의 타당도

타당도validity는 실제로 조사하고자 하는 내용을 적절하게 측정하였는지를 나타낸다. 식사섭취 조사에서 평소 섭취량이 얼마나 정확히 측정되었냐는 매우 중요하기 때문에 타당도 검증은 필요하다. 일반적으로 조사대상자의 식사량을 자세하게 관찰하기 위해서는 식사기록법을 사용하고, 칼슘 섭취 수준을 조사하기 위해서는 칼슘 급원식품 위주로 식품섭취빈도법을 사용한다. 또한 타당도를 높이기 위해 생화학적 지표를 측정하여 식사섭취 조사방법 결과와 비교하여 검증할 수도 있다.

3) 식사섭취 조사 시 발생되는 측정오차

식사섭취 조사는 생화학적 검사나 신체계측 조사보다 측정오차가 커질 가능성이 높은데, 이런 오차로 인해 식사섭취 조사의 신뢰도가 다른 조사보다 떨어지게 된다. 모든 식사섭취 조사방법은 측정오차를 동반하게 되지만, 오차 관리를 잘하여 오차 발생을 최소화하도록 해야 한다. 측정오차의 종류는 무작위 오차random error와 체계적 오차system error로 구분되는데, 측정오차의 개념과 오차를 관리하는 방법은 표 2-16과 같다.

표 2-16 식사섭취조사의 측정오차 종류

측정오차 종류	내용	오차 관리 방법
무작위 오차 (random error)	• 생물학적, 환경학적으로 어쩔 수 없이 발생하는 오차 (계절적 변동, 매 끼니, 매일 식사섭취 상황의 변동) • 언제, 어디서, 누구에게나 발생 가능	조사자 수 증가 조사 횟수 증가
체계적 오차 (systemic error)	• 적합하지 않은 조사도구의 사용 • 표준화되지 않은 조사방법의 문제	조사방법의 표준화

(1) 측정오차의 원인

무작위 오차는 조사자 수나 조사 횟수를 증가하면 오차를 최소화할 수 있으나, 체계적 오차는 조사방법 자체가 잘못되었기 때문에 조사자 수나 조사 횟수를 늘려도 오차는 줄지 않는다. 따라서 오차를 발생할 수 있는 대표적 원인들을 확인하여 오차를 최소화해야 한다.

표 2-17 측정오차의 원인

오차의 원인	내용
조사대상자의 편견	• 질문에 대한 정답을 말하려는 경향이 있을 때 발생 – 야식이나 건강에 좋지 않은 음식은 섭취한 사실을 보고하지 않거나 줄여서 보고 – 비만인 사람들은 섭취량을 줄여서 보고 – 마른 사람들은 섭취량을 늘려서 보고
조사자의 편견	• 조사자의 부적절하거나 부정확한 질문 • 조사자의 선입견으로 질문을 의도적으로 빼거나 주관적 판단 개입 • 조사자의 반복 훈련과 표준화된 조사절차 준수
기억력이나 섭취량 추정의 문제	• 조사대상자의 기억력 한계 • 기억의 유도를 위해 조사자 훈련 필요 • 섭취한 식품의 정확한 양 추정이 어려움 • 식품모형, 그림 등을 활용
자료처리의 문제 (코딩의 오차)	• 섭취한 음식을 중량으로 환산 시 오류(밥 210 g → 쌀 210 g) • 두 명의 검증 작업 필요

Note

기울기 둔화 현상flat slope syndrome

일반적으로 사람들은 올바른 식사섭취에 대한 선입관이 있어 과잉으로 섭취한 것은 적게, 적게 섭취한 것은 많이 섭취하는 것으로 보고하고, 그 결과 많이 섭취한 사람과 적게 섭취한 사람 사이에 차이가 없어지는 경향을 말한다.

보조도구의 활용

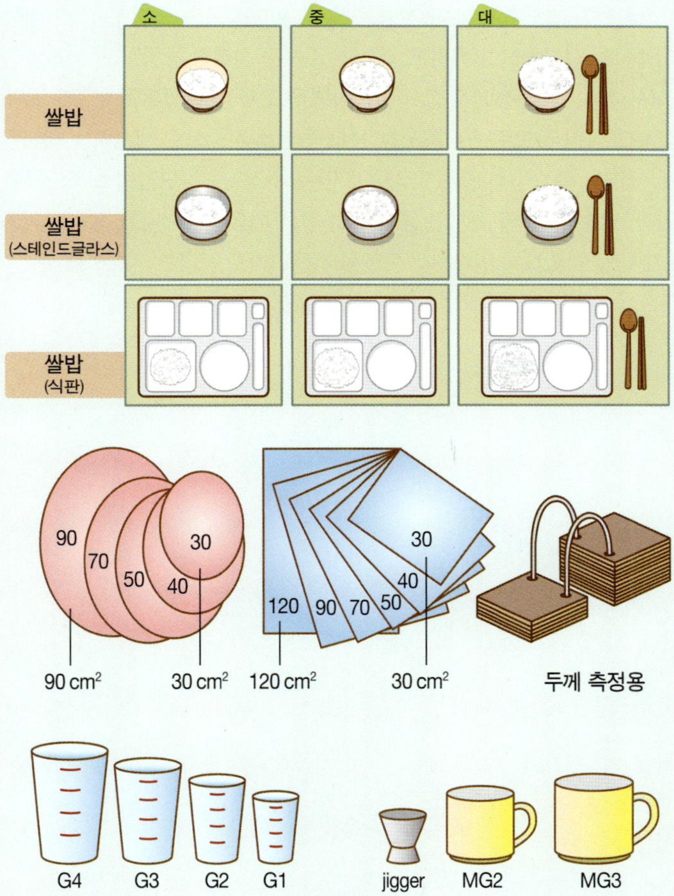

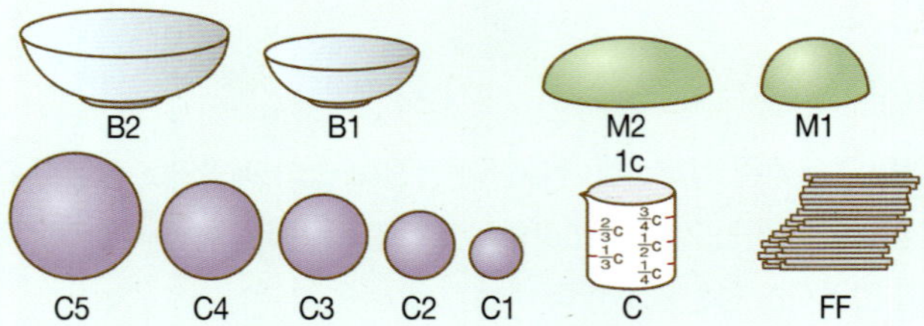

그림 2-2 | 분량 추정을 위한 도형, 그릇 모형의 예

일반적으로 식사섭취량을 조사할 때 계량용 도구, 판매식품의 포장 단위, 가정에서 사용하는 식기를 이용하여 섭취량을 기록하고, 이렇게 조사된 섭취량을 중량으로 다시 환산해야 한다. 이러한 식사섭취 조사과정에서 정확한 섭취량을 조사할 수 있도록 보조도구의 사용을 권장한다. 가장 대표적인 것으로는 식품모형, 눈대중 양을 사진으로 제시하는 책자를 이용하는 방법과 두께 · 길이 · 폭 · 직경 등을 다양하게 만든 사각형 · 원모양의 보조도구를 이용하는 방법 등이 있다. 또는 접시, 국그릇, 밥공기 등의 음식을 담는 용기나 식품의 크기를 다양하게 평면적으로 제시할 수 있도록 이차원적 모델을 사용하기도 한다그림 2-2.

CHAPTER

3

식사섭취 조사의 평가

C H A P T E R

3

식사섭취 조사자료를 이용해 영양판정을 하기 위해서는 여러 단계의 분석과 판정을 거치게 된다. 이 과정에서 식품성분표, 한국인 영양소 섭취기준 등과 같은 도구가 필요하고, 조사목적에 맞게 분석한 후에는 이를 잘 해석할 수 있어야 한다.

따라서, 이 장에서는 식사섭취 조사 평가의 과정과 사용되는 도구와 평가방법을 알아보고자 한다.

학습목표

- 식품성분표가 무엇인지 알고, 식품성분표를 활용하여 식사섭취 조사자료를 이용하여 영양소로 전환할 수 있다.
- 한국인 영양소 섭취기준을 이용하여 식사섭취 상태를 평가할 수 있다.
- 식사의 질 평가방법에 사용되는 도구와 방법을 설명할 수 있다.
- 다양한 식생활 평가에 사용되는 도구와 방법을 설명할 수 있다.

1. 식사섭취 조사의 영양소 전환

정확한 영양판정을 위해서는 평소 섭취한 음식을 영양소로 전환하는 과정을 반드시 거쳐야 한다. 따라서 2장에서 배운 식사섭취 조사도구를 평가 목적에 맞게 잘 선택하여 평소 섭취량을 조사하였다면 각 음식에 들어있는 식재료별 중량을 알아야 한다. 섭취한 음식의 식재료를 중량으로 모두 환산하면 영양가 분석이 가능해진다. 예를 들어, 콩밥 1그릇(210 g)을 섭취하면 콩밥 안에는 쌀 60 g, 검정콩 20 g이 들어있음을 식품별 중량으로 환산해야 한다그림 3-1.

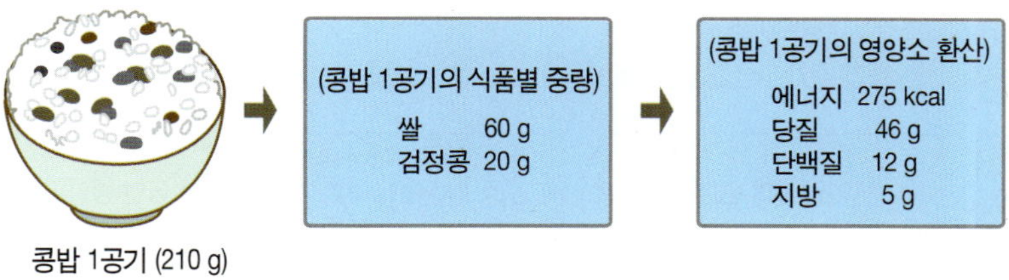

그림 3-1 | 음식의 영양소 전환의 예

식품별로 중량이 환산되면 식품성분 데이터베이스를 통해 영양소 섭취량을 계산할 수 있으며 최근에는 식품성분 데이터베이스가 모두 전산화되어 있어 영양소 섭취량을 쉽게 계산할 수 있다. 이렇게 섭취한 음식을 영양소로 전환하면 한국인 영양소 섭취기준과 비교하여 식사의 양과 질을 평가할 수 있다. 식사섭취 조사과정과 데이터베이스를 활용하는 단계별 과정의 구체적 내용은 그림 3-2와 같다.

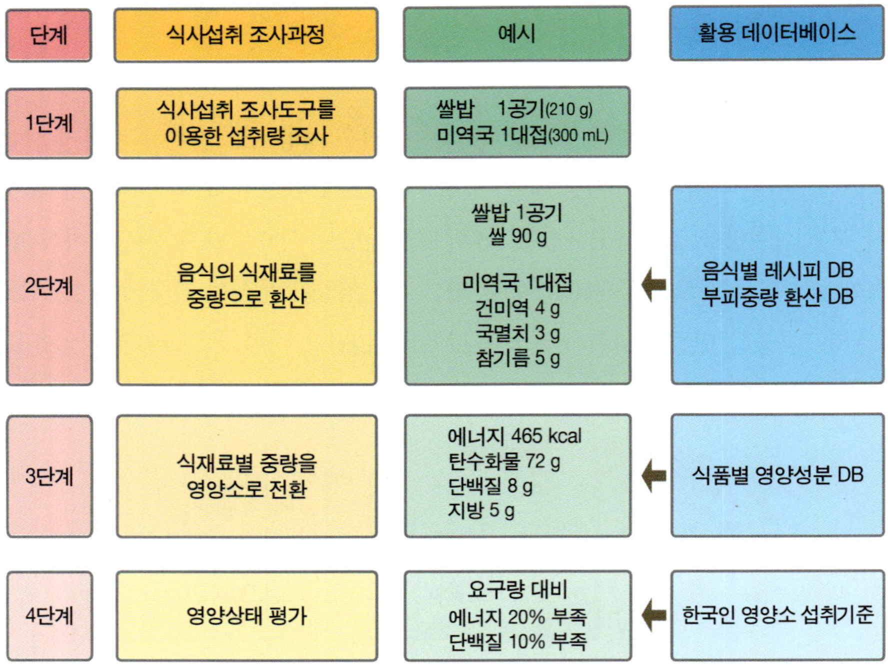

그림 3-2 | 식사섭취 조사과정과 데이터베이스 활용

1) 식품성분표

식품성분표는 농촌진흥청 국립농업과학원에서 발간하는 국가표준 식품성분표와 식품의약품안전처에서 발행하는 식품성분표 데이터베이스, 그리고 한국영양학회에서 발행하는 한국인 영양소 섭취기준 식품영양가표 등 총 3개의 기관에서 발행하는 것이 대표적이다. 최근 다양한 기능성식품, 가공식품, 수입식품이 많아지면서 모든 식품을 식품성분표에 수록하는 데 한계가 있고, 식품성분표의 수치가 실제로 조사대상자가 섭취한 식품의 영양가를 정확히 반영할 수 없다는 점도 인식해야 한다. 따라서 식품성분표를 이용하여 영양판정을 할 때에는 다음과 같은 사항을 고려해야 한다.

① 식품성분표에 수록된 분석값은 식품에 함유된 영양소의 양일 뿐 흡수되는 양은 아니기 때문에 식사 구성, 조리방법, 섭취한 사람에 따라 영양소 이용률이 다를 수 있다.

② 식품성분표의 값은 조리 전 재료의 영양소 함량이기 때문에 조리나 가공 과정에 따라 영양소 함량에 변화가 있을 수 있다.

③ 같은 식품이라 하더라도 각 기관별로 식품성분표에 기재된 영양소 함량에 차이가 있을 수 있다.

④ 식품성분표의 영양소 함량은 가식부 100 g을 기준으로 한 값이다.

⑤ 식품성분표에 수록되지 않은 새로운 식품의 경우나 지역에 따라 식품의 이름을 다르게 명명하는 경우 등 식품 용어 사용에서도 불일치가 있을 수 있다.

또한, 각 기관별 식품성분표마다 차이가 있고, 식품성분표를 적용 시 오차가 생길 수 있는데, 자연발생적 오차가 아니라면 조사원을 최대한 훈련하여 오차를 줄일 수 있도록 표준화된 교육이 필요하다.

표 3-1 식품성분표 이용 시 오차가 생기는 원인

자연발생적 오차	줄일 수 있는 오차
• 비료 등 생산 시의 문제 • 계절에 따른 함량 차이 • 지역에 따른 함량 차이 • 저장, 숙성, 취급, 가공의 차이 • 품종에 따른 차이 • 영양소의 생체 이용률 차이	• 식품성분표와 실제 섭취한 식품의 연결 오류 • 분석 방법이나 부위의 차이 • 표본시료의 수집체계 부적절 • 용어 사용의 불일치

그림 3-3 | 농촌진흥청의 식품성분표

출처: 농촌진흥청 농식품종합정보시스템

그림 3-4 | 식품의약품안전처의 식품영양성분 데이터베이스

출처: 식약처 식품안전나라

2) CAN 프로그램

한국영양학회에서 개발한 CAN 프로그램computer aided nutritional aanalysis program은 식사섭취량을 영양소 섭취량으로 환산하는 데 이용할 수 있는 소프트웨어 프로그램이다. 이 프로그램에서 사용하는 식품영양가 데이터베이스는 농촌진흥청에서 발간한 식품성분표를 활용하여 구축하였다. CAN 프로그램은 24시간 회상법, 식품섭취빈도법으로 식사섭취 조사를 평가한다. 24시간회상법을 통해 평가하는 과정은 ① 개인의 상세 정보를 입력한 뒤 ② 평가일자를 선택하고, ③ 그 날에 섭취한 음식의 종류 및 섭취량을 입력한다. 24시간 회상법은 프로그램 내 식품의 영양가 분석자료와 대표 음식의 자료가 입력되어 있지만 개인 섭취량에 따라 ④ 식품중량 변경도 가능하다. 입력이 완료되면 자동적으로 영양소 섭취량을 계산하여 ⑤ 개인의 영양섭취기준 대비 평가자료 등 결과물을 제공한다. 영양소별 DRIs(한국인 영양소 섭취기준) 분석결과, 동식물성 급원 섭취 식품군별 영양소, 열량 영양소 구성, 식사군 기여율, 기간별 영양소 섭취, 일별 영양소 등을 확인할 수 있다그림 3-5. 식품섭취빈도법은 식품, 음식 항목, 섭취빈도, 섭취량으로 구성된 설문지를 작성한 후, 입력된 모든 식품과 음식 항목에 대해 개인별로 섭취빈도와 섭취량을 체크하면 자동적으로 하루치의 영양소 섭취량으로 환산되어 개인의 영양섭취기준과 비교하여 평가자료를 제공하도록 구성되어 있다.

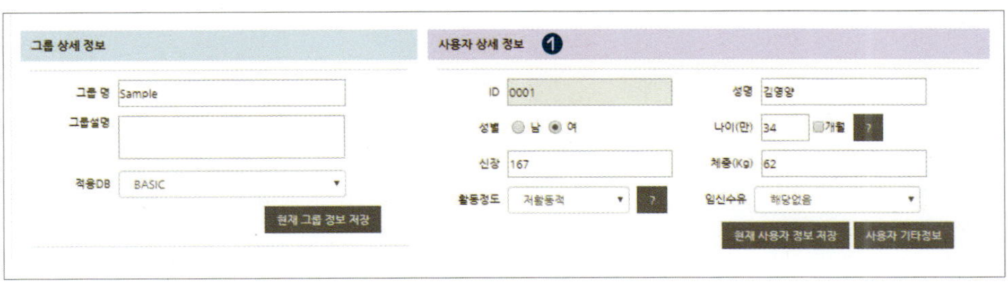

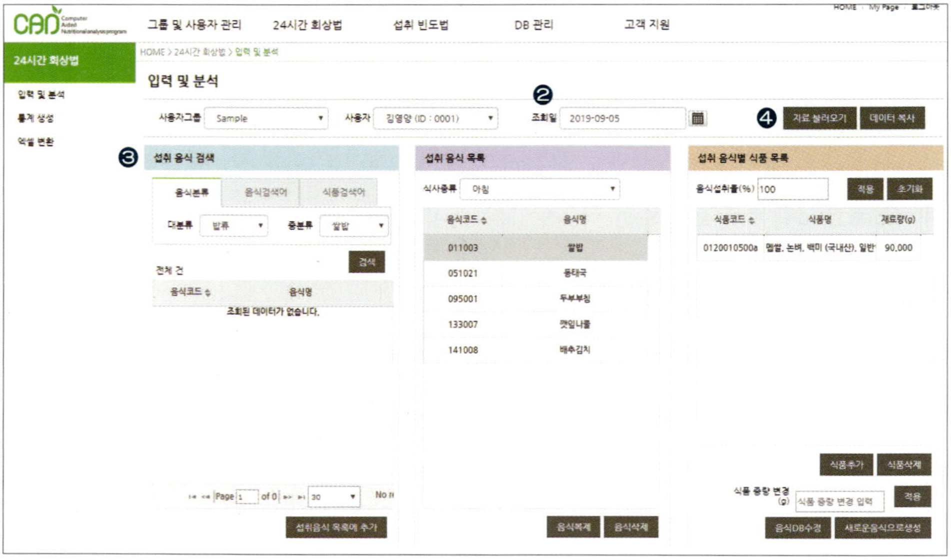

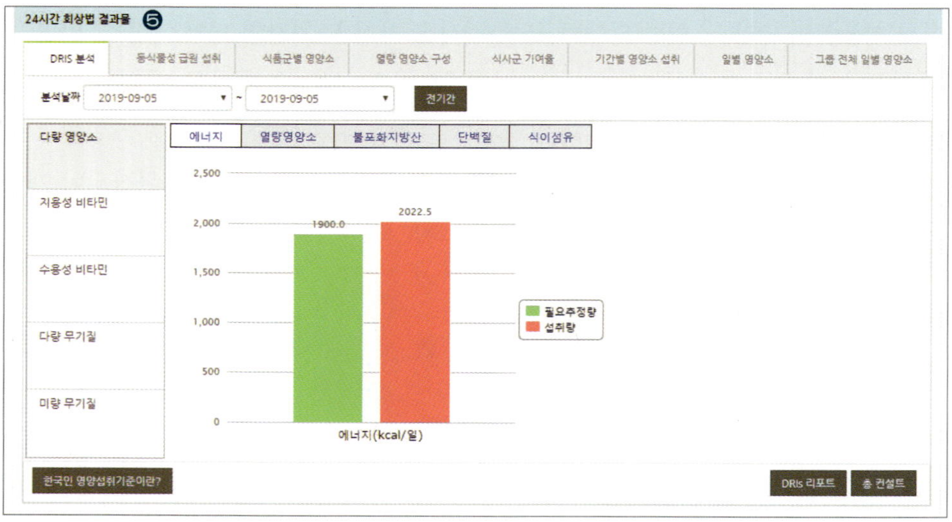

그림 3-5 | CAN 프로그램 5.0 화면(web version)

Note

IT 기반의 영양소 계산

다양한 IT 기술이 발전하면서 음식을 입력하면 열량, 영양소로 계산해주는 모바일 애플리케이션이 많이 나오고 있고, 음식사진을 찍으면 음식명과 열량까지 계산해주는 카메라 애플리케이션이 개발되어 보다 쉽게 영양소 분석이 가능하게 되었다. 최근에는 인공지능(AI)을 활용한 식사일기도 개발 중에 있다고 한다. 그럼에도 여전히 한국음식의 특성상 비빔밥, 김밥과 같은 복합음식이 많고 양념류에 따른 정확한 분석이 쉽지 않은 문제들이 있다.

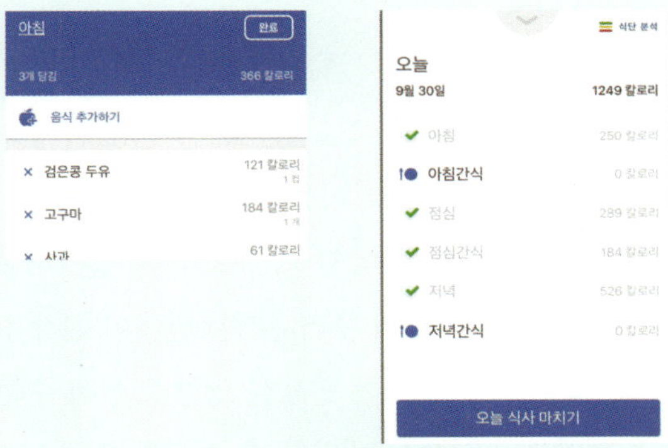

모바일 애플리케이션 식사일기 예

출처: Noom 코리아

칼로리와 영양 정보를 분석해 알려주는 '다이어트카메라 AI'

출처: 두잉랩

2. 식사섭취 조사의 평가와 해석

식품섭취 조사 후 식품성분표, CAN 프로그램 등을 활용하여 모든 음식이 영양소로 전환되면 섭취량이 적절한가에 대한 평가와 해석 과정이 필요하다. 건강한 사람을 대상으로 영양소 섭취량을 평가하기 위해 가장 권장하는 방법은 한국인 영양소 섭취기준과 비교하는 것이다.

1) 한국인 영양소 섭취기준

한국인 영양소 섭취기준dietary reference intakes, DRIs은 1962년에 제정한 이후 현재까지 개정하여 영양평가를 위한 기본자료로 이용되고 있다. 원래는 '한국인 영양권장량'이란 용어를 사용하다가 2015년부터 '한국인 영양소 섭취기준'이라고 하였다. 한국인 영양소 섭취기준은 질병이 없는 대다수의 우리나라 국민들이 건강을 최적의 상태로 유지하고 질병을 예방하는 데 도움이 되도록 필요한 영양소 섭취 수준을 제시하는 기준이다. 또한 영양부족과 영양과잉을 모두 예방할 수 있도록 영양소별 섭취기준을 다양하게 제시하고 있다.

(1) 한국인 영양소 섭취기준의 구성

한국인 영양소 섭취기준에는 각 영양소의 평균필요량estimated average requirement, EAR, 권장섭취량recommended nutrient intake, RNI, 충분섭취량adequate intake, AI, 상한섭취량tolerable upper intake level, UL의 개념이 있다. 영양소에 따라 인체필요량에 대한 과학적 근거가 충분한 경우에는 평균필요량과 권장섭취량을 제정하였고, 과학적 근거가 충분하지 않은 경우에는 충분섭취량을 제정하였으며, 과잉섭취로 인한 유해영향에 대한 과학적 근거가 있는 경우에는 상한섭취량을 제정하였다. 2020 한국인 영양소 섭취기준부터는 심혈관질환과 고혈압 등 만성질환과 영양소 관계를 검토하여 과학적 근거가 확보

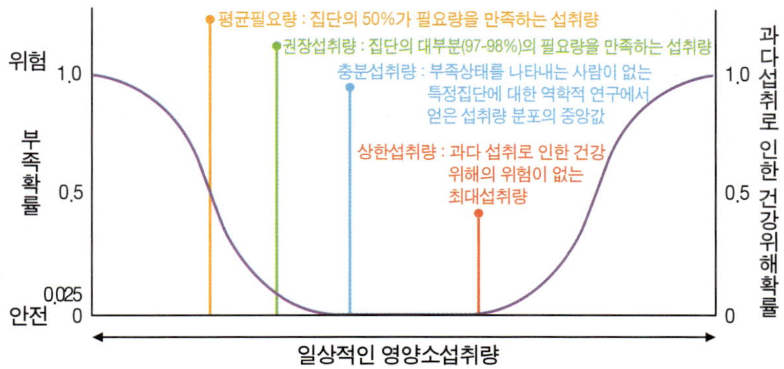

그림 3-6 | 한국인 영양소 섭취기준의 종류

출처: 보건복지부. 한국영양학회. 2015 한국인영양소섭취기준

된 영양소에 대해서 만성질환위험 감소 섭취량chronic disease risk reduction, CDRR을 신규로 제정하였다. 영양소 중에는 평균필요량, 권장섭취량, 상한섭취량을 모두 설정한 것도 있고, 충분섭취량이나 상한섭취량 혹은 만성질환위험 감소 섭취량 등의 일부 섭취기준만 제시한 것도 있다.

① 평균필요량estimated average requirement, EAR

평균필요량은 건강한 사람들의 일일 영양소 필요량의 중앙값으로부터 산출한 수치이다. 한국인 영양소 섭취기준에서 섭취 부족을 예방하기 위한 지표 중 하나이며 개인의 경우에는 부족할 확률이 50%, 집단의 경우에는 절반의 대상자에서 부족이 발생할 수 있도록 설정한 영양소 섭취기준이다. 그러므로 집단의 경우 영양소 섭취가 부족한 사람의 비율을 낮게 하기 위해서는 평균섭취량보다 적게 섭취하는 사람의 비율을 되도록 낮게 하도록 한다.

② 권장섭취량recommended nutrient intake, RNI

권장섭취량은 인구집단의 약 97~98%에 해당하는 사람들의 영양소 필요량을 충족시키는 섭취수준으로, 평균필요량에 표준편차 또는 변이계수의 2배를 더하여 산출하였다. 권장섭취량 역시 영양소 섭취 부족을 예방하기 위한 기준 지표 중 하나로 개인의 경우에는 부족할 확률이 거의 없도록 설정하였다. 집단의 경우에는 영양소 섭취량의 평균값이 권장섭취량과 동일해도 섭취량의 분포를 볼 때, 섭취량이 부족한 사람부터 필요량보다 많은 사람까지 다양하게 존재하므로 부족할 확률을 가질 대상자가 일정 수준(이론상으로는 16~17%) 존재하게 된다. 따라서 집단의 식사 개선을 위한 평가에는 권장섭취량을 사용하지 않는다.

③ 충분섭취량adequate intake, AI

충분섭취량은 영양소 필요량에 대한 과학적 근거가 부족하여 필요량의 중앙값과 표준편차를 구하기 어려운 경우 대상 인구집단의 건강을 유지하는 데 충분한 양을 설정한 수치이다. 충분섭취량은 실험연구 또는 관찰연구에서 확인된 건강한 사람들의 영양소 섭취량 중앙값을 기준으로 정했다. 따라서 충분섭취량은 대상 집단의 영양소 필요량을 어느 정도 충족시키는지가 확실하지 않기 때문에, 대상집단의 97~98%에 해당하는 사람들의 필요량을 충족시키는 양인 권장섭취량과는 차이가 있다.

④ 상한섭취량tolerable upper intake level, UL

상한섭취량은 영양소의 과다섭취를 예방하기 위한 지표로 이 값을 초과하여 섭취하면 건강위해가 일어날 수 있다. 상한섭취량은 인체 건강에 유해영향이 나타나지 않는 최대 영양소 섭취수준으로 과량을 섭취할 때 유해영향이 나타날 수 있다는 과학적 근거가 있을 경우 설정할 수 있다. 상한섭취량은 유해영향이 나타나지 않는 최대 용량인 최대 무해용량no observed adverse effect level, NOAEL과 유해영향이 나타나는 최저 용량인 최저 유해용량lowest observed adverse effect level, LOAEL의 자료 근거로 불확실계수Uncertainty factor, UF를 감안하여 설정하였다.

⑤ 만성질환위험 감소 섭취량chronic disease risk reduction, CDRR

건강한 인구집단에서 만성질환의 위험을 감소시킬 수 있는 영양소의 최저 수준 섭취량을 의미한다. 이는 기준치 이하를 목표로 섭취량을 감소시키라는 것보다 기준치보다 높게 섭취할 경우 전반적으로 섭취량을 감소시키면 만성질환에 대한 위험을 감소시킬 수 있다는 근거 중심으로 도출된 기준을 의미한다. 만성질환위험 감소 섭취량은 과학적 근거가 충분할 때 설정할 수 있고, 인과적 연관성의 확보와 용량 반응 연관성 분석결과를 바탕으로 설정하였다.

Note

에너지: 필요추정량 설정

에너지는 평균필요량, 권장섭취량, 충분섭취량, 상한섭취량 중에 평균필요량에 해당하는 에너지 필요추정량(estimated energy requirement, EER)으로 제시되며, 다른 영양소와 달리 권장섭취량이나 상한섭취량의 개념으로 적용되지 않는다. 만약 에너지를 권장섭취량을 적용하게 되면 필요량을 초과하여 섭취하게 되고, 소비 후에 남은 여분의 에너지는 체지방으로 축적되어 비만을 초래할 수 있으므로 비만 예방을 위해서 에너지는 필요추정량으로만 설정되었다.

나트륨: 만성질환위험 감소 섭취량 설정

심혈관질환과 고혈압 등 만성질환위험 감소를 위한 섭취기준이 2020 한국인 영양소 섭취기준에서 신규 제정되었다. 2015 한국인 영양소 섭취기준의 목표섭취량의 개념과 유사한 부분이 많기는 하지만 만성질환위험 감소 섭취량이란 건강한 인구집단에서 만성질환의 위험을 감소시킬 수 있는 영양소의 최저 수준의 섭취량을 의미한다. 기준치 이하를 목표로 하는 섭취량 감소가 아닌 기준치를 초과할 경우의 전반적인 섭취량 감소가 만성질환에 대한 위험을 감소시킬 수 있다는 과학적 근거를 중심으로 도출된 섭취기준을 설정하였다. 미국 영양소 섭취기준(US DRIs) 내 나트륨 보고서 및 체계적 문헌고찰을 기반으로 나트륨의 만성질환위험 감소 섭취량을 성인 기준 2,300 mg/일로 설정하였다(2020 한국인 영양소 섭취기준).

(2) 연령 및 체위기준

2020년 한국인 영양소 섭취기준 설정을 위한 연령 및 체위기준은 그림 3-7과 같다.

연령	2020 체위기준					
	신장(cm)		체중(kg)		BMI(kg/m^2)	
0~5(개월)	58.3		5.5		16.2	
6~11	70.3		8.4		17.0	
1~2(세)	85.8		11.7		15.9	
3~5	105.4		17.6		15.8	
	남자	여자	남자	여자	남자	여자
6~8(세)	124.6	123.5	25.6	25.0	16.7	16.4
9~11	141.7	142.1	37.4	36.6	18.7	18.1
12~14	161.2	156.6	52.7	48.7	20.5	20.0
15~18	172.4	160.3	64.5	53.8	21.9	21.0
19~29	174.6	161.4	68.9	55.9	22.6	21.4
30~49	173.2	159.8	67.8	54.7	22.6	21.4
50~64	168.9	156.6	64.5	52.5	22.6	21.4
65~74	166.2	152.9	62.4	50.0	22.6	21.4
75이상	163.1	146.7	60.1	46.1	22.6	21.4

그림 3-7 | 한국인 영양소 섭취기준 설정을 위한 체위기준

출처: 보건복지부. 한국영양학회. 2020 한국인영양소섭취기준

(3) 에너지 적정비율

탄수화물, 지질, 단백질의 에너지 적정비율은 그림 3-8과 같이 설정하였다.

영양소	연령	에너지 적정비율(%)				
		탄수화물	단백질	지질[1]		
				지방	포화지방산	트랜스지방
영아	0~5(개월)	–	–	–	–	–
	6~11	–	–	–	–	–
유아	1~2(세)	55~65	7~20	20~35	–	–
	3~5	55~65	7~20	15~30	8 미만	1 미만
남자	6~8(세)	55~65	7~20	15~30	8 미만	1 미만
	9~11	55~65	7~20	15~30	8 미만	1 미만
	12~14	55~65	7~20	15~30	8 미만	1 미만
	15~18	55~65	7~20	15~30	8 미만	1 미만
	19~29	55~65	7~20	15~30	7 미만	1 미만
	30~49	55~65	7~20	15~30	7 미만	1 미만
	50~64	55~65	7~20	15~30	7 미만	1 미만
	65~74	55~65	7~20	15~30	7 미만	1 미만
	75 이상	55~65	7~20	15~30	7 미만	1 미만
여자	6~8(세)	55~65	7~20	15~30	8 미만	1 미만
	9~11	55~65	7~20	15~30	8 미만	1 미만
	12~14	55~65	7~20	15~30	8 미만	1 미만
	15~18	55~65	7~20	15~30	8 미만	1 미만
	19~29	55~65	7~20	15~30	7 미만	1 미만
	30~49	55~65	7~20	15~30	7 미만	1 미만
	50~64	55~65	7~20	15~30	7 미만	1 미만
	65~74	55~65	7~20	15~30	7 미만	1 미만
	75 이상	55~65	7~20	15~30	7 미만	1 미만
임산부		55~65	7~20	15~30		
수유부		55~65	7~20	15~30		

1) 콜레스테롤: 19세 이상 300 mg/일 미만 권고

그림 3-8 | 한국인 영양소 섭취기준 에너지 적정비율

출처: 보건복지부. 한국영양학회. 2020 한국인영양소섭취기준

2) 한국인 영양소 섭취기준을 이용한 영양상태 평가

개인 또는 집단을 대상으로 한 식사섭취 조사로 얻게 된 섭취량이 적절하였는가를 평가하고자 할 때 기준치가 필요한데, 건강하고 일반적인 상황에서는 한국인 영양소 섭취기준을 이용한다. 영양소 섭취 부족을 예방하기 위해서는 평균필요량, 권장섭취량 또는 충분섭취량을 적용하고, 영양소 과잉섭취를 예방하기 위해서는 상한섭취량을 활용한다그림 3-9. 모든 영양소의 섭취기준은 동일하지 않기 때문에 각 영양소별로 설정한 기준치에 맞게 평가해야 한다. 만약 질병이 있는 등 특별한 조건에서는 한국인 영양소 섭취기준을 적용하기보다 개인별 영양요구량을 따로 계산하여 평가하는 것이 좋다.

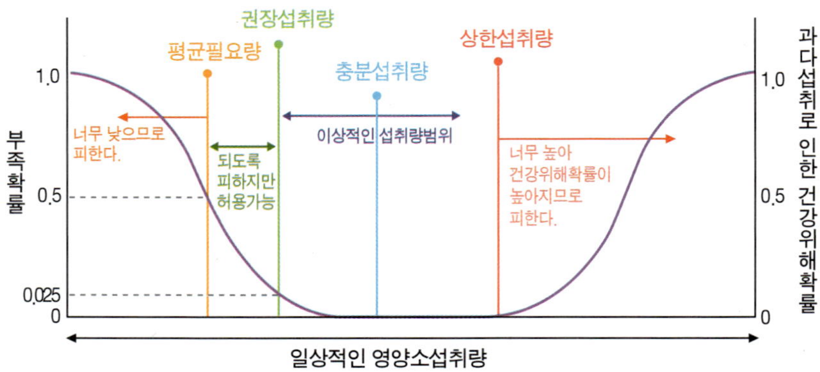

그림 3-9 | 이상적인 영양소 섭취량의 범위

출처: 보건복지부, 한국영양학회. 2020 한국인영양소섭취기준

(1) 개인의 식사섭취 조사 평가

조사목적에 맞게 식사섭취 조사도구(회상법, 식사기록법, 식품섭취빈도법 등)를 선택하여 개인의 일상적인 식사를 조사한 후 식품 성분 데이터베이스를 이용하여 영양소 섭취량을 계산한다. 그리고 이 결과를 한국인 영양소 섭취기준의 평균필요량, 권장섭취량, 충분섭취량, 상한섭취량 등의 기준을 적용하여 개인의 식사섭취 조사를 평가하게 된다. 다음은 개인의 식사섭취 조사를 평가하는 과정의 예이다.

① 20대 여대생의 24시간 회상법을 통한 섭취량 조사 결과

22세 여대생의 일상적인 주중 이틀, 주말 하루의 식사섭취를 24시간 회상법으로 조사하였다.

항목	시간	장소	식품명	분량/재료명	섭취량
식전 간식					
아침	8시	집	현미밥	현미밥/반 공기	105 g
			계란후라이	계란	60 g
				콩기름	2 g
			잔멸치볶음	잔멸치	15 g
				마늘	1 g
				올리고당	7 g
			배추김치	반접시	20 g
오전 간식	11시	학교	두유	한컵	200 g
점심	12시	학교	우동	우동사리/1인분	105 g
				어묵, 튀긴 것	150 g
				간장	5 g
				맛술	1 g
				설탕	105 g
			깍두기	반 접시	15 g
			요구르트	1개	20 g
오후 간식					
저녁	6시	집	쌀밥	쌀밥/한 공기	210 g
			돈육김치찌개	돼지고기	37.5 g
				두부	75 g
				배추김치	200 g
				마늘	10 g
				양파	70 g
				고춧가루	5 g
				후추	2.5 g
			감자나물	가지	70 g
				간장	22.5 g
				올리고당	7.5 g
				콩기름	7.5 g
				참기름	7.5 g
				잔멸치	15 g
				마늘	2.5 g
				올리고당	5 g
			배추김치	반 접시	20 g
야식	9시	집	찐고구마	고구마/1개	200 g

그림 3-10 | 24시간 회상법을 통한 섭취량 조사 결과(3일 중 주중 1일차)

출처: 보건복지부. 한국영양학회. 2020 한국인영양소섭취기준

② 20대 여대생의 에너지 필요량 계산

자세한 영양상태 평가를 위해서는 정확한 나이, 키, 체중, 활동 정도의 조사가 필요한데, 이 여학생의 경우 나이 22세, 키 161cm, 체중 50kg, 저활동을 하였다. 그림 3-11 에서 보는 바와 같이 에너지 필요량 계산공식에 의하여 열량을 산정하고 에너지 필요추정량은 정상체중 범위에서 적용되기 때문에 비만도(체질량지수, BMI)를 계산하여 정상체중 여부도 확인한다.

※에너지 필요량 계산 공식

성인 여자	354 − 6.91 × 연령(세) + PA[9.36 × 체중(kg) + 726 × 신장(m)] PA(신체활동계수): 1.0(비활동적), 1.12(저활동적), 1.27(활동적), 1.45(매우 활동적)

예시) 에너지 필요량 계산: 약 2,000(kcal)

성인 여자	354 − 6.91 × 22(세) + 1.12[9.36 × 50(kg) + 726 × 1.61(m)] = 2,035.26(kcal)

그림 3-11 | 에너지필요량 계산 공식

출처: 보건복지부. 한국영양학회. 2020 한국인영양소섭취기준

체질량지수로 비만도 계산
체중(kg)/키(m)^2 = $\frac{50}{1.61 \times 1.61}$ = 19.3 kg/m^2 = 정상
에너지필요량 계산
354 − 6.91 × 22(세) + 1.12[9.36 × 50(kg) + 726 × 1.61(m)] = 2,035.26(kcal)

③ 영양소 섭취량 평가

위의 ①에서 조사한 일상의 식사섭취량을 식품 성분 데이터베이스를 이용하여 영양소 섭취량으로 모두 전환한 후 한국인 영양소 섭취기준 대비 적절하게 섭취하였는지를 평가한다.

표 3-2 22세 여대생의 영양소 섭취기준 대비 일상적인 영양소 섭취량(3일)

영양소	평균섭취량	평균필요량	권장섭취량	충분섭취량	상한섭취량	판정
탄수화물(g)	294	100	130			충분
단백질(g)	74	45	55			충분
지질(g)	64					충분
식이섬유(g)	24.9			20		충분
비타민 A(μg, RAE)	366.4	460	650		3,000	부족
비타민 D(μg)	2.5			10	100	부족
비타민 E(mg α-TE)	22.2			12	540	충분
비타민 K(μg)	237.2			65		충분
비타민 C(mg)	151.3	75	100			적절
티아민(mg)	2.1	0.9	1.1			적절
리보플라빈(mg)	1.5	1.0	1.2			적절
니아신(mg)	11.3	11	14		35(니코틴산) 1,000(니코틴 아미드)	약간 부족
비타민B$_6$(mg)	1.8	1.2	1.4		100	적절
엽산(μg)	585.8	320	400		1,000	적절
비타민 B$_{12}$(mg)	6.4	2.0	2.4			적절
판토텐산(mg)	6.1					충분
비오틴(μg)	5.0			5		부족
칼슘(mg)	579.8	550	700		2,500	약간 부족
인(μg)	1,201.5	580	700		3,500	적절
나트륨(mg)	3,566			1,500	2,300 (목표섭취량)	과다
염소(mg)	218.5			2,300		부족
칼슘(mg)	3,237			3,500		부족
마그네슘(mg)	123.8	230	280		350	부족
철(mg)	15.3	11	14		45	적절
아연(mg)	10.2	7	8		35	적절
구리(mg)	700	500	650		10,000	적절
불소(mg)	6.4			2.8	10.0	적절
망간(mg)	2.1			3.5	11.0	부족
요오드(μg)	310	95	150		2,400	적절
셀레늄(μg)	57	50	60		400	약간 부족
몰리브덴(μg)	1.7	20	25		500	부족
콜레스테롤(mg)	314				300 (권고섭취량)	권고 이상

출처: 보건복지부, 한국영양학회, 2020 한국인영양소섭취기준

④ 20대 여대생의 식사섭취 조사 평가 및 해석

- 주중 2일과 주말 1일, 총 3일 에너지섭취량에 대한 평균은 2,062 kcal로 에너지 필요추정량인 2,000 kcal에 비해 약간 높음
- 식이섬유는 25 g 섭취하고 있어 유지하도록 권장함(충분섭취량 20 g)
- 비타민 A는 평균필요량 미만으로 섭취하고 있어 두 배 이상 섭취 증가를 권장함
- 비타민 D는 충분섭취량에 훨씬 못 미치게 섭취하고 있어 섭취 증가 권장함
- 비타민 E와 K의 경우 충분섭취량을 상회하고 있어 섭취가 적절함
- 비타민 C, 티아민, 리보플라빈, 엽산, 비타민 B_6와 B_{12}는 권장섭취량 이상 섭취로 적절함
- 나트륨은 목표섭취량보다 1,000 mg 이상 높아 섭취를 낮출 필요가 있음
- 콜레스테롤은 평균섭취량이 314 mg으로 권고섭취량(300 mg/일) 이상 섭취하고 있어서 섭취를 낮출 필요가 있다고 판단됨

(2) 집단의 식사섭취 조사 평가

집단의 식사섭취 조사를 평가하기 위한 목적은 집단에서 발생할 수 있는 영양문제점을 파악하고 이를 개선시킬 수 있는 방법을 제시하는 것이다. 집단의 식사평가를 위해서는 성별, 연령, 직업 등 집단의 특성을 파악하는 것이 중요하다. 집단에서 식사섭취 조사 평가는 개인보다는 집단 구성원들의 평균 섭취량이 한국인 영양소 섭취기준 대비 영양소별로 부족하거나 혹은 과잉 섭취한 사람들의 비율을 구하는 것이다. 다음은 초등학교 9~11세 집단에서 칼슘 영양상태 평가를 한 후 학교급식 개선활동에 적용한 과정의 예이다.

① 집단의 식사섭취 조사와 영양소 섭취량 평가

초등학교 9~11세 학생(남녀 각각 400명)을 대상으로 24시간 회상법을 통해 식사섭취 조사를 실시하였다. 식사섭취 조사자료를 식품 성분 데이터베이스를 활용하여 영양소 섭취량으로 전환하였다. 이번 집단의 조사목적은 칼슘 영양상태 평가이므로 한국인 영양소 섭취기준 중 9~11세의 칼슘 영양소 섭취기준과 비교하여 평가한다그림 3-12.

구분	열량 (kcal)	탄수화물 (g)	단백질 (g)	지질 (g)	식이섬유 (g)	칼슘 (mg)	인 (mg)	철 (mg)
남자	2,027.9	297.2	75.9	57.3	18.6	548.0	1,085.1	10.7
여자	1,803.2	275.4	62.7	48.8	18.0	506.6	947.2	9.6
전체	1,918.1	286.5	69.5	53.1	18.3	527.8	101.77	10.2

그림 3-12 | 식사조사자료를 분석한 영양소 섭취량 분석 결과

출처: 보건복지부. 한국영양학회. 2020 한국인영양소섭취기준

구분	평균필요량	권장섭취량	충분섭취량	상한섭취량
남자	650 mg	800 mg	–	3,000 mg
여자	650 mg	800 mg	–	3,000 mg

그림 3-13 | 9~11세 칼슘 영양소 섭취기준

출처: 보건복지. 한국영양학회. 2020 한국인영양소섭취기준

구분	불량(평균필요량 미만)	정상	과잉(상한섭취량 초과)
남자	285명	124명	0명
여자	293명	98명	0명
전체	578명(72.25%)	222명(27.75%)	0명(0.0%)

그림 3-14 | 칼슘의 섭취량 평가

출처: 보건복지부. 한국영양학회. 2020 한국인영양소섭취기준

식사섭취 조사 평가 결과, 800명의 학생 중 578명(72.25%)이 칼슘을 평균필요량 미만으로 섭취하였고, 과잉 섭취한 학생은 없었다.

② 식사섭취 조사 평가에 따른 학교급식 개선활동

- 578명(72.25%) 학생들의 칼슘 섭취량이 평균필요량 미만으로 섭취하는 것으로 조사되어 급식을 통한 영양상태 개선 활동이 필요함
- 구체적인 방법으로 칼슘의 주요 급원 식품인 멸치, 우유, 치즈, 달걀, 두부 등을 활

용하여 어린이의 입맛에 맞는 레시피 개발과 제공횟수를 증가시켜 영양불량 상태를 개선해야 함

(3) 개인과 집단의 식사섭취 조사 평가 및 해석 시 주의사항

위과 같이 한국인 영양소 섭취기준을 이용하여 개인 또는 집단의 식사섭취 조사를 평가하고 해석하는 데 있어 차이점이 있으므로 주의해야 하며, 그 내용은 표 3-3에서 요약하였다.

표 3-3 한국인 영양소 섭취기준의 활용(개인과 집단의 영양섭취상태 평가)

항목	개인	집단
평균필요량	• 일상섭취량이 부적절할 확률을 조사하는 데 사용 • 개인의 영양섭취 목표로 사용하지 않음 • 일상섭취량이 평균 필요량 이하이면 섭취량이 부족할 확률이 50% 이상이며, 평균필요량보다 낮아질수록 부족할 확률이 높아짐	• 집단 내에서 부적절한 섭취자의 비율을 추정하는 데 사용 • 일상적 섭취량이 평균필요량 이하인 사람의 비율에서 섭취량이 부족한 사람의 비율을 추정함
권장섭취량	• 일상섭취량이 권장섭취량 이상이면 부족하게 섭취할 확률은 낮음	• 집단의 영양섭취상태를 평가하는 데 사용하지 않음
충분섭취량	• 일상섭취량이 충분섭취량 이상이면 섭취량이 부족할 확률이 낮음	• 일상섭취량의 중앙값이 이 수준이면 섭취량이 부족한 사람의 비율이 낮은 것을 의미함
상한섭취량	• 과잉섭취 가능성 조사에 사용함 • 일상섭취량이 상한섭취량보다 높으면 과잉섭취로 인한 건강장애 증상이 일어날 수 있음 • 섭취량이 상한섭취량보다 높을수록 건강장애의 위험도는 높아짐	• 영양과잉으로 인한 건강장애 위험도를 추정하는 데 사용함 • 집단 내에서 상한섭취량 이상을 섭취하는 사람의 비율은 과잉섭취에 따른 건강장애의 위험을 가진 사람의 비율과 일치함

3. 식사의 질 평가

1) 영양지수

영양지수index of nutritional quality, INQ는 1,000 kcal 에너지 섭취량에 대한 특정 영양소의 섭취비율을 권장량의 1,000 kcal에 대한 비율로 나눈 값으로 영양소의 질적 상태를 평가하는 지표이다. 일반적으로 에너지 필요추정량에 맞게 섭취하였을 때 미량영양소 섭취량도 충족하였는지를 평가할 때도 사용된다. 섭취한 영양소의 INQ가 1 이상이면 권장량 이상을 섭취한 것이고, 각 영양소의 INQ가 1 이상이라면 일반적으로 그 식사의 질이 좋다는 것을 의미한다. 질적으로 우수한 식사를 하기 위해서는 영양소별로 INQ가 1 이상이 되도록 해야 하지만 지질이나 콜레스테롤의 경우에는 INQ가 1.0을 초과해서는 안 된다.

$$\text{INQ} = \frac{\text{1,000 kcal 섭취당 특정 영양소의 섭취량(\%)}}{\text{1,000 kcal당 특정 영양소의 권장섭취량(\%)}}$$

Note

한 여대생이 섭취한 에너지가 1,800 kcal이며, 단백질 60 g, 비타민 C 150 mg, 칼슘 350 mg을 섭취하였을 때 각 영양소의 INQ는 다음과 같다.

영양소	권장섭취량		실제섭취량		INQ
에너지(kcal)	2,100	1,000	1,800	1,000	1.0
단백질(g)	55	26.2	60	33.3	1.3
비타민 C(mg)	100	47.6	150	83.3	1.8
칼슘(mg)	700	333.3	350	194.4	0.6

평가: 여대생이 섭취한 영양소는 열량에 비해 단백질, 비타민 C는 충분했지만 칼슘은 열량에 비해 부족하다고 할 수 있다.

2) 영양소 밀도

영양소 밀도nutrient density, ND는 영양의 질적 지수와 유사한 개념으로 사용되는 값으로 섭취한 식품의 영양소 균형과 질적인 면을 평가한다. 영양소 밀도가 1보다 크면 열량에 비해 많이 섭취하고 있다고 할 수 있다. 특히 저열량식사(1,000~1,200 kcal)를 계획하는 경우 영양소 밀도는 2 정도가 되어야 한다.

$$\text{ND} = \frac{\text{1일 영양소 권장량에 대한 섭취량의 비}}{\text{에너지 권장량에 대한 에너지 섭취량의 비}}$$

Note

20대[1] 여대생이 우유 1개(200 mL)를 섭취했을 때 영양소 밀도의 계산

구분	한국인영양소 섭취기준[1]	우유 1개 (200 mL)	계산과정	밀도
열량(kcal)	2,100	124.3	124.3/2,100 = 0.059	
단백질(g)	55	5.0	1.8/55 = 0.091	0.091/0.059 = **1.542**
칼슘(mg)	700	235.6	30.8/700 = 0.337	0.337/0.059 = **5.712**
철(mg)	14	0.6	1.2/14 = 0.043	0.043/0.059 = **0.729**
비타민 C(mg)	100	3.1	25.2/100 = 0.031	0.031/0.059 = **0.525**

1) 19~29세 여성

영양소 밀도 계산 결과 단백질과 칼슘이 1보다 높으므로 우유는 열량에 비해 단백질, 칼슘은 많이 함유하고 있으나 철과 비타민 C는 1보다 적기 때문에 부족하다고 할 수 있다.

3) 평균 영양소 적정 섭취비율

영양소 적정섭취비율nutrient adequacy ratio, NAR은 각 영양소 권장섭취량에 대한 섭취비율을 나타낸다. 특정 영양소를 권장섭취량보다 많이 섭취하는 경우 이 수치는 1보다 높은 값이 되지만 1이 넘는 경우에는 최댓값을 1로 한다. 1 이상의 값을 갖는 영양소는 1로 하고 1 이하는 그대로 합산한 다음 영양소 개수로 나누어 평균값을 구한다. 이는 전체 섭취한 영양소가 얼마나 균형을 이루고 있는지 알려주는 것으로 평균 영양소 적정도가 1이면 아주 바람직한 것이고 그 값이 낮을수록 영양 균형이 올바르지 않음을 알려준다.

$$\text{영양소 적정도(NAR)} = \frac{\text{1일 평균 영양소 섭취량}}{\text{1일 영양소 권장섭취량}}$$

$$\text{평균 영양소 적정도(MAR)} = \frac{\text{각 영양소의 NAR의 합}}{\text{영양소의 개수}}$$

4) 식사섭취 조사의 다양성 평가

영양상태를 개선하려면 각각 영양소별 섭취 부족 또는 과잉만 평가하는 게 아니라 균형적인 영양소의 섭취와 식사의 내용이 개선되어야 한다. 따라서 최근에는 식사의 다양성과 식사 패턴 등을 평가하는 추세로 이러한 방법들은 식사의 내용에 대해 질적으로 평가하는 방법이기 때문에 앞에서 소개한 영양소 섭취상태의 평가방법과 함께 사용하면 각각의 장단점을 상호보완할 수 있다.

(1) 식품군 섭취 패턴

식품군 섭취패턴food group intake pattern은 식사섭취 조사를 통해 얻은 식품들을 5개의 식품군으로 나눈 후, 각 군별로 1회 섭취량의 최소 기준량 이상 섭취 여부를 확인한다. 만약 최고기준량 이상 섭취하면 1점, 그렇지 않으면 0점을 부여하여 최고점 5점으로 점수화한다표 3-4. 이 점수를 DDSdietary diversity score라고도 한다.

표 3-4 식품군 섭취 패턴 평가

식품군		최소 기준량 [1]	실제 섭취량	점수
곡류 및 감자류		60 g	320 g	1
육류		30 g	25 g	0
과일류	고체 액체(주스류)	30 g 60 g	100 g	1
채소류	고체 액체(주스류)	30 g 60 g	135 g	1
우유 및 유제품	고체(치즈 등) 액체	15 g 60 g	0 g	0
최종 점수				3점

1) Kant 등 1991

(2) 섭취 식품의 가짓수dietary variety score, DVS

식사섭취 조사의 다양성을 평가하기 위해 하루에 섭취한 식품의 가짓수를 평가한다. 하루에 섭취한 모든 종류의 식품 수를 계산하며 식품이 한 가지씩 추가될 때마다 점수를 1점씩 더하여 합산한다. 섭취한 식품의 가짓수가 많을수록 영양소 섭취 균형이 좋다고 할 수 있다. 표 3-5는 일본영양사회가 매 끼니 식품섭취의 다양성을 평가하기 위해 만든 것으로 우리나라 실정에 맞게 조정하였다. 이 끼니별 평가표는 식품군 섭취 패턴 평가표와 섭취 식품의 가짓수 평가표를 함께 고려하여 만든 것이다.

표 3-5 오늘 한 끼 식단은 몇 점이나 될까?

<table>
<tr><th rowspan="2">영양소</th><th rowspan="2">식품류</th><th rowspan="2">식품</th><th colspan="2">배점</th><th colspan="2">득점</th></tr>
<tr><th>균형식</th><th>식품</th><th>균형식</th><th>식품</th></tr>
<tr><td rowspan="3">단백질</td><td>고기류
생선류</td><td>닭고기, 돼지고기, 쇠고기, 토끼고기, 오리고기, 염소고기, 소시지, 햄, 생선, 민물고기, 굴, 조개, 어묵</td><td rowspan="3">10</td><td>5</td><td></td><td></td></tr>
<tr><td>알류</td><td>달걀, 오리알, 메추리알</td><td>5</td><td></td><td></td></tr>
<tr><td>콩류</td><td>콩, 두부, 비지, 두유, 된장, 청국장</td><td>4</td><td></td><td></td></tr>
<tr><td rowspan="2">칼슘</td><td>우유류</td><td>우유, 양유, 분유, 치즈, 요구르트</td><td rowspan="2">10</td><td>5</td><td></td><td></td></tr>
<tr><td>뼈째 먹는
생선</td><td>멸치, 뱅어포, 잔새우, 미꾸라지, 양미리, 사골</td><td>4</td><td></td><td></td></tr>
<tr><td rowspan="3">비타민
무기질</td><td>녹황색
채소류,
해조류</td><td>시금치, 당근, 깻잎, 고추, 갓, 미나리, 상추, 쑥갓, 무청, 아욱, 근대, 열무, 미역, 김, 다시마, 파래</td><td rowspan="3">10</td><td>5</td><td></td><td></td></tr>
<tr><td>담색 채소류,
버섯류</td><td>무, 배추, 양배추, 오이, 호박, 파, 양파, 우엉, 콩나물, 가지, 고구마줄기, 도라지, 버섯</td><td>2</td><td></td><td></td></tr>
<tr><td>과일류</td><td>사과, 감, 배, 복숭아, 귤, 포도, 살구, 자두, 참외, 토마토, 수박, 딸기, 대추</td><td>4</td><td></td><td></td></tr>
<tr><td rowspan="3">당질</td><td>쌀</td><td>쌀, 찹쌀</td><td rowspan="3">10</td><td>3</td><td></td><td></td></tr>
<tr><td>잡곡류</td><td>보리쌀, 밀가루, 옥수수, 조, 수수, 국수, 빵, 떡, 엿, 라면</td><td>3</td><td></td><td></td></tr>
<tr><td>감자류</td><td>감자, 고구마, 당면, 토란, 도토리</td><td>3</td><td></td><td></td></tr>
<tr><td rowspan="2">지방</td><td>기름류</td><td>참기름, 들기름, 콩기름, 채종유, 쇼트닝, 마요네즈, 마가린, 버터</td><td rowspan="2">10</td><td>4</td><td></td><td></td></tr>
<tr><td>종실류</td><td>참깨, 들깨, 호두, 잣, 땅콩</td><td>3</td><td></td><td></td></tr>
</table>

〈진단방법〉

- 득점란에 섭취한 식품이 있을 때 ○표를 한다(중복해서 섭취한 경우 한 번만 표시한다).
- 배점란의 균형식 점수는 영양소별로 ○표가 한 개 이상 있을 때 해당 점수를 득점한다.
- 배점란의 식품 점수는 식품별로 ○표가 있을 때 해당 점수를 득점한다.
- 합계란에는 균형식 점수와 식품 점수를 합하여 기록한다.
- 1일 점수는 세 끼니의 점수를 평균한 값이 되고, 이를 다음 평가기준과 비교하여 1일 식단의 식품섭취 다양성을 평가한다.

〈평가기준〉

- 75점 이상: 매우 우수
- 50~74점: 부분 개선 필요
- 49점 이하: 많은 개선 필요

합 계	50	50
	100	

출처: 일본영양사회(대한영양사협회에서 보정)

4. 다양한 식생활 평가

1) 영양지수

영양지수Nutrient Quotient는 한국영양학회에서 각 생애주기별로 개인 또는 집단의 영양상태와 식사의 질을 종합적으로 평가하기 위해 개발한 도구이다. 영양지수는 미취학 어린이(만 3~6세), 청소년(만 13~18세), 성인(만 19~64세), 노인(만 65세 이상) 등 총 4개의 각 생애주기로 구분되어 있으며, 자세한 내용은 7장 생애주기별 영양상태에서 다루도록 한다. 그림 3-15은 어린이 영양지수 결과문의 예시이다.

한국영양학회 The Korean Nutrition Society NUTRILITE Print >

어린이 영양지수(NQ)

어린이의 영양, 건강상태에 영향을 미치는 식사의 질과 식습관을 계량적으로 간단히 평가할 수 있는 어린이 NQ는 한국영양학회와 한국암웨이가 공동으로 개발하였습니다.

이름		성별	여아	연령	만 9세
진당	140 cm	체중	30 kg	BMI	15.31(정상)

01. 영양지수 점수

영양지수 점수: 58.1(***)

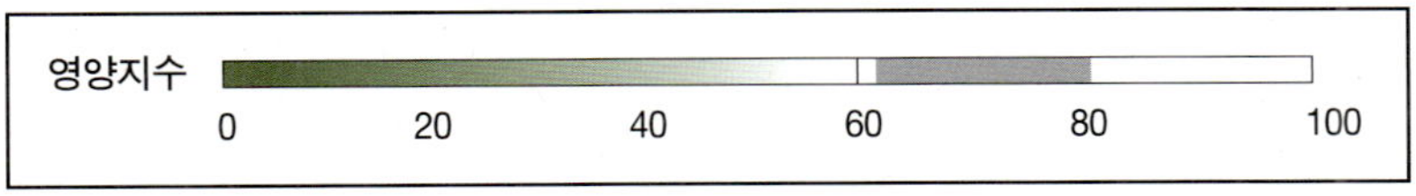

[참고] 영양지수 점수에 표시된 [*]의 개수가 많을수록 양호한 수준이며 최고등급은 6개가 표시됨

02. 지수영역별 점수

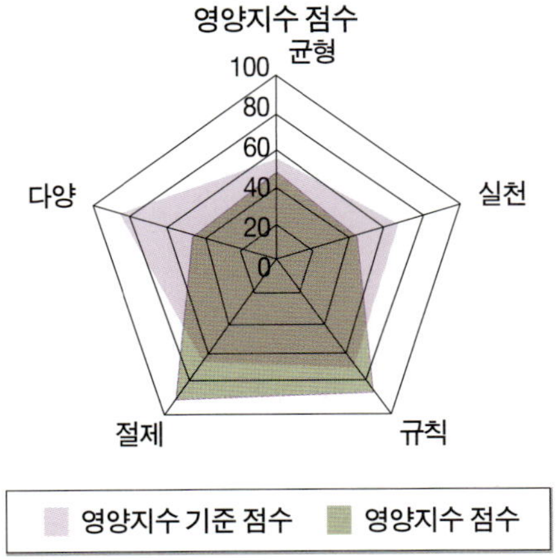

03. 영양지수 판정결과

아동의 영양지수 점수는 3등급으로 보통이고, 개별 영역별 결과는 아래와 같습니다.
판정 내용을 활용하여 앞으로의 식생활과 건강 향상에 도움이 되기 바랍니다.

영역	판정값	판정 결과	결과 설명
균형	48.8	불량 식사의 균형	– 현재 균형 잡힌 식사를 하고 있지 않습니다. – 매일 잡곡밥, 과일, 흰우유, 콩제품, 달걀 등 여러 종류의 식품을 골고루 섭취하고 편식하지 않습니다.
다양	45.8	불량 식사의 다양성	– 현재 식사의 다양성이 부족합니다. 매 끼니 반찬을 골고루 섭취하고, 매일 다양한 색상의 채소(당근, 시금치, 김치 등)를 먹도록 노력하세요.
절제	90	양호 에너지 섭취	– 현재 에너지를 적절하게 섭취하고 있습니다. – 패스트푸드, 탄산음료 등 열량이 높은 음식의 섭취를 절제하는 현재의 식생활을 유지하기 바랍니다.
규칙	83.3	양호 식사의 규칙성	– 현재 규칙적인 식생활을 하고 있습니다. – 건강한 삶을 위해 현재와 같이 식사 거르지 않기, 정해진 시간에 규칙적으로 식사하기, TV 시청 및 컴퓨터 게임 자제하기 등의 식생활 습관을 꾸준히 유지하세요.
실천	44.4	불량 올바른 식생활 실천	– 현재 올바른 식생활의 실천이 부족합니다. – 음식을 먹기 전에 손 씻기, 꼭꼭 씹어 먹기, 영양표지를 확인하기 등의 식습관을 실천하는 것이 필요합니다.

04. 운동가이드

운동량이 부족합니다. 하루 1시간 이상의 적극적인 신체활동은 건강 유지에 도움이 됩니다.

그림 3-15 | 어린이 영양지수 결과의 예

2) 한국인을 위한 식사의 질 평가지수

한국인을 위한 식사의 질 평가지수korean dietary quality index, KDQI는 우리나라의 영양 문제를 잘 평가할 수 있는 항목을 포함하는 것으로 영양소와 식품섭취의 관점을 함께 평가한다. 특히 부족과 과잉을 모두 평가에 반영하여 균형있는 섭취를 평가하는 목적으로 2002년에 개발하였다. 평가항목은 채소군, 유제품군, 과일군 섭취와 식품의 다양성, 칼슘, 철분, 단백질, 지방, 콜레스테롤, 에너지 섭취를 포함하는 10개 항목으로 구성되어 있으며 각 항목을 10점을 만점으로 하여 총 100점을 만점으로 한다. 결과에 따라 40점 미만, 40~70점, 70점 이상의 세 그룹으로 나누어 주요 영양소의 섭취량과 비교했을 때 지표에 포함되지 않은 영양소의 섭취량도 잘 반영하고 있으며, 영양소 섭취의 적

표 3-6 한국인을 위한 식사의 질 평가지수(korean dietary quality index, KDQI)

지질요소	점수 범위	10점 만점	0점
채소	0~10	3~6회/일[1)]	0회/일
과일	0~10	2회/일[1)]	0회/일
유제품	0~10	1~2회/일[1)]	0회/일
식품의 다양성	0~10	≥ 20[2)]	≤ 10[3)]
칼슘	0~10	권장섭취량의 75~125%	≤ 50% 또는 ≥ 150%
철	0~10	권장섭취량의 75~125%	≤ 50% 또는 ≥ 150%
단백질	0~10	권장섭취량의 75~125%	≤ 50% 또는 ≥ 150%
에너지	0~10	권장섭취량의 90~110%	≤ 50% 또는 ≥ 150%
지질	0~10	에너지섭취량의 15~25%	0% 또는 ≥ 40%
콜레스테롤	0~10	100 mg/1,000 kcal · 일	≥ 150 mg/1,000 kcal · 일

1) 각 연령군의 만점 기준은 연령당 에너지 필요추정량에 의한 권장섭취량에 따른다.
2) 미취학 어린이: 초등학생 30
3) 미취학 어린이: 초등학생 20
출처: 심재은 외(2002). 한국영양학회, 35(5) : 558–570

절함이나 식품의 다양성을 평가하는 다른 지표의 평가결과와 비교하였을 때도 상충되지 않아 타당성이 있다.

3) 식생활 관련 건강위험도 평가도구

식생활 관련 건강위험도 평가도구diet-related health risk appraisal, D-HRA는 개인의 식생활 진단을 통해 만성질환 위험도를 평가하고, 그 결과에 근거하여 식생활 습관 개선을 도와주기 위해 국내 최초로 한국보건산업진흥원에서 2013년에 개발하였다. D-HRA 구성은 식생활 설문 15개 항목과 위험도 평가, 식생활 관리 팁, 식사구성 계획으로 이루어져 있으며, 식생활 설문조사 내용은 제4기 국민건강영양조사자료를 비롯한 한국인의 데이터를 바탕으로 생활습관 및 식습관에서 교정 가능한 요인과 일반인이 쉽게 답할 수 있는 문항으로 구성되어 있다. 고혈압, 당뇨병, 이상지질혈증, 비만 및 골다공증 등 만성질환 위험도 평가 결과를 알 수 있다표 3-7. 개인은 이 도구를 사용함에 따라 만성질환의 발생과 관련된 식생활 위험도를 스스로 평가할 수 있고 보건소, 병원, 건강검진 사후관리 기관, 영양관리 서비스 제공업체 등에서 만성질환 고위험군 스크리닝에 활용 또는 프로그램 참여자의 식생활 관리도구로 사용할 수 있다.

4) 한국 성인의 식생활 평가지수

식생활 평가지수korean healthy eating index, KHEI는 식생활 지침의 준수 여부 등을 점수화한 것으로 전반적인 식생활 및 식사의 질을 평가하는 도구이다. 식생활 평가지수 항목은 식사의 충분도 영역 9개, 식사의 절제 영역 5개로 총 14개 항목으로 이루어져 있고, 이는 국내 식생활 지침에 모두 기반하고 있다표 3-8. 식생활 평가지수 총점은 100점이 되도록 구성하였고, 각 항목별로 10점을 부여하게 되어 있다. 이 결과를 통해 우리나라 성인의 전반적인 식생활 현황 파악 및 추이를 비교할 수 있다. 식생활 평가지수는 식생활 지침과 한국인 영양소 섭취기준 제정에 따라 5년마다 갱신할 예정이다.

표 3-7 식생활 관련 건강위험도 평가도구(diet-related health risk appraisal, D-HRA)

기본 신상정보
1. 나이와 성별
2. 키와 몸무게
3. 음주습관
4. 흡연량
5. 활동량
6. 학력사항
골다공증 식생활 평가
1. 과일은 얼마나 자주 먹습니까?
2. 채소 반찬(김치 제외)은 하루 평균 몇 가지를 먹습니까?
3. 우유나 요구르트는 얼마나 자주 먹습니까?
4. 잡곡밥은 얼마나 자주 먹습니까?
5. 생선은 얼마나 먹습니까?
6. 아침식사를 합니까?
7. 식사할 때 반찬을 평균 몇 가지 먹습니까?(양념장, 소스 제외)
심혈관대사질환 식생활 평가
1. 과일은 얼마나 자주 먹습니까?
2. 채소 반찬(김치 제외)은 하루 평균 몇 가지를 먹습니까?
3. 우유나 요구르트는 얼마나 자주 먹습니까?
4. 라면 등 인스턴트 면류는 얼마나 자주 먹습니까?
5. 잡곡밥은 얼마나 자주 먹습니까?
6. 생선은 얼마나 먹습니까?

심혈관대사질환 식생활 평가
7. 삼겹살은 얼마나 먹습니까?
8. 햄, 소시지 등 육가공품은 얼마나 자주 먹습니까?
9. 탄산음료는 얼마나 자주 마십니까?
10. 콩이나 두부는 얼마나 자주 먹습니까?
11. 아침식사를 합니까?
12. 외식은 얼마나 자주 합니까?
13. 김치를 매끼 먹습니까?
14. 식사하실 때 반찬을 평균 몇 가지 먹습니까?(양념장, 소스 제외)
15. 패스트푸드를 자주 먹습니까?

출처: 한국보건산업진흥원(2013). DHRA 홈페이지(http://dhra.khidi.or.kr/index.do)

표 3-8 한국 성인의 식생활 평가지수(korean healthy eating index, KHEI)

구분	항목	최대점	최대점 기준	최소점 기준
식사의 충분도 영역	과일섭취량(주스 포함)	5	남자: ≥ 3회/일 여자: ≥ 3회/일	0회/일
	과일섭취량(주스 불포함)	5	남자: ≥ 1.5회/일 여자: ≥ 1회/일	0회/일
	채소섭취량(김치, 장아찌 포함)	5	≥ 7회/일	0회/일
	채소섭취량(김치, 장아찌 불포함)	5	≥ 4회/일	0회/일
	우유 및 유제품 섭취량	10	≥ 1회/일	0회/일
	단백질 식품 섭취량	10	남자: ≥ 5회/일 여자: ≥ 4회/일	0회/일
	흰고기: 붉은 고기 비율	5	4 : 1(≥ 4)	0(붉은 고기만 섭취)
	전곡류 섭취량	5	≥ 1회/일	0회/일
	아침식사 여부	10	연속된 이틀간의 아침식사	섭취 안함

구분	항목	최대점	최대점 기준	최소점 기준
식사의 절제 영역	나트륨 섭취량	10	≤ 2,000 mg/day	> 85퍼센타일 값
	고열량 · 저영양 식품 에너지비	10	≤ 5% 에너지	≥ 10% 에너지
	지방 에너지비	10	15~25%	< 15퍼센타일 값 > 85퍼센타일 값
	도정곡 섭취량	5	남자 : ≤ 4회/일 여자 : ≤ 3회/일	남자: ≥ 5회/일 여자: ≥ 4회/일
	탄수화물 에너지비	5	55~70%	< 15퍼센타일 값 > 85퍼센타일 값

출처: Yook ed al.(2015). J. Nutr. Health, 48(5) : 419–428

C H A P T E R

4

신체계측 조사 및 평가

C H A P T E R

4

신체계측 조사의 종류를 알고 그 특성을 파악하여 조사의 장점과 한계를 이해하며 다양한 신체계측 도구를 활용하여 신체계측 조사방법과 신체 구성성분 측정 및 판정법을 설명할 수 있다.

학습목표

- 신체계측 조사의 종류와 특성을 설명할 수 있다.
- 신체계측 조사의 방법 및 판정법을 설명할 수 있다.
- 신체 구성성분 측정 및 판정법을 설명할 수 있다.

1. 신체계측 조사의 개요

1) 신체계측 조사란

신체계측 조사anthropometric assessment는 신체 각 부위의 크기와 신체 구성성분을 측정하고 이를 표준치와 비교하여 성장발달 및 영양상태를 판정하는 방법이다. 신체계측의 조사방법은 비교적 간단하고 재현성이 높고 경제적이어서 표준화된 방법과 기술을 활용하여 개인과 집단에 널리 활용된다. 신체조직의 발육과 조성은 다양한 영양소의 복합적인 기능으로 이루어져 다각적인 방법으로 조사가 이뤄진다. 신체계측은 신장, 체중, 두위, 흉위, 골격 크기 등을 측정하는 성장 조사와 체지방량 및 제지방량을 측정하는 신체 구성성분 조사가 있다.

2) 신체계측 조사의 목적 및 목표

신체계측 조사의 목적은 신체 각 부위의 크기를 측정하거나 신체 구성성분을 측정하여 성장발달 및 장기적인 영양상태를 판정하는 것이다. 구체적인 내용과 목표는 과 같다.

(1) 영양상태 판정에 이용하는 신체계측 조사방법을 이해한다.

(2) 성장 및 영양상태의 정도를 대변할 수 있는 신체 부위를 측정한다.

(3) 성장에 대한 척도는 비교집단의 표준치와 비교하여 영양상태의 정도를 판정한다.

(4) 신체계측 조사에서 나타나는 오차의 원인과 해결방법을 설명할 수 있다.

(5) 체지방량을 측정하는 방법과 판정기준치를 설명할 수 있다.

(6) 제지방량 측정방법과 판정기준을 이해할 수 있다.

☰ 표 4-1 신체계측 조사의 종류별 목표

종류	목표
성장 측정	• 영양불량에 따른 체중의 변화를 파악함 • 신장, 체중, 두위, 흉위 등을 측정한 후 비교집단의 표준치와 비교하여 영양상태 정도를 판정함 • 신체계측 시 나타나는 오차의 원인을 알고 해결방법을 설명할 수 있음 • 영양적 요인이 성장에 영향을 미치는 중요한 요인임을 이해함
신체 구성성분 측정	• 비만도를 계산하고 비만의 판정기준에 따라 분류함 • 체중 변화의 평가지표와 의미를 이해하고 적용함 • 체질량지수(BMI) 계산방법과 판정기준치를 적용함 • 체지방량 산정방법 중 하나로 피부두겹두께 측정방법을 설명할 수 있음 • 허리-엉덩이둘레비를 계산하여 관련 질환의 위험도를 측정함 • 체위계측을 통한 제지방량 측정방법과 판정기준을 이해함 • 기기를 이용한 신체 구성성분 측정방법을 설명할 수 있음

2. 신체계측 조사의 종류

신체계측 조사의 종류는 성장 조사와 신체 구성성분 조사로 분류할 수 있는데, 성장을 측정하는 조사에서는 신장, 체중, 두위 등을 이용하여 평가하고, 신체 구성성분을 측정하는 조사에서는 체지방과 제지방의 양을 이용하여 평가한다표 4-2.

1) 성장측정

성장을 측정하는 계측에서는 신장, 체중, 두위, 흉위, 앉은키 등을 이용하여 성장의 정도를 평가한다. 성장을 대변할 수 있는 각 신체 부위를 측정하고 비교집단의 표준치와 비교하여 영양상태의 양호 또는 불량을 판정할 수 있다. 그중에서도 신장과 체중은 영양상태를 빠르고 간단하게 측정할 수 있어서 가장 많이 쓰인다. 영양불량인 경우는 체중뿐만 아니라 신장의 발육에도 영향을 미치기 때문에 성장을 예측할 수 있는 영양적 요인의 중요성을 파악할 수 있다.

또한 신장, 체중, 머리둘레 등의 측정치로부터 나이에 따른 머리둘레와 체중, 신장에 대비한 체중, 체질량지수 등 연구목적과 대상에 따라 여러 지표index를 유도할 수 있다. 성장기의 신장과 체중은 발육의 정상 여부뿐만 아니라 신체 조성이나 조직의 소모 여부도 판정해 준다. 영유아기에는 두위와 흉위가 성장 및 영양판정의 유용한 지표가 된다. 성인기에는 단백질 및 열량 섭취의 불균형을 판정하기 위해 신장, 체중, 상완위둘레, 피부두겹두께, 허리둘레, 엉덩이둘레, 손목둘레 등을 측정한다.

이러한 성장측정에서 생물학적 요인으로는 성별, 부모의 체격, 유전인자 등이 영향을 끼치며, 환경적 요인으로는 영양상태, 질병의 유무, 스트레스, 사회경제, 기후 등을 고려할 수 있다.

2) 신체 구성성분 측정

화학적으로 구분할 때 지방조직과 제지방조직으로 구분하는데, 지방조직은 에너지의 주요 저장 형태로 에너지 섭취의 과소와 급성 영양불량에 민감한 편이다. 제지방 조직은 체단백의 저장지표로 주로 근육을 말하지만 골격, 연조직 등 지방을 제외한 모든 부분을 포함한다. 신체 구획의 크기를 이용하여 체지방률과 같은 상대적인 신체 조성을 측정할 수 있다.

신체 구성성분은 체지방량body fat mass, 제지방량lean body mass을 이용하여 측정하는데, 영양상태에 따라 그 구성이 다르기 때문에 체지방량과 제지방량은 측정치를 사용하여 산출된 방정식으로 추정한다. 체지방량은 열량 과다 섭취를 평가할 수 있는 지표가 되고, 제지방은 주로 체단백질의 보유상태를 알 수 있는 지표가 된다.

이러한 신체 구성성분 측정은 생화학적 방법에 비해 비교적 빠르고 조사대상자의 부담이 적은 간단한 조사방법이다. 신체 조성 측정지표는 영양 부족이나 과잉 판정, 영양중재활동 효과 평가, 병원 입원환자의 영양지원 등 장기적 신체 구성성분의 변화 추이를 살펴볼 때 임상적으로 사용된다. 신체 구성성분 측정의 체지방량 평가는 체중/신장 지표, 피부두겹두께, 신체둘레 등을 통해 확인하고, 제지방량은 상완위근육둘레, 상완위근육면적, 장딴지둘레, 허벅지둘레로 확인 가능하다. 기기를 이용한 신체 구성성분 측정은 전기저항측정법, 이중에너지방사선 흡수계측법, 자가공명영상법, 컴퓨터단층촬영법 등을 활용하여 조사한다.

표 4-2 신체계측 조사의 종류

구분	종류
성장발달조사	신장, 체중, 두위, 흉위, 팔꿈치넓이, 손목둘레
신체 구성성분 조사	• 체지방량 : 피부두겹두께, 허리-엉덩이둘레비, 허리둘레, 상완위둘레 • 제지방량 측정을 위한 체위계측 : 상완위근육둘레, 상완위근육면적, 장딴지둘레, 허벅지둘레 • 기기를 이용한 신체 구성성분 측정법 : 수중체중측정법, 생체전기저항측정법, 초음파진단법, 컴퓨터단층촬영법(computes tomography, CT), 자기공명영상법(magnetic resonance imaging, MRI), 이중에너지방사선흡수계측법(dual enery X-ray absorptiometry, DEXA), 총체수분량측정법, 총칼륨량측정법

3. 신체계측 조사의 특성

1) 신체계측 조사의 장점과 제한점

신체계측 조사에서는 산정한 지수들을 기준치와 비교하여 영양판정을 할 때 그 목적에 따라 신체계측의 부위 및 방법을 적절히 선택해야 한다표 4-3. 이 조사방법은 비교적 간단하고 정확하며 신뢰성이 높으며, 조사기구의 가격이 저렴한 편이고 운반이 쉬워서 많은 대상자에게 사용할 수 있다. 조사대상자의 부담이 적은 조사로 성장발달 및 장기간의 영양상태의 정보를 파악할 수 있으며, 영양불량의 위험이 높은 대상자를 찾는 데 유용한 장점이 있다.

반면에 신체계측의 조사에서 결과에 따른 예민도와 특이성은 비교적 낮은 편이다. 개인 또는 집단의 영양상태를 판정할 때 첫 단계로 표준화된 방법과 기술 사용이 가능하지만, 단기간의 영양상태 및 특정 영양소의 결핍을 판정하기는 쉽지 않다. 즉, 성장 및 신체조성상의 변화는 단백질과 에너지 섭취 불균형으로 인해 발생하는 반면 무기질과 비타민 등 다른 미량영양소 결핍으로 인해 생기는 변화는 신체계측 조사로 구별하기 어려운 제한점이 있다.

표 4-3 신체계측 조사의 장점과 제한점

구분	내용
장점	• 측정방법이 간단하고 안전하여 조사대상자에게 적용하기 쉬움 • 측정기기가 비교적 저렴하고 운반이 용이함 • 표준화된 기술을 사용할 경우 정확하고 재현성이 높음 • 장기간의 영양상태에 관한 정보를 얻을 수 있음 • 영양불량 판정에 도움이 됨 • 일정 기간 영양상태의 변화를 평가할 수 있음 • 영양불량 위험도가 높은 대상자를 찾아내는 선별검사방법으로 사용할 수 있음
제한점	• 단기간의 영양상태 판정이 어려움 • 특정 영양소의 결핍을 구별하기 어려움 • 질병이나 유전적 요인, 에너지 소비량 변화 등 비영양적 요인에 영향을 받음

2) 신체계측 조사의 오차

신체계측 조사는 측정 과정에서 오차가 발생할 수 있다. 이때 오차로 인해 여러 가지 측정치와 조사자료의 정밀도, 정확도 및 타당도에 영향을 준다. 이런 오차에는 신체계측 시 발생하는 측정오차, 대상자의 체내 구성성분의 변화에서 발생하는 오차, 신체계측치로부터 신체 구성성분 추정 시 잘못된 가설로 인한 오차 등이 있다표 4-4.

측정에 따른 오차는 측정방법이 어렵고, 측정기구를 정확하게 사용하지 않거나 조사원의 훈련이 부족할 경우에 발생한다. 따라서 이를 해결하기 위해서는 조사원에게 표준화되고 타당한 측정방법을 훈련하게 하고, 측정기구를 정기적으로 정확하게 점검함으로써 최소화할 수 있다.

또한 신체 구성성분은 체내 조직의 특성에 따라 오차가 발생하기도 한다. 건강한 사람도 생리주기나 연령, 측정부위에 따라 결과치가 변화할 수 있고, 하루 중 언제 측정했는지에 따라서도 신체계측치와 판정지수가 달라질 수 있다. 체조직의 수분함량 변화는 체중에 영향을 주기도 하고 피부두겹두께는 측정부위에 따라 다르게 나타나기도 한다. 경우에 따라 건강한 사람을 대상으로 만든 결과치를 환자나 다른 연령층에 적용하면 오차가 발생할 수도 있다.

한편 연구이론에 따라 같은 결과라 하더라도 개체 간의 결과가 다르거나 원본의 해석에 따른 오차로 판단되어 재검토가 필요할 수 있다. 실제로 체지방량은 조사에서 내장지방량을 반영하지 못하는 경우가 있다. 피부두겹두께로 체지방량 추정 시 연령이나 질병의 유무 등에 따라 피하지방량은 많은 변화를 나타내므로 피하지방의 두께가 체지방량을 반영한다는 가설에는 오류가 있을 수 있다.

표 4-4 신체계측 조사의 원인별 오차

원인	세부 내용
측정에 따른 오차	• 측정방법의 어려움 • 측정기구의 부정확한 사용 • 조사원의 훈련 부족
체내 구성성분 변화에 따른 오차	• 체내 생리주기에 따른 조직의 수분함량 변화 • 측정부위에 따른 피부두겹두께 측정치 변화 • 환자별 예측방정식 적용의 오차 • 언제 측정했는지에 따른 신체계측치와 판정지수의 차이

4. 신체계측 조사의 방법 및 판정법

1) 신장

신장height, stature은 골격의 발달을 반영하는 지표로서 장기적인 영양상태를 반영한다. 연령별 신장의 측정치는 그 집단 내에서 개인의 영양상태를 반영하는 간접지표로 이용되는데, 2세 미만은 영유아의 신장 측정방법, 2세 이상은 어린이와 성인의 신장 측정방법을 사용한다.

(1) 영유아의 신장 측정방법

2세 미만 영유아의 신장 측정recumbent length, supine length은 소아용 신장계를 이용하여 누운 상태에서 길이를 측정한다. 누운 키를 측정할 때는 아기를 바른 위치에 놓아야 하며, 정확하게 측정하기 위해 적어도 두 사람의 조사원이 필요하다.

영유아의 누운 키 측정방법은 먼저 측정판 위에 아기를 똑바로 눕히고 측정자 중 한

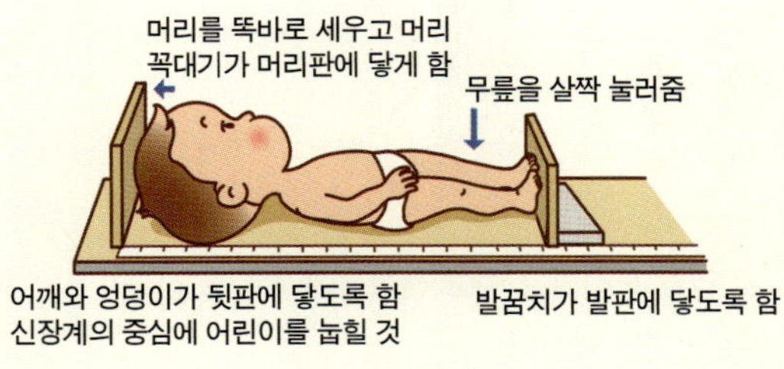

① 측정판 위에 아기를 똑바로 눕히고 머리판에 아기의 머리를 닿게 한다.
② 어깨날은 바닥에 닿게 하고 시선은 수평이 되도록 한다.
③ 무릎을 편 상태에서 발꿈치에 발판이 닿도록 하고, 측정치는 mm 단위로 읽는다.

그림 4-1 | 영유아의 신장 측정방법

명은 머리판에 아기의 머리를 닿게 하고 어깨날은 바닥에 닿게 하여 시선이 수평이 되도록 잘 붙잡는다. 또 다른 측정자는 아기의 다리를 잡고 무릎을 편 다음 발가락이 위를 향하도록 발바닥을 수직으로 세워 발판에 발꿈치가 닿도록 한다. 눈금은 mm 단위로 읽는다그림 4-1.

(2) 어린이와 성인의 신장 측정방법

2세 이상의 어린이와 성인의 신장은 신장계를 사용하여 측정한다. 측정자는 조사대상자의 준비가 끝나면 움직이는 머리판을 머리끝에 닿을 때까지 천천히 내린다. 눈높이를 눈금 근처에 맞추고 눈금을 mm 단위까지 읽는다. 측정시간을 기록하고, 측정

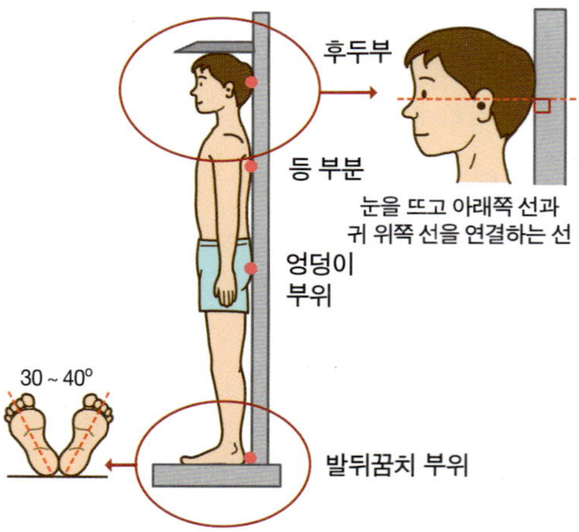

① 간편한 옷차림으로 양말과 신발은 벗고 신장계에 똑바로 선다.
② 발을 모으고 시선은 정면을 향한다.
② 어깨, 엉덩이, 발꿈치가 신장계의 수직면에 닿도록 몸을 곧게 펴고 선다.
③ 팔은 자연스럽게 내리고 손바닥은 펴서 허벅지 쪽을 향하여 바른 자세를 유지한다.
④ 조사원은 눈금과 눈높이를 수평으로 맞춰 측정치를 읽는다.

그림 4-2 | 어린이와 성인의 신장 측정방법

치가 신장계의 두 눈금 사이에 있으면 아래 눈금을 읽으며, 두 차례 측정치의 차이는 5mm 이내가 되어야 한다그림 4-2.

2) 체중

체중weight은 영양판정의 평가에 활용되는 가장 중요한 지표 중 하나이다. 골격, 근육, 피하지방의 양 등을 종합적으로 나타내는데, 체중만으로 영양상태를 판정하기보다는 연령과 신장을 함께 고려하여 판정한다.

(1) 영유아의 체중

영유아의 체중은 영유아용 전자저울이나 추저울, 스프링 저울을 이용하여 측정한다. 전자저울은 오래 누워있지 못하는 영아들의 무게를 재는 데 적합하여 매우 정확하고 신속하게 값을 낸다. 이 외에도 어른이 아기를 안고 잰 후 어른의 체중을 빼서 아기

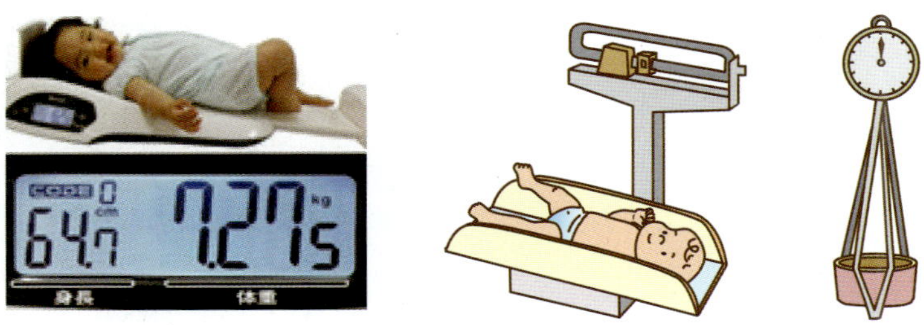

① 소아용 저울 팬에 타월을 깔고 보정하여 0점을 맞춘다.
② 아기에게 가벼운 옷만 입혀 저울 팬의 중앙에 눕힌다.
③ 아기가 가만히 누워있을 때 10 g 단위까지 측정한다.

그림 4-3 | 영아의 체중 측정방법

의 체중을 계산할 수도 있으며, 영유아용 스프링 저울이나 팬이 달린 바구니를 이용하여 아기의 체중이 균등하게 분배되도록 확인한 후 측정할 수도 있다그림 4-3.

(2) 어린이와 성인의 체중

체중의 측정은 대상자가 속하는 연령과 신장을 연관시켜 영양판정 지표로 이용할 수 있지만, 체중만으로 영양상태를 판정하는 데는 무리가 있다. 어린이의 성장 평가에서 체중은 중요한 판정 요인 중 하나로서 체중과 신장을 연관시켜 영양판정 지표로 이용할 수 있다. 체중은 이상체중백분율, 체질량지수, 기초대사율, 크레아티닌-신장지수

어린이와 성인의 체중 측정방법

① 저울의 0점을 확인한 후 체중계 발판의 중앙에 서서 양발을 체중에 골고루 싣는다.

② 정면을 응시하고 편안한 자세로 100 g 단위까지 측정한다.

침대저울과 의자저울 및 체중계

침대저울과 의자저울의 체중 측정방법

① 침대저울에 편안하게 누운 상태로 천천히 들어올려 100 g 단위까지 측정한다.

② 의자저울의 등받이에 기대어 가운데 반듯이 앉은 상태에서 100 g 단위까지 측정한다.

그림 4-4 | 어린이와 성인의 체중계 및 측정방법

등의 산출에 필요하다.

혼자 설 수 있는 어린이와 성인의 체중은 전자저울이나 눈금저울로 측정한다. 저울은 평평하고 단단한 면 위에 놓아 흔들리거나 기울어지지 않게 한다. 가능한 한 일정한 시간에 최소한의 옷을 입고, 측정한 후 체중에서 옷 무게를 빼서 계산할 수 있다. 또한 측정은 식사 전과 소변을 본 상태에서 한다. 저울에 혼자 설 수 없는 사람은 침대저울을 이용한다그림 4-4.

3) 머리둘레

머리둘레head circumference는 영아기의 두뇌 크기와 발달에 관련된 지표이다. 출생 후 2년까지의 머리둘레는 영아기의 단백질과 에너지 영양상태에 영향을 받기 때문에 영양상태 판정지표로 이용된다. 출생 초기의 심각한 영양결핍이 있는 경우 머리둘레 측정치가 표준치보다 낮게 나타나고, 질병과 유전, 관습 차이 등의 비영양적 요소에 의해서도 영향을 받을 수 있다.

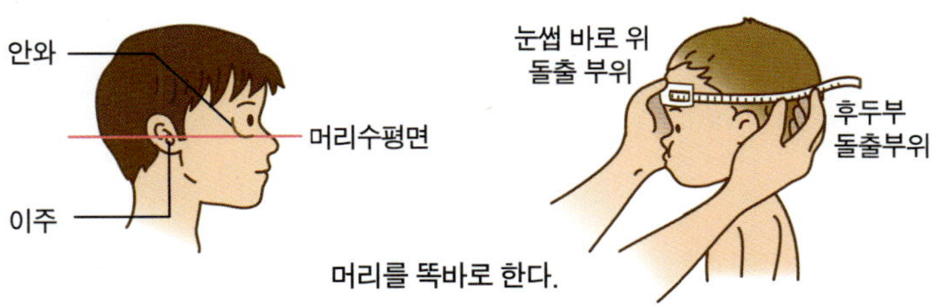

머리를 똑바로 세우고, 안와(안구공, orbit)의 맨 아래와 이주(tragion, 안쪽 귓바퀴의 튀어나온 근육 부분)가 수평이 되도록 측정한다.

출처: Lee RD, Nieman DC. Nutritional assessment(2007)

그림 4-5 | 머리둘레 측정

머리둘레 측정에는 폭이 좁고 늘어나지 않는 줄자를 사용한다. 조사대상자는 머리를 똑바로 세우고 시선을 정면에 둔다. 조사가는 조사대상자의 머리카락이 눌리도록 머리 뒷부분의 제일 돌출된 부위와 앞쪽 돌출된 부위의 둘레(전두–후두위)를 줄자를 이용하여 재는데, 이때 수평이 되도록 하고 머리둘레의 최대치가 나오도록 단단히 조인 후 mm 단위까지 잰다그림 4-5. 측정치는 성별, 연령별 한국소아발육표준치와 비교한다.

4) 신체골격 크기

신체골격의 크기 추정은 두 견봉 간 넓이, 가슴넓이, 무릎넓이, 손목넓이, 팔꿈치넓이 등의 측정치를 활용한다. 신체골격의 크기를 알면 체내 조직량 및 체지방량을 추정할 수 있으므로 표준치를 참고하여 체격을 분류할 수 있다.

(1) 팔꿈치너비

팔꿈치너비elbow breadth는 신체골격의 크기를 가장 잘 반영하는 것으로 알려져 있다. 측정치는 팔꿈치너비에 따라 표준치를 참고하여 작은 체격, 중간 체격, 큰 체격으로 분류한다그림 4-6.

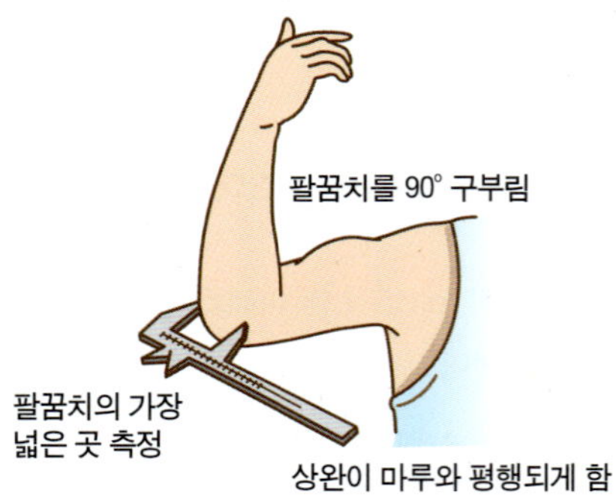

① 바른 자세로 서서 오른팔을 바닥과 평행하게 들어올린 상태에서 손바닥이 위를 향하게 하여 팔꿈치를 90도로 구부린다.

② 팔꿈치의 가장 넓은 곳을 캘리퍼로 mm 단위까지 측정한다.

팔꿈치너비에 의한 골격 크기의 분류 (단위 : mm)

신장(cm)		작은 체격	중간 체격	큰 체격
남	155~158	< 64	64~73	> 73
	159~168	< 67	64~73	> 73
	169~178	< 70	70~76	> 76
	179~188	< 70	70~79	> 79
	≥ 189	< 73	73~83	> 83
여	145~148	< 57	57~64	> 64
	149~158	< 57	57~64	> 64
	159~168	< 60	60~67	> 67
	169~178	< 60	60~67	> 67
	≥ 179	< 64	64~70	> 70

출처: The Metropolitan Life Insurance Company. Metropolitan height and weight tables(1983)

그림 4-6 | 팔꿈치너비 측정방법 및 골격 크기의 분류

(2) 손목둘레

손목둘레wrist circumference는 신장을 이용하여 나눈 값으로, 신장－손목둘레비의 기준치와 비교하여 골격 크기를 평가한다. 골격의 크기는 작은 체격, 중간 체격, 큰 체격 세 가지로 구분하는데, 신장과 체중이 동일하더라도 작은 체격인 사람이 큰 체격인 사람에 비해 체지방이나 근육량이 많다고 추정할 수 있다그림 4-7.

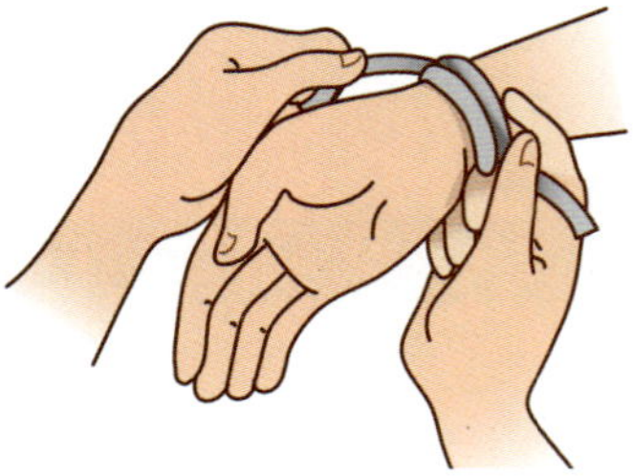

① 오른손의 힘을 빼고 손바닥이 위로 향하게 펼친다.

② 손목의 가장 가는 부위를 줄자로 mm 단위까지 측정한다.

③ 신장과 손목둘레의 비를 계산하여 측정치에 따른 골격 크기를 분류한다.
(신장과 손목둘레의 비 = 신장(cm)/손목둘레(cm))

신장 – 손목둘레비에 의한 골격 크기의 분류

구분	작은 체격	중간 체격	큰 체격
남	> 10.4	10.4~9.6	< 9.6
여	> 10.9	10.9~9.9	< 9.9

출처: Grant JP et al.(1981). J Surgical Clinics of North America

그림 4-7 | 손목둘레 측정방법 및 골격 크기의 분류

5. 신체 구성성분 측정 및 판정법

신체계측을 통한 신체 구성성분 조사는 지방조직과 제지방조직fat free mass, FFM으로 구분할 수 있다. 지방조직은 에너지의 주요 저장형태로 열량 섭취의 과소를 평가하는 지표이다. 제지방조직은 주로 근육을 포함하여 골격, 연조직 등 지방을 제외한 모든 부분을 포함한 것으로 체단백질의 보유상태를 나타내는 지표로 사용된다.

인체의 지방조직과 제지방조직은 신체계측 조사를 통해 측정하는데, 신체 구획의 크기를 이용하여 체지방률과 같은 상대적인 신체 조성을 측정할 수 있다. 이 방법은 조사대상자의 부담이 적고 비교적 간단하며 생화학적 방법에 비해 빠른 편이다.

신체 조성 평가는 피부두겹두께, 상완둘레, 허리둘레, 체질량지수 등을 활용하며, 최근에는 전기저항측정법, 이중에너지방사선흡수계측법, 자기공명영상법, 컴퓨터단층촬영법 등 첨단기기를 활용하여 측정한다. 이러한 측정지표는 영양부족이나 영양과잉의 판정, 영양중재활동 효과 평가, 병원 입원환자의 영양지원 등 장기적으로 신체 구성성분의 변화를 모니터할 때 임상적으로 사용된다.

1) 제지방량 측정

인체의 제지방조직은 수분, 단백질, 무기질의 복합체이다. 근육조직은 단백질을 저장하는 주된 장소로 근육량을 측정하면 체내 단백질 저장 정도를 알 수 있다. 체내 총 근육량은 상완둘레, 상완근육둘레, 상완근육면적과 상관관계가 있다.

(1) 상완둘레

상완둘레mid-upper arm circumference, MAC는 근육, 피하지방, 골격 등으로 구성된다. 골격은 비교적 일정하게 유지되므로 상완둘레의 변화는 근육과 피하지방의 변화를 의미하는데, 특히 저개발국가 아동의 상완둘레는 단백질-에너지 영양불량을 진단하는 데 유용하게 쓰인다.

☰ 표 4-5 제지방량 측정을 위한 둘레 측정방법

구분	측정방법
상완둘레	• 삼두근 피부두겹두께 측정부위와 동일하게 똑바로 서서 팔을 90°로 구부린 상태에서 어깨뼈와 팔꿈치의 중간 지점을 찾아 측정함 • 팔을 자연스럽게 늘어뜨린 상태에서 팔둘레를 줄자로 mm 단위까지 측정함
장딴지둘레	• 의자에 앉거나 체중을 양발에 고루 분산하여 벌리고 섬 • 장딴지의 가장 큰 둘레를 줄자로 mm 단위까지 측정함
허벅지둘레	• 허벅지 피부두겹두께 측정부위와 동일함 • 줄자로 mm 단위까지 측정함

측정치는 한국인 소아 · 청소년 상완둘레 백분위수, 체위참고치 등과 비교하여 성별 및 연령별로 판정한다. 1~5세 어린이에 대한 판정기준은 13.5 cm 이상이면 정상, 12.5~13.5 cm는 약간 저영양상태, 12.5 cm 이하이면 영양결핍으로 분류한다표 4-6. 성인의 상완둘레는 한국인 인체지수 조사의 연령별 참고치와 비교한다표 4-7.

☰ 표 4-6 어린이(1~5세)의 상완둘레 판정치

상완둘레(cm)	영양판정
≥ 13.5	정상
12.5 ~ 13.5	약간 저영양상태
≤12.5	영양결핍

☰ 표 4-7 상완위둘레의 표준치

나이	남자							여자						
	평균	표준편차	백분위수					평균	표준편차	백분위수				
			5th	10th	50th	90th	95th			5th	10th	50th	90th	95th
20~24세	297	24.9	260	266	294	330	345	248	22.2	218	224	245	278	290
25~29세	306	27.5	263	273	304	340	355	253	22.0	222	227	252	280	290
30~34세	309	27.4	265	273	308	346	354	264	25.8	226	233	261	296	308

나이	남자							여자						
	평균	표준편차	백분위수					평균	표준편차	백분위수				
			5th	10th	50th	90th	95th			5th	10th	50th	90th	95th
35~39세	311	26.6	273	280	309	347	358	269	23.5	232	240	266	301	311
40~49세	306	26.3	264	272	306	340	352	278	24.3	241	249	276	308	321
50~59세	302	23.6	265	273	302	333	342	288	25.0	251	260	285	322	331
60~69세	293	23.1	248	265	294	320	327	289	26.0	251	260	286	320	334

(2) 장딴지둘레

장딴지둘레calf circumference는 장딴지 피부두겹두께의 측정치로 이로부터 장딴지근육 면적을 계산할 수 있다. 장딴지둘레 측정치는 한국인 인체치수조사(https://sizekorea.kr/)의 연령별 참고치와 비교한다.

(3) 허벅지둘레

허벅지둘레thigh circumference 측정치는 허벅지근육 면적이나 허리-허벅지둘레비를 계산할 때 사용한다. 허벅지둘레 측정치는 한국인 인체치수 조사의 연령별 참고치와 비교한다.

(4) 상완근육둘레

상완근육둘레mid-upper-arm muscle circumference, MAMC는 직접 측정하기 어렵기 때문에 상완둘레와 삼두근 피부두겹두께 측정치를 이용하여 계산할 수 있으며, 상완근육둘레로부터 신체 총 근육량을 추정할 수 있다.

상완근육둘레(MAMC) = 상완둘레 − (π × 삼두근 피부두겹두께)

(5) 상완근육면적

상완근육면적mid-upper-arm muscle area, AMA은 상완근육둘레보다 근육량의 변화를 더 잘 반영하는 지표로 상완둘레, 삼두근 피부두겹두께, 상완근육둘레를 이용하여 계산할 수 있다.

표 4-8 상완근육면적을 구하는 공식 및 백분위수에 따른 분류

구하는 공식	평가기준	
	백분위수	근육 분류
$$상완근육면적(AMA) = \frac{[상완둘레 - (\pi \times 삼두근\ 피부두겹두께)]^2}{4\pi}$$	≤ 5번째	쇠약
	5~≤ 15번째	평균 이하
	15~≤ 85번째	평균
	85~≤ 95번째	평균 이상
	> 95번째	많음

2) 체지방량 측정

체지방은 필수지방과 저장지방으로 나눌 수 있다. 필수지방은 생리적 기능을 위해 요구되는 물질로 표준 성인 남자 체중의 약 3%, 표준 성인 여자 체중의 약 9%를 차지하며 골수, 중추신경계, 유선조직 등 생리작용을 위해 꼭 필요한 지방이다. 저장지방은 근육 사이와 근육 내에 있는 지방, 기관을 싸고 있는 지방, 피하지방 등으로 남자 체중의 12%, 여자 체중의 15% 정도를 차지하며, 표준 성인은 총 체지방량의 1/3 정도를 차지한다.

체지방량을 산정하는 데 사용하는 신체계측법은 피부두겹두께, 상완위둘레, 허리-엉덩이둘레비 등을 측정한 후, 측정치를 이용한 계산식으로 체지방량을 추정하는 방법과 전기저항측정법, 이중에너지방사선흡수계측법DEXA, 자기공명영상법MRI, 컴퓨터단

층촬영법CT 등 첨단기기를 활용하여 신체 각 구성성분의 양을 산정하는 방법이 있다. 신체계측법은 한 번에 많은 인원을 조사해야 하는 경우에는 쉽고 간편하게 사용 가능하지만, 적은 체지방의 변화를 정확하게 측정하기는 어렵다. 측정기기를 이용한 체지방량 조사는 번거롭고 장비가 비싼 단점이 있다.

(1) 피부두겹두께

피부두겹두께skinfold thicknesss는 체지방률을 간접적으로 측정할 때 가장 널리 사용되는 방법이다. 캘리퍼로 피부두겹두께를 측정하여 피하지방량을 추정하고, 추정된 피하지방량을 이용하여 총 체지방량을 추정하는 것이다. 일반적으로 삼두근, 견갑골 하부, 복부, 장골 상부, 허벅지, 가슴 등을 측정하는데, 측정장비와 방법이 간단하며 정확한 측정값은 체지방 산정에 많이 이용된다.

① 측정 시 가설 및 장단점

피부두겹두께 측정 시, 총 체지방량 추정은 피하지방 두께가 총 체지방을 일정한 비율로 반영하며, 피부두겹두께를 측정하기 위해 선정한 부위가 전체 피하지방 조직의 평균 두께를 대표한다고 가설한다. 실제로 같은 사람의 경우에도 신체 부위에 따라 피하지방의 두께가 각각 다르고, 같은 부위에서도 다를 수 있기 때문에 여러 부위의 측정이 바람직하며, 최소 세 부위의 측정을 권장한다.

피부두겹두께 측정방법의 장점은 간단하고 빠르며 경제적이라는 것이며, 수중체중법과 상관성이 높다. 단점으로는 정밀도가 낮고 측정자에 따른 오차가 크고 재현성이 낮은 편이라는 것이다.

② 측정기기

캘리퍼는 5~50 mm의 범위에서 0.1 mm 단위까지 읽을 수 있는 것을 선택하고 주기적으로 보정을 해주어야 하며 캘리퍼 끝부분의 압력은 10 g/mm^2 정도로 유지한다.

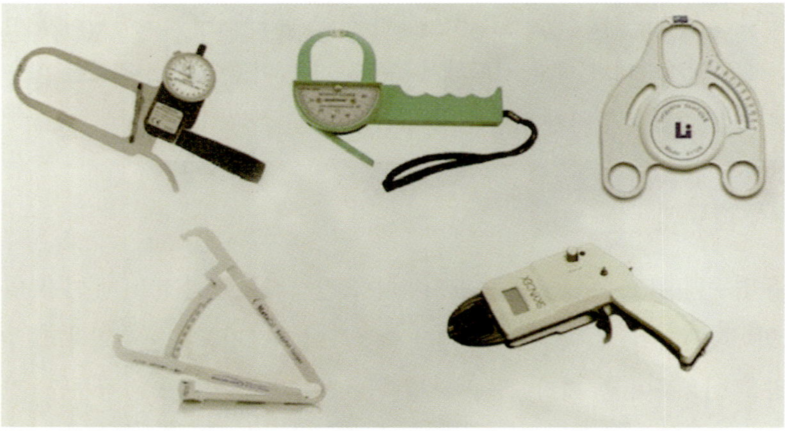
Harpenden, Lange, Lafayette, Accu-Measure, Skyndex

그림 4-8 | 캘리퍼 측정기의 종류

③ 측정방법

피부두겹두께는 측정부위의 선택과 측정방법이 중요하다. 동일한 부위를 일관되게 측정하는데 측정하고자 하는 부위의 중심부에 표시를 한 후, 왼손의 엄지와 검지 손가락으로 표시된 측정부위에서 1 cm 위쪽의 피하지방을 일정한 힘을 유지하도록 단단하게 잡아당긴다. 캘리퍼의 숫자판이 위로 오게 하고, 접힌 피부의 긴 축과 수직이 되도록 캘리퍼로 집는다. 이때 캘리퍼를 피부두겹에 너무 깊게 놓거나 너무 가까이 놓지 않도록 한다. 캘리퍼의 끝을 측정점에 놓은 뒤 약 4초 후에 숫자판을 0.5 mm까지 읽는다.

측정값은 같은 부위를 두 번 측정하여 평균값을 이용하는데, 두 번 측정치의 차이는 1 mm 이하가 바람직하며, 차이가 클 경우 한 번 더 측정하여 비슷한 두 번의 평균값을 이용한다. 운동 직후나 열이 많이 났을 때는 체액이 피부 쪽으로 이동하여 평상시의 피부두겹두께보다 두껍게 측정되는 경향이 있기 때문에 즉시 측정하지 않도록 한다.

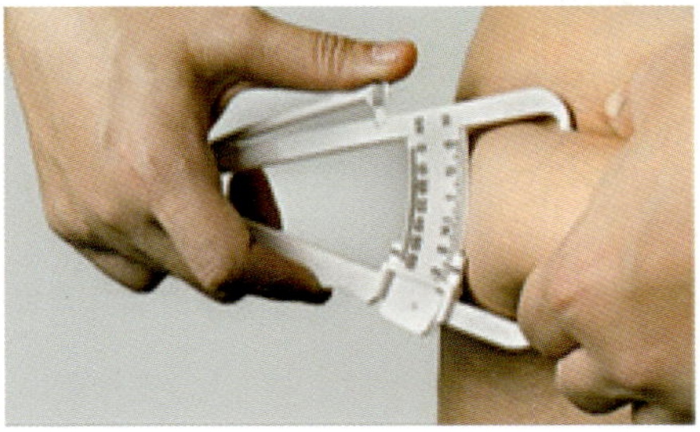

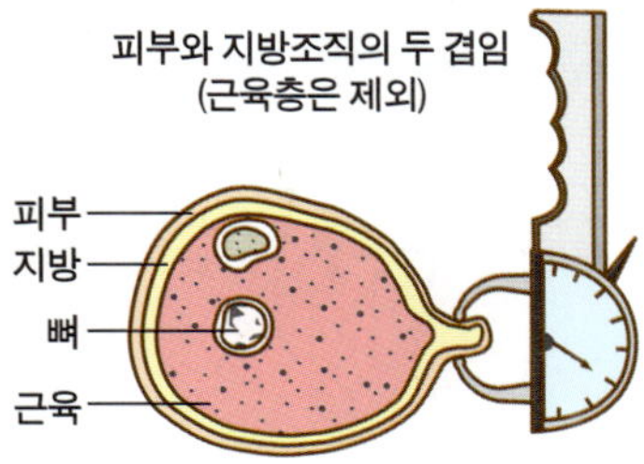

그림 4-9 | 캘리퍼로 측정하는 방법

④ 측정부위

피부두겹두께의 일반적인 측정부위는 삼두근, 견갑골 하부, 옆중심의 부위, 복부, 장골 상부, 장딴지, 허벅지, 가슴 등이다. 피하지방의 분포는 신체의 여러 부위에 대한 평균값을 통해 정확한 체조성을 파악하는 데 이용되며 성별, 연령별, 인종 등에 따른 다양성으로 인해 여러 부위에 대한 측정치가 요구된다.

표 4-9 부위별 피부두겹두께의 측정방법

부위		측정방법
가슴	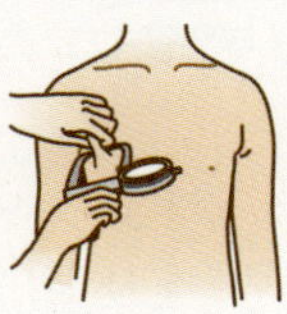	• 앞쪽 겨드랑이 접히는 부위 제일 위쪽에서 유두까지의 긴 축을 따라 측정함 • 겨드랑이의 제일 위쪽을 잡고 1 cm 아랫부분을 측정함
이두근	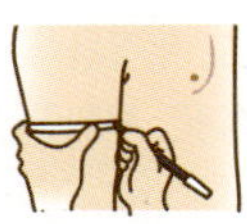	• 팔을 옆으로 내려뜨려 손바닥을 앞으로 향하게 함 • 삼두근과 같은 선상에 있는 팔의 양면을 측정함
삼두근	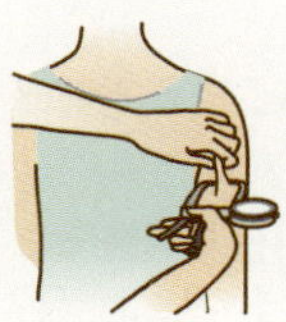	• 바른 자세로 서서 팔을 직각으로 구부려 어깨 꼭짓점과 팔꿈치 사이 중간 지점을 찾아 팔 뒤쪽에 표시함 • 팔을 내려뜨려 측정점에서 위쪽으로 1 cm 떨어진 부위를 수직으로 잡고 측정함

<table>
<tr><th colspan="2">부위</th><th>측정방법</th></tr>
<tr><td>견갑골 하부</td><td>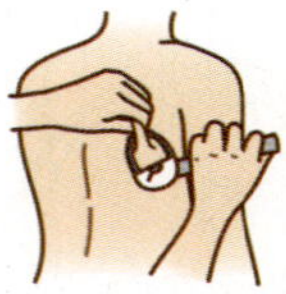</td><td>• 견갑골의 안쪽 각진 부분의 맨 아랫부분에서 1 cm 밑으로 떨어진 곳을 측정함
• 측정점에서 비스듬히 위쪽으로 1 cm 떨어진 부위를 잡고 측정함</td></tr>
<tr><td>옆중심선</td><td>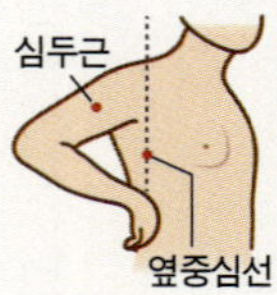
</td><td>• 옆중심선(겨드랑이의 중심 수직선)과 흉골검 결합 부위가 만나는 부위를 측정함
• 바른 자세에서 팔을 약간 뒤로 젖힌 후 측정점에서 등쪽으로 1 cm 떨어진 부위를 수평으로 잡아 측정함</td></tr>
<tr><td>장골상부</td><td>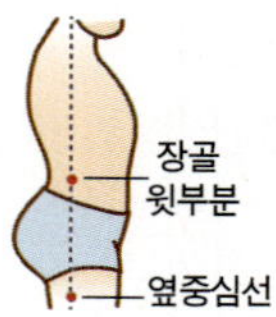
</td><td>• 옆중심선에서 엉덩이뼈 바로 위의 약간 앞쪽 부위를 측정함
• 두 발을 모으고 서서 팔을 옆으로 내려뜨리는데 오른팔을 약간 뒤로 돌린 다음, 측정점에서 뒤쪽으로 1 cm 떨어진 부위를 잡고 측정함</td></tr>
<tr><td>복부</td><td>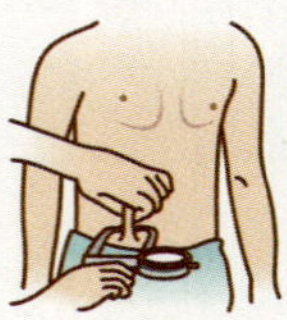</td><td>• 배꼽에서 오른쪽으로 3 cm, 아래쪽으로 1 cm 되는 지점의 피부 두께를 측정함
• 측정점에서 옆으로 1 cm 떨어진 부위를 잡고 측정함</td></tr>
<tr><td>허벅지</td><td></td><td>• 사타구니가 접히는 끝 부위와 무릎뼈 사이의 앞쪽 중간 지점을 측정함
• 오른쪽 발바닥은 바닥에 닿은 채로 무릎을 약간 구부려 이완시킨 후 측정점에서 위쪽으로 1 cm 떨어진 부위를 잡고 측정함</td></tr>
<tr><td>장딴지</td><td>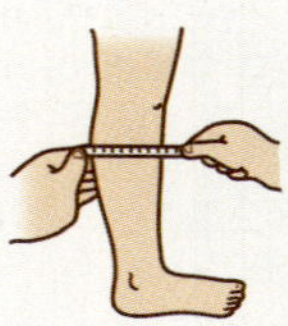</td><td>• 발바닥은 바닥에 붙이고 의자에 앉은 상태에서 무릎이 직각이 되도록 다리를 구부린 후, 장딴지의 안쪽 중심 부위를 측정함
• 측정점에서 위쪽으로 1 cm 떨어진 부위를 잡고 측정함</td></tr>
</table>

⑤ 측정값을 이용한 체지방량 산정방법

피부두겹두께 측정값을 이용하여 체지방량을 산정하고자 할 때, 단일 부위와 여러 부위의 피부두겹두께를 함께 이용하여 계산한다. 한 곳의 피부두겹두께를 측정한 경우에는 기준치와 비교하여 조사대상자의 상대적인 위치를 파악하는 것으로 이용하고, 두 곳 이상 측정한 경우에는 수식을 이용하여 체지방량을 산정한다.

표 4-10 측정값을 이용한 체지방량 산정방법

구분	피부두겹두께를 이용한 체지방량 추정방법
한 부위의 피부두겹두께 측정에 의한 체지방 추정	• 한 부위의 피부두겹두께는 피하지방을 가장 잘 대표하는 부위를 선정하여 측정함 • 한 부위의 피부두겹두께만으로 체지방량을 추정하기는 어려움 • 기준치와의 비교를 통한 상대적인 평가에 이용할 수 있음 • 삼두근이 가장 일반적으로 측정하는 부위임
두 부위의 피부두겹두께 측정에 의한 체지방 추정	• 두 부위의 피부두겹두께를 측정하는 경우는 일반적으로 삼두근과 견갑골 하부의 합을 이용함 • 측정값에 대한 신뢰도와 객관성이 높고, 다른 체지방량 측정치와 상관성이 높음
여러 부위의 피부두겹두께 측정에 의한 체지방 추정	• 여러 부위의 피부두겹두께 측정은 신체밀도나 체지방률, 체지방량 및 제지방량을 추정할 수 있음 • 연령, 성별, 인구집단에 적합한 부위를 선정해서 피부두겹두께를 측정함 • 남자는 가슴, 옆중심선, 삼두근, 허벅지, 견갑골, 장골 상부, 복부를 측정하고 여자는 삼두근, 장골 상부, 허벅지를 측정함

(2) 허리둘레와 엉덩이둘레

허리-엉덩이둘레비waist-hip circumference ratio, WHR는 체지방 분포를 나타내는 지표로서 특히 피하지방과 복부지방의 분포를 구별하는 간단한 측정방법이다. 엉덩이 부위에 쌓이는 지방은 주로 피하지방으로 여자에게 많고, 허리와 복부에 쌓이는 지방은 주로 내장지방으로 남자에게 많다.

표 4-11 허리둘레와 엉덩이둘레 측정방법

측정부위	측정방법
허리둘레 (waist circumfer-ence)	• 매우 간편하고 실용적인 신체계측 조사이며, 신장에 관계없이 복부비만 정도를 잘 반영하여 내장지방량보다 전체지방량의 영향을 더 크게 받음 • 양발을 25~30 cm 정도 간격으로 벌리고 숨을 편안히 내쉰 상태에서 허리의 가장 작은 둘레를 줄자로 mm 단위까지 측정함
엉덩이둘레 (hip circumference)	• 조사대상자가 서 있는 상태에서 엉덩이둘레 중 가장 큰 곳에 줄자를 수평으로 놓고 mm 단위까지 측정함
허리-엉덩이둘레비 (waist-hip circum-ference ratio, WHR)	• 허리둘레를 엉덩이둘레로 나누어 계산함 • WHR는 체지방량과의 비례관계를 나타내고 있어, WHR이 높을수록 복부지방이 많음을 의미하고 체지방량 증가와 관련이 깊음

WHO는 복부지방을 판정하는 지표로 허리둘레를 사용하도록 권고하고 남자는 90 cm 이상, 여자는 80 cm 이상을 비만 판정의 기준으로 제시하였다. 우리나라는 대한비만학회에서 허리둘레 남자 90 cm 이상, 여자 85 cm 이상을 비만으로 판정하고 있다. 또한 허리-엉덩이둘레비는 남자 0.95 이상, 여자 0.85 이상이면 복부비만으로 분류한다. 허리둘레 및 WHR가 증가할수록 비만 관련 동반 질환의 위험도가 증가하고, 체질량지수, 허리둘레, WHR가 증가할수록 심혈관계질환 등 만성질환의 발생 및 사망률이 증가한다.

(3) 신장-체중지수

신체 조성을 파악하기 위해서 신장과 체중을 동시에 이용하여 판정한다. 신장-체중지수는 측정하기 쉽고 부담이 없으며 정확하지만 지방과다, 근육과다 또는 부종으로 인한 체중 증가를 구별하기는 어렵다. 따라서 신장-체중지수는 비만의 간접 측정법으로 사용하여 대규모 영양조사 및 역학조사에 활용된다. 어린이의 경우 영양상태를 파악하고, 성인의 경우 비만도를 나타내는 지표로 주로 사용된다.

신장-체중지수로는 상대체중percent of ideal body weight, relative weight, 체질량지수Quetelet's index, BMI, 뢰러지수Rohrer index, 폰더럴지수Ponderal index, 카우프지수Kaup index 등이 있다.

① 표준체중 이용법

표준체중을 이용하여 영양상태를 판정하는 방법으로 현재 자신의 체중을 표준체중과 비교하는 것이다. 표준체중을 계산하는 방법으로는 일반적으로 브로카변법이 많이 사용되고, 대한당뇨병학회에서 제시한 방법과 체지방률과 제지방률을 이용한 계산법도 있다.

표 4-12 표준체중의 산출

지표	구하는 공식
브로카변법 1	표준체중(kg) = [신장(cm) − 100] × 0.9
브로카변법 2	160(cm) 이상: 표준체중(kg) = [신장(cm) − 100] × 0.9
	150(cm)~160(cm): 표준체중(kg) = [신장(cm) − 150] × 0.5 + 50
	150(cm) 이하: 표준체중(kg) = 신장(cm) − 100
대한당뇨병학회에서 제시한 방법	남자: 표준체중(kg) = 신장(cm)^2 × 22
	여자: 표준체중(kg) = 신장(cm)^2 × 21
체지방률을 이용한 계산법	표준체중(kg) = 제지방조직량 ÷ (1 − 정상의 체지방률)
	체지방률 = 체중 × 체지방률(%)
	제지방조직량 = 체중 − 체지방량

② 비만도

비만도는 현재 자신의 체중과 표준체중의 차이를 표준체중으로 나누어 백분율로 나타낸다. ±10% 정상체중, 10~20% 과체중, 20% 이상 비만으로 구분된다.

비만도 구하는 공식	평가기준

$$비만도 = \frac{현재체중 - 표준체중}{표준체중} \times 100$$

비만도(%)	평가
< −20	극심한 저체중
−20~ < −10	저체중
−10~ < +10	정상체중
+10~ < +20	과체중
≥ + 20	비만

③ 상대체중

상대체중percent of ideal body weight, relative weight은 현재 체중을 표준체중으로 나눈 후 백분율로 나타내 평가하는 것이다. 90% 이하면 저체중, 90~110%면 정상, 110% 이상이면 과체중, 120% 이상이면 비만으로 판정한다.

상대체중 구하는 공식	평가기준

$$상대체중 = \frac{현재체중}{표준체중} \times 100$$

상대체중(%)	평가
< 80	극심한 저체중
80 ~ < 90	저체중
90 ~ < 110	정상체중
110 ~ < 120	과체중
≥ 120	비만

④ 체질량지수

체질량지수는 신장과 체중을 이용한 지표로 가장 많이 이용되는 BMIbody mass index 또는 쿼틀렛지수Quetelet's index를 의미한다. 체질량지수는 체지방량과 상관관계가 높고 신장에 따른 판정 오류가 적으며 계산하기도 쉬워 성인의 비만도 판정에 가장 적합한 지표로 쓰인다. 최근에는 아동의 체지방과도 관련성이 높다고 보고되어 아동의 비만도 판정에도 이용된다.

체질량지수 구하는 공식	성인의 BMI 비만 판정기준		
	분류	BMI(kg/m^2)	
		WHO 기준	대한비만학회 및 WHO 서태평양지역 기준
$체질량지수(BMI) = \frac{체중(kg)}{신장(m)^2}$	저체중	< 18.5	< 18.5
	정상	18.5~24.9	18.5~22.9
	과체중	25.0~29.9	23.0~24.9
	경도비만	30.0~34.9	25.0~29.9
	중등도비만	35.0~39.9	30.0~34.9
	고도비만	≥ 40.0	≥ 35.0

- **성인의 체질량지수**

BMI는 성인의 영양실태조사나 대규모 역학조사에서 비만도 측정지표로 흔히 사용된다. 성인의 BMI는 정밀기계로 측정한 체지방량과 상관관계가 높고 신장과 체중으로 쉽게 측정할 수 있지만 나이, 성별, 인종에 따라 같은 BMI라고 해도 내용은 다르다. 젊은 사람보다 나이 든 사람이, 남성보다 여성이 상대적으로 체지방률이 높게 나타나는 편이다. 또한 BMI는 근육이나 체지방으로 인한 체중을 구별해내지 못하여 체지방 과다 외에도 근육이 발달하였거나 부종 시에도 높게 나타나는 경향이 있어 BMI만으로는 체중에 대한 체지방량의 분포를 정확하게 알 수 없다.

- **BMI에 의한 비만 판정**

성인의 BMI 비만 판정기준은 국제적으로 WHO 기준을 권장하지만, 아시아인의 경우 BMI가 낮아도 제2형 당뇨병이나 심순환계질환으로 인한 사망 위험률이 높은 것으로 보고되어 있다. 우리나라에서는 WHO 기준과 대한비만학회의 BMI 기준을 동시에 이용하고 있다.

• BMI와 질병의 위험

BMI는 성인의 만성질환 위험 판정에 유용하게 이용된다. 최근에는 총 신체 체지방보다 복부에 분포되어 있는 지방이 여러 만성질환의 위험을 높이는 것으로 알려져 있다. BMI와 함께 피부두겹두께, 허리둘레 등을 함께 측정하는 것이 정확한 영양판정에 좋다. BMI가 정상보다 높을수록 암, 고혈압, 심순환계질환, 당뇨병 등에 의한 사망률이 증가한다그림 4-10. BMI가 18.5 kg/m^2 미만의 저체중인 경우에는 스트레스 환경에 대한 반응 능력이 감소하고, 골다공증, 불임, 면역력 감소 등을 야기할 수 있다. WHO는 저체중을 만성에너지결핍으로 정의하고 BMI에 따라 표 4-13처럼 3단계로 분류하였다.

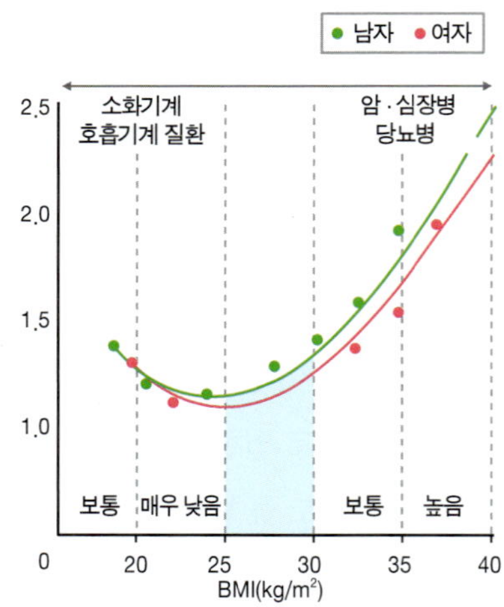

그림 4-10 | BMI와 질병사망위험률의 관계

출처: Lee RD & Nieman DC. Nutritional assessment, 4th ed.,(2006)

☰ 표 4-13 BMI에 의한 성인의 만성에너지결핍 단계 판정

만성에너지결핍 단계	BMI(kg/m²)
정상	≥ 18.5
1단계: 경증 저체중	17.0~18.4
2단계: 중증 저체중	16.0~16.9
3단계: 심한 저체중	< 16.0

• **아동 및 청소년의 체질량지수**

아동과 청소년은 나이에 따른 BMI 백분위수 기준치를 이용한다. 최근에 아동 및 청소년의 BMI와 체지방 사이에 상관관계가 있을 뿐 아니라 심장질환 및 기타 만성질환의 위험과도 관련이 있는 것으로 보고되어 아동과 청소년의 비만 판정에도 BMI 이용이 권장된다.

⑤ 카우프지수

카우프지수Kaup index는 5세 미만 어린이의 비만 판정에 많이 사용된다.

카우프지수 구하는 공식	비만 판정		
	1세 미만	카우프지수 판정	1~2세
$\text{Kaup 지수} = \frac{\text{체중(g)}}{\text{신장(cm)}^2} \times 10$	15 이하	영양불량	14 이하
	15~18	정상	14~17
	18~20	비만 경향	17~18.5
	20 이상	비만	18.5 이상

⑥ 뢰러지수

뢰러지수Rohrer index는 학동기의 신체충실지수로서 아동의 비만판정 지표로 많이 사용된다.

뢰러지수 구하는 공식	비만 판정

$$\text{Rohrer 지수} = \frac{\text{체중(kg)}}{\text{신장(cm)}^3} \times 10^7$$

뢰러지수	평가
92 미만	매우 마름
92~109	마름
110~139	정상
140~156	비만
157 이상	고도 비만

⑦ 폰더럴지수

폰더럴지수Ponderal index는 신장을 체중으로 나눈 값으로 수치가 높을수록 마른 체형이며 심혈관계 질환과 관련성이 있는 것으로 나타난다. 성인의 경우는 12가 정상이지만, 신생아의 경우는 월령에 따라 값의 차이가 나고 2.0~2.5가 정상에 해당한다.

폰더럴지수 구하는 공식	영양 판정

$$\text{Ponderal 지수} = \frac{\text{체중(g)}}{\text{신장(cm)}^3} \times 100$$

폰더럴지수	갓난아기의 경우
> 2.5	적정 체중 연령
< 2	비대칭 자궁 내 성장지체
> 2	대칭 자궁 내 성장지체

6. 신체 조성의 정밀분석방법

신체 구성성분은 여러 특수장치 및 정밀분석기기를 활용하여 보다 정밀하고 정확하게 측정 및 분석할 수 있다. 신체 조성의 정밀분석방법에는 밀도측정법, 신체 중 수분량 및 총 칼륨양 측정법, 생체전기저항측정법 등이 있다. 조사의 목적과 비용 및 분석기술 등을 고려하여 적절한 방법을 선택한다.

1) 수중체중법

수중체중법underwater weighing은 밀도법에서 가장 많이 이용되는 방법이다. 신체를 구성하고 있는 지방조직과 제지방조직의 밀도가 다르다는 가정 하에 수중에서 체중을 측정한 후 인체의 밀도를 계산하여 체조성을 측정하는 방법이다. 골격과 근육조직의 밀도(1.10 g/cm^3)는 물의 밀도(1.00 g/cm^3)보다 크지만, 지방조직(0.90 g/cm^3)의 밀도는 물보다 작다.

수중체중법을 이용한 신체밀도는 일반적으로 체지방이 적고 근육이 많은 사람은 체지방이 많은 사람에 비해 수중에서 체중이 더 나간다. 이러한 수중체중법은 비교적 정확하여 체성분 분석에 사용되었지만, 측정을 위해서는 숙련된 경험과 특수장비가 필요하고 비용도 많이 들며 한 번에 여러 사람을 측정하기 어렵기 때문에 현재는 실험실에서만 주로 사용하고 있다.

그림 4-11 | 수중체중법

2) 생체전기저항측정법

생체전기저항측정법Bioelectrical Impedance Analysis, BIA은 다리와 팔에 미세한 전류를 통과시켜 전기저항으로 신체 내 수분량을 측정하고 이를 통해 체지방량을 예측하는 방법이다. 인체에 전류를 통과시키면 제지방 조직처럼 물에 전해질이 용해되어 있는 조직에서는 전류가 전달되지만, 지방이나 세포막 같은 비전도성 조직에서는 저항이 발생하는 원리를 이용한 방법이다.

(1) 생체전기저항측정법

생체전기저항측정법은 비교적 편리하게 기기의 운반이나 측정방법이 가능하고, 다른 고가의 기기에 비하면 비교적 저가의 장비에 해당한다. 이 방법은 조사대상자가 정상적인 수분함량을 가지고 있는 상태일 때 정확한 측정이 가능하며 탈수, 심한 발한, 과도한 운동, 카페인과 알코올의 섭취 시에는 탈수로 인하여 체지방량이 과대평가되기도 한다. 그러므로 충분한 수분을 섭취하고 검사 전날에 카페인과 알코올 섭취 및 심한 운동을 피하도록 한다. 비교적 체지방 함량 분포의 범위가 넓은 대규모 집단을 조사할 경우에 적당하다.

(2) 생체전기저항측정기 종류

☰ 표 4-14 생체전기저항측정기의 종류

종류	전문가용 체성분 분석기	체수분 측정기	소아청소년용 체성분 분석기
기기명	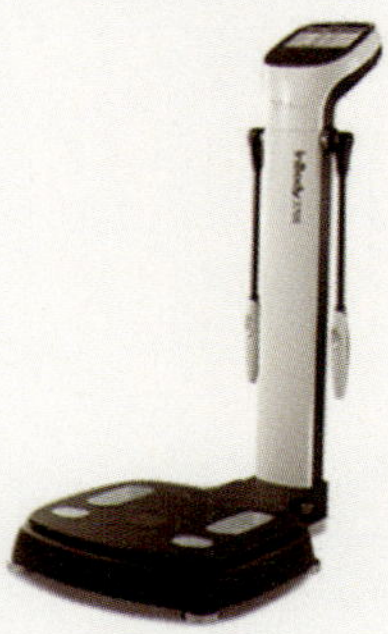 InBody370S	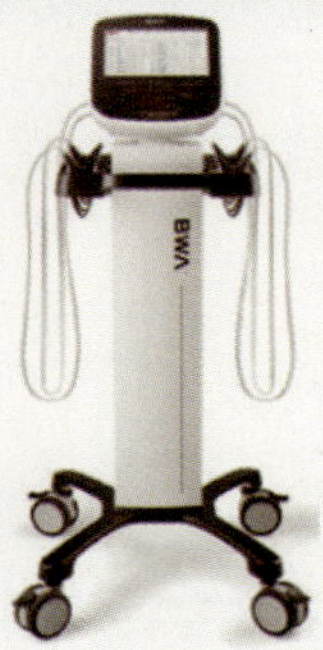 BWA2.0	 InBodyJ50
기기의 개요	비만 진단부터 체형관리까지 다양한 분야에서 활용 가능한 인바디	사용 환경 및 측정 정확도가 모두 향상된 전문가용 체수분 측정기	소아 · 청소년의 비만과 성장 발육 및 체형진단이 가능한 인바디
기기의 용도	• 체성분 분석기는 체성분을 정량적으로 분석하는 검사로 신체의 상태를 파악하기 위한 기초 정보를 제공함 • 인체를 구성하는 체수분, 단백질, 무기질, 체지방 등의 측정값을 통해 건강 정도를 파악할 수 있음	• 체중 변화의 원인과 수분과의 상관관계를 진단하고 영양학적 상태를 진단하는 데 사용함 • 투석환자뿐만 아니라 부종의 정확한 측정을 위해 체수분 검사를 실시하는 데 사용할 수 있음	• 소아 · 청소년은 개인마다 성장속도나 사춘기에 따른 변화의 차이가 다양하기 때문에 체성분 분석기를 이용한 측정값으로 영양판정에 용이하게 활용할 수 있음 • 두 번 측정하여 이전의 측정값과 비교하는 것이 좋음

출처: (주)인바디 홈페이지. https://www.inbody.com/kr/product/comp_analyzer.aspx

(3) 생체전기저항측정 결과의 평가

생체전기저항측정은 결과치를 통해 체성분의 균형상태를 한눈에 볼 수 있다. 측정값으로부터 성별에 따라 신장과 체중을 구분하고 신체의 총수분량을 산출하여 제지방량을 추정하고, 체중에서 제지방량을 빼서 체지방량을 계산할 수 있다. 체성분 분석결과 활용방법으로는 신체 구성성분, 비만지표, 골격 근육과 부종 여부, 신체 균형 정도를 확인하여 체성분을 종합적으로 판단한다. 그림 4-12의 인바디 검사결과 항목들은 환자들의 건강상태를 진단할 수 있는 새로운 지표로 활용이 가능하다.

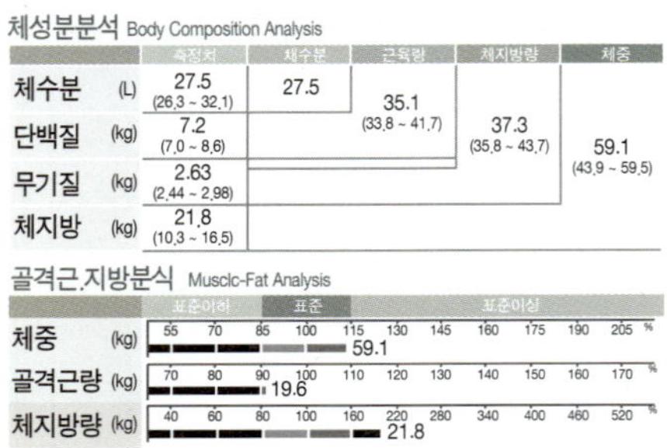

• 인체를 구성하는 체수분, 단백질, 무기질, 체지방은 건강과 밀접한 관련이 있고, 체성분 분석은 체성분을 정량적으로 분석하는 검사로 몸의 상태를 파악하기 위한 기초 정보를 제공한다.

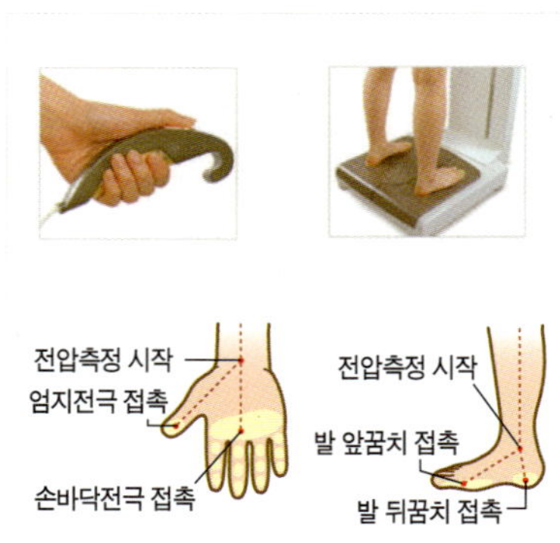

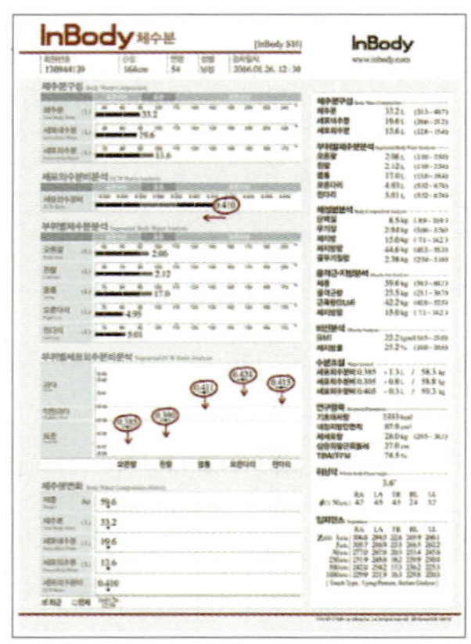

• 인체의 구조적 특성을 이용하여 좌우 손과 발에 각각 전류와 전압전극을 2개씩 배치하여 총 8개의 전극을 쥐거나 밟아 측정한다.

그림 4-12 | 인바디 측정방법 및 결과

출처: (주)인바디 홈페이지. https://www.inbody.com/kr/rnd/Technology.aspx

3) 총체수분량 측정

총체수분량total body water, TBW의 측정으로 제지방조직 및 체지방률을 계산할 수 있는데, 체내 수분은 제지방조직에 존재한다. 총 체수분량은 제지방조직의 평균 수분함량이 약 73.2%라는 가정에 근거하여 동위원소희석법을 사용하여 측정한다. 측정방법은 중수소(^{2}H), 삼중수소(^{3}H), 산소(^{18}O)와 같은 방사선 동위원소를 경구 또는 비경구적으로 투여하여 체내에 있는 수분과 평형이 될 때까지 약 2~6시간 정도 기다린 후 혈액, 요 또는 침 등을 분석하여 동위원소의 양이 체내 총수분량에 의해 희석된 정도로부터 총체수분량을 측정한다.

4) 총칼륨량 측정

인체의 총 칼륨의 90% 이상이 제지방조직에 존재하며 체내 모든 칼륨의 0.012%는 자연적으로 칼륨 동위원소(^{40}K)로 존재한다. 탐지가 가능한 극미량의 고에너지 감마선을 방출하기 때문에 감마선탐지기를 이용하여 총칼륨량total body potassium, TBP을 측정하면 신체 조성을 알 수 있다. 그러나 비용이 많이 들며 방법상 여러 제한점이 있어 널리 사용되지 않고 있다.

5) 초음파진단법

초음파진단법ultrasound은 초음파를 이용하여 밀도가 다른 지방층과 근육층을 측정하는 방법으로 고도비만으로 피부두겹두께 측정이 어려운 경우에 주로 활용한다. 방사능이 없고 안전하며 이동이 간편하지만, 비용이 많이 들고 측정기술과 해석에 숙련된 인력이 필요하다.

6) 컴퓨터단층촬영법

컴퓨터단층촬영법computes tomography, CT은 밀도가 다른 체조직에 X-선이 통과하면서 나타나는 영상을 만들어 내는 기법이다. 컴퓨터단층촬영법은 의학적으로는 주로 질병 진단의 목적으로 사용하지만, 신체조성과 영양상태의 판정에서도 유용하게 활용하고 있다. 특히 피하지방과 내장지방의 면적을 비율로 제공함으로써 체지방 분포를 정확하게 측정하는 장점이 있다. 그러나 장비가 비싸고 측정시간이 많이 걸리며, 방사선에 노출될 위험이 있어서 임신부나 어린이는 측정에서 제외된다.

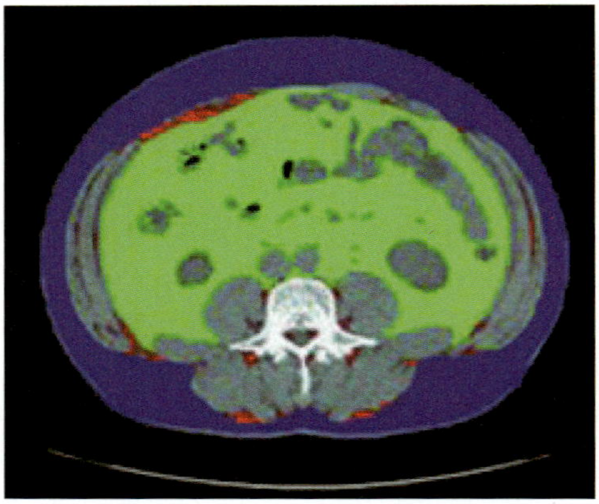

그림 4-13 | 전형적인 복부비만 CT 사진

(녹색: 내장지방, 청색: 피하지방)

7) 자기공명영상법

자기공명영상법magnetic resonance imaging, MRI은 체내 수분을 구성하는 수소원자의 자기적 특성을 이용한 방법이다. 체내의 수소원자는 강력한 자기장에 의해 체조직 조성에 따라 각기 다른 고주파 에너지를 함유하게 되는데, 이를 분석하여 영상으로 나타낸다. 자기공명영상법은 방사선 노출 없이 체지방의 분포 및 양을 측정하는 데 효과적이고 안전한 방법이다. 그러나 고가의 장비이므로 실용화되기에는 여러 제약이 있다.

8) 이중에너지 방사선흡수계측법

이중에너지 방사선흡수계측법dual enery X-ray absorptiometry, DEXA은 에너지 수준이 다른 두 개의 X-선을 인체에 조사함으로써 조직 내에서 두 X-선이 감쇠비율을 계산하여 골무기질량과 연부조직량을 측정하는 방법이다. DEXA는 원래 골밀도를 측정하는 기구인데, 최근에는 제지방량과 체지방량을 측정하는 데도 이용되고 있다. DEXA는 적은 양의 방사선을 사용하므로 안전하고 사용이 간편하며 정확도와 정밀도가 모두 높은 장점이 있지만 장비의 가격이 비싸다는 단점이 있다.

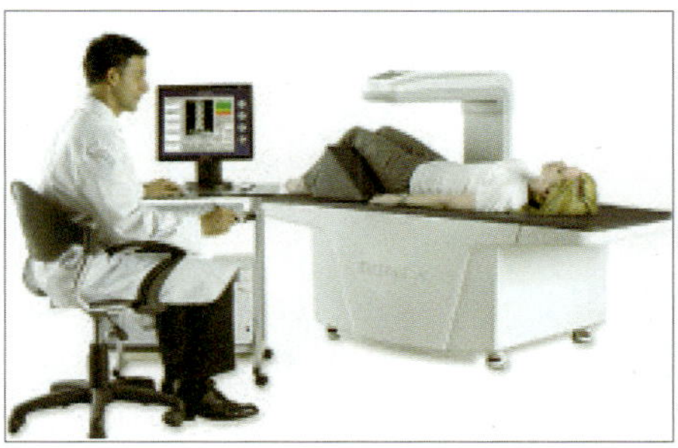

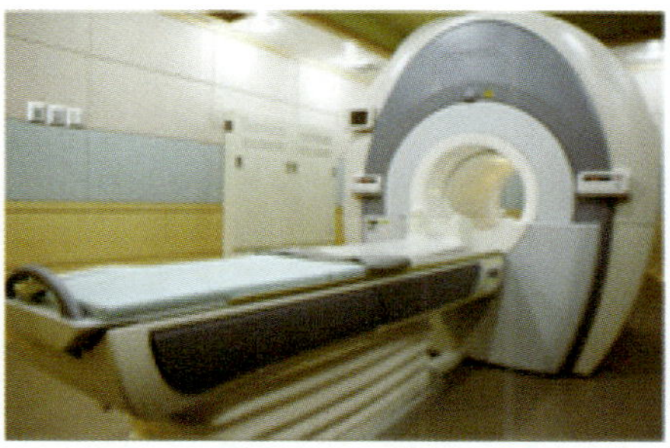

그림 4-14 | 이중에너지 방사선흡수계측법

C H A P T E R

5

생화학적 조사와 평가

1. 생화학적 조사의 의의와 분류 | 2. 생화학적 조사의 특징, 분류, 조사시료의 관리 | 3. 영양소별 생화학적 조사방법 | 4. 혈액의 생화학적 임상검사

C H A P T E R

5

성분검사와 기능검사로 구분되는 생화학적 조사를 설명하고, 영양소별 영양판정지표와 영양상태에 따른 변화를 설명할 수 있다.

학습목표

- 생화학적 조사의 특징과 장점, 단점을 설명할 수 있다.
- 시료의 취득, 특징, 보관법을 설명할 수 있다.
- 각 영양소별 영양상태 판정지표와 변화를 설명할 수 있다.
- 혈액화학검사 지표를 해석할 수 있다.

1. 생화학적 조사의 의의와 분류

1) 생화학적 조사의 의의

영양판정을 위한 방법 중 생화학적 조사는 신체계측조사, 임상조사, 식사섭취조사에 비해 양적·질적으로 더 정확한 자료를 수치화하여 얻을 수 있다. 생화학적 조사에 사용되는 방법들은 주로 생화학적 지표biomarker를 이용하여 영양상태를 평가한다. 이 방법은 섭취 부족으로 인해 신체계측치가 변화되거나 임상적 증상이나 징후가 나타나기 전 단계prestep의 영양결핍이나 부족을 판단하며, 그 외에도 최근에 섭취한 영양소 상태나 수준을 평가하는 데도 이용된다. 이 방법을 식품과 영양소 섭취상태 평가를 위한 식사섭취조사나 그 외 조사방법들과 함께 사용하면 영양상태 평가의 정확성과 객관성을 높일 수 있다. 그러므로 생화학적 조사의 내용들은 객관적이며 최신의 과학적으로 입증된 내용으로 구성되어야 한다. 영양을 개선하고 증진시키기 위해 각 영양소들의 영양판정에 사용되는 생화학적 지표들을 통해 영양상태를 판정해보자.

2) 생화학적 조사의 분류

생화학적 조사는 성분검사와 기능검사로 구분되는데, 성분검사는 '직접적인 조사'라고 하고, 기능검사는 '간접적인 조사'라고 한다. 성분검사는 주로 혈액, 소변, 신체조직 등에서 영양소 농도를 조사하여 정상 수준과 비교해서 판정하거나 영양소의 대사산물 농도, 대사작용에 관여하는 효소의 활성도를 측정하고 기준치와 비교하여 판정한다. 예를 들어 엽산, 레티놀, 비타민 B_{12}, 비타민 D 등의 생화학적 조사를 통한 영양판정은 혈액 내 영양소 수준을 측정하여 정상치와 비교하거나 각 영양소들의 체내 대사 과정에서 생성되는 대사산물의 농도나 대사 과정에 관여하는 효소활성도의 변화를 통해 판정한다. 그러나 생화학적 조사를 통해 얻은 결과는 조사 당시의 조직 내 수준, 또는 혈액이나 소변 등 샘플의 현재 상태일 뿐 정확한 영양소의 체내 수준이라고 하기에는 제한적이다. 일례로 다른 영양소에 비해 칼슘의 혈액 내 농도는 식사요인에 의해 쉽게 변화되지 않으므로 혈액 내 칼슘 농도가 체내 총 칼슘량이거나 골격 내 칼슘 저장량이라고 판단하여 영양판정을 해서는 안 된다. 아무리 정확도가 높은 생화학적 조사라도 지표에 따라 예민도가 달라지기 때문에 각 영양소마다 특이성, 객관성이 높은 생화학적 지표나 방법을 통해 영양상태를 판정해야 한다.

기능검사는 영양소 상태에 따른 체기능의 변화를 통해 영양 상태를 판정한다. 비타민 A의 암暗적응조사, 비타민 B_6의 트립토판 부하조사 등이 이에 해당한다. 기능검사는 성분검사보다 예민도가 높은 지표로 성분검사의 정확도를 보완하는 데 이용되지만, 단독으로 영양상태를 판정하기에는 부적합할 수 있다.

2. 생화학적 조사의 특징, 분류, 조사시료의 관리

1) 생화학적 조사의 특징

생화학적 조사는 신체계측조사, 임상조사, 식사섭취조사에 비해 비교적 정확도가 높고 객관적인 평가가 가능하다. 신체나 체위의 변화, 임상적인 변화가 나타나기 전 단계나 한계 수준에서도 영양결핍이나 부족 상태를 수치화할 수 있다. 또한 질병으로 나타나기 전에 그 질병의 위험도를 평가하는 데도 이용될 수 있다. 다른 영양판정 조사에 비해 예민도가 높아 식사섭취조사에서 얻어진 결과에 대한 타당도와 정확도을 검증하는 데 이용되기도 한다. 이러한 많은 장점에도 생화학적 조사만을 통해 영양상태를 판정한다면 비영양적인 요인에 의한 영양불량이나 영양상태 개선을 위한 해결책을 제시할 때, 단순히 결핍된 영양소 섭취를 증가시켜야 한다는 한정된 해결책만을 제시하게 될 우려가 있다. 객관성이 높은 생화학적 조사라도 얻어진 결과에 대해 정확한 해석과 실효성 있는 해결책을 제시하기 위해서는 식사섭취조사, 신체계측조사, 임상조사 등을 통해 얻어진 결과와 비영양적인 요소들까지 함께 고려하여 결과를 해석해야 한다.

2) 생화학적 조사의 분류

양적 조사와 질적 조사를 병행하여 영양상태를 평가하면 정확도는 더 상승될 수 있다. 생화학적 조사를 통해 얻은 결과를 해석할 때에는 영양적 요인 외에 비영양적 요인을 함께 고려하여 해석한다. 생화학적 조사 결과에 영향을 미치는 비영양적 요인으로는 조사대상자의 성별, 연령, 질병과 감염 여부, 약물 복용 등이 있고, 시료 수집과 분석의 기술력 등도 영향을 미친다표 5-1. 그러므로 결과를 해석할 때 다음과 같은 비영양적 요인도 고려하여 판정한다.

표 5-1 생화학적 조사 결과에 영향을 미치는 비영양적 요인

신체적 요인	방법적 요인
• 성별, 연령, 인종 • 운동의 여부 • 주 · 야의 변화 • 약물 복용 • 질병과 감염 여부 • 스트레스 정도 • 용혈 여부 • 체중 감소 • 호르몬 분비 상태 • 혈액 투석 • 최근의 식사섭취량 • 항상성 조절기전	• 시료 수집 과정 • 분석방법의 타당도 • 측정의 정확도 • 표본의 오염 • 분석방법의 예민도와 특이성

3) 조사시료의 특징과 관리

생화학적 조사를 위한 시료로는 혈액, 소변이 가장 많이 이용되며, 그 외에 대변, 머리카락, 손톱 조직 등 다양한 시료를 이용하여 분석하기도 한다.

(1) 혈액

혈액은 채혈한 후 원심분리기를 이용하여 분자량에 따라 분리하는데, 상층인 혈장(45%)과 하층인 혈구(55%)로 구분한다. 혈장과 혈청의 구분은 채혈 시 사용되는 시험관에 항응고제가 처리되어 있는 경우 혈장plasma, 그렇지 않은 경우 혈청serum이라 한다.

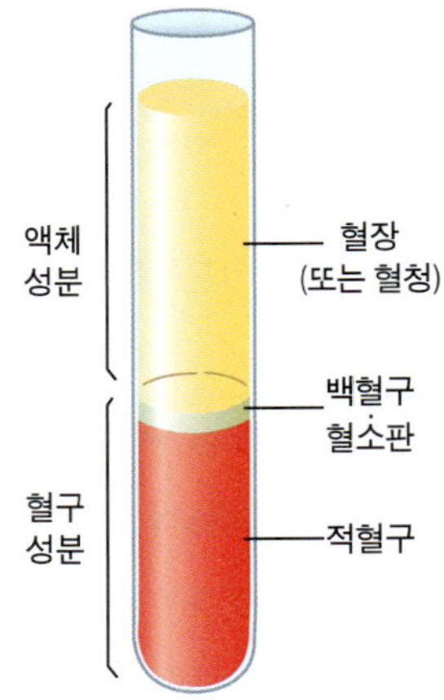

그림 5-1 | 혈액의 채취 및 분리

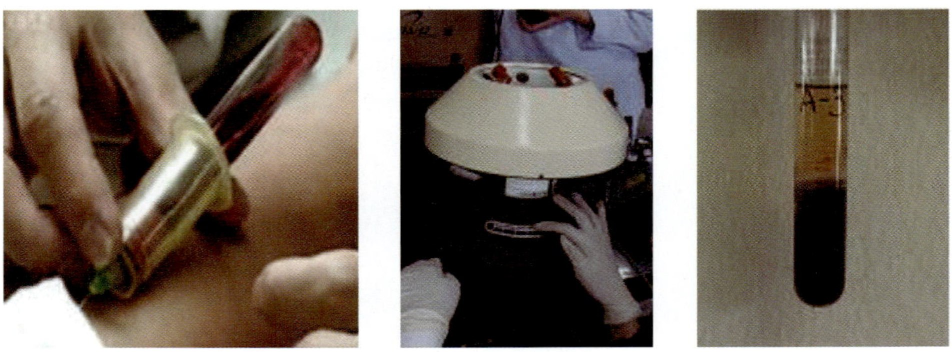

상완위에서 채혈 혈액의 원심분리 혈청 분리

그림 5-2 | 혈액의 채취 및 분리 과정

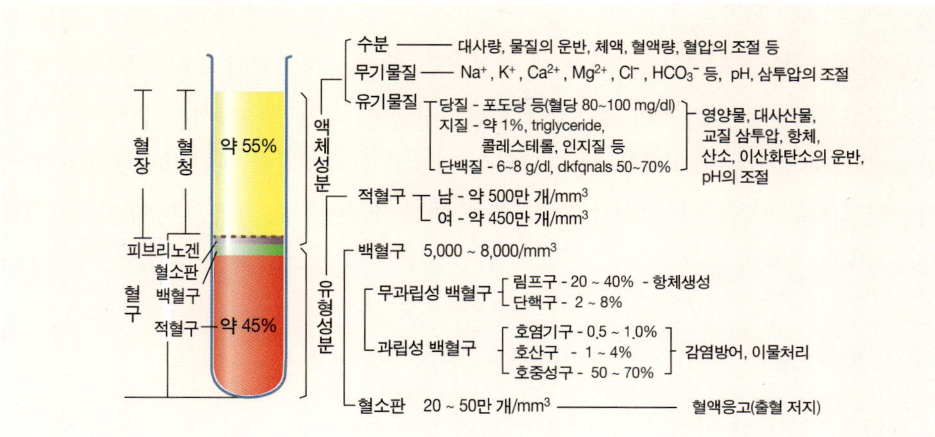

그림 5-3 | 혈액의 조성

혈장은 주로 수분으로 구성되어 있으며, 소량의 단백질과 무기염류를 포함하고 있다. 혈구는 적혈구, 백혈구, 혈소판으로 구성되어 있다. 혈액을 이용한 시료의 형태는 전혈, 혈청, 혈장, 적혈구, 백혈구 등이 주로 사용된다. 혈액에서 얻어진 시료들은 냉장 보관하고 되도록 빠르게 분석하는 것이 좋으나 여러 실험이 계획된 경우 작은 튜브에 소분하여 냉동보관하여 성분의 안전성을 유지하도록 한다.

(2) 소변

소변 시료를 통한 생화학적 조사는 수용성 영양소, 주로 과잉 섭취한 수용성 영양소 또는 일부 무기질의 영양상태를 판정할 때 이용되는 시료이다. 혈액과는 다르게 소변 시료에서는 소변 내 영양소 농도를 기준치와 비교하여 판정하기보다는 소변을 통해 배설되는 영양소의 대사물을 통해 판정한다.

영양상태 판정을 위한 소변 시료는 1일(24시간) 동안 배설되는 소변을 모두 수집하여 분석하는 것이 정확하지만, 수집의 번거로움과 어려움으로 공복 후 아침 첫 소변으로 대체하여 사용한다. 소변 시료는 비타민 B군, 비타민 C, 단백질, 무기질 등의 생화학적 분석을 위해 사용한다. 체내 저장고가 고갈되면 소변을 통해 배설되는 영양소나 대사물의 배설량도 감소하므로 소변 내 배설량은 최근의 식사섭취 상태를 나타내게 된다. 그러나 비타민 C는 체내 저장고가 고갈되기 전에 소변 배설량이 감소하기도 하고 감염이나 항생제 복용 시에는 체내 영양소 저장고가 고갈되어 있어도 소변으로의 배설량이 증가하기도 한다. 그러므로 각 영양소마다 영양판정의 결과는 비영양적 요인을 고려하여 해석해야 한다.

(3) 그 외 시료

생화학적 조사에 사용되는 시료는 혈액과 소변 외에도 대변 시료가 사용되는데, 질소배설량 측정을 통해 단백질 영양상태를 판정하거나 특정 무기질, 섬유소의 섭취 상태를 조사할 때 사용된다.

모발은 다른 시료에 비해 표본 채취가 쉽고 운반과 저장이 간편하며 비교적 식사나 채취 시간의 밤, 낮 여부에 영향을 적게 받는다. 특정 미량영양소 결핍이나 중금속 오염 여부를 정확하게 판정할 수 있으며, 혈액이나 소변에 비해 영양소의 수준이 미량 존재하지만, 장기간 농축되어 있어 분석하기 쉽다는 점에서 최근 많이 사용되는 시료이다. 영양상태 분석을 위해 모발 시료를 이용하는 경우 염색약이나 샴푸 등의 오염을 최소화하기 위해 잘 세척한 후 시료로 이용한다.

타액 시료는 주로 특정 무기질 영양판정을 위해 사용되며, 손톱과 발톱 시료도 미량영양소의 분석에 이용된다. 이들 시료도 표본 수집이 쉬우며 손톱은 셀레늄과 같은 미량영양소의 장기간 영양상태 판정에 이용된다. 손톱과 발톱 시료도 실험에 사용하기 전 매니큐어나 오염물을 세척한 후 사용한다.

조직 시료는 주로 지방, 간, 골수, 뼈 등의 조직을 채취하며 조직 내 영양소나 영양소 대사물의 체내 저장량으로 영양상태를 판정한다. 조직 시료는 조사대상자가 큰 부담을 느낄 수 있어 영양판정에 이용되기보다는 조직 내 성분 변화를 통해 질병 유무나 정도를 파악하는 데 더 많이 이용된다.

3. 영양소별 생화학적 조사방법

1) 단백질

단백질의 부족은 아직도 많은 개발도상국에서 나타나는 영양문제이며 에너지 부족과 함께 나타나는 PEM(protein-energy malnutrition)이나 콰시오커kwashiorkor로 나타난다. 경제적 수준에 문제가 없는 국가에서는 주로 입원환자들에게서 단백질 부족 증상이 나타나는데 외상, 감염, 화상 및 수술 등으로 체내 대사가 항진된 경우 단백질 필요량 증가로 발생된다. 그 외에도 골절, 류머티즘, 암, 후천성면역결핍증acquired immune deficiency syndrome, AIDS 환자에게서 단백질 부족은 흔히 나타난다. 따라서 단백질 영양상태의 정확한 판정은 영양상태 개선을 위해 제공해야 할 단백질의 양을 결정하는 데 기초자료가 되며, PEM을 예방하고 치료하기 위해 필요한 단백질 공급량을 결정하는 데 이용된다. 체내 단백질은 체단백질somatic protein과 내장단백질visceral protein로 구분되는데, 골격근인 체단백질은 주로 소변으로 배설되는 근육단백질의 대사체 수준으로 영양상태가 평가된다. 혈액 내 적혈구, 백혈구 및 간, 신장, 췌장, 심장 등의 기관을 포함하는 내장단백질은 혈액 내 수준을 통해 단백질 영양상태를 평가한다.

(1) 내장 단백질

내장 단백질 함량은 단백질 영양상태를 판정하기 위한 가장 일반적인 방법이며, 측정방법이 간단하고 정확도가 높다. 단백질 섭취 부족이나 단백질 필요량 증가에 따른 섭취량 부족은 간에서 합성되는 혈청 단백질 생성이 감소되어 혈액 내 수준이 낮아지게 된다. 단백질 영양상태 판정에 사용되는 혈청 내 단백질 종류와 특성은 표 5-2와 같다.

각 지표들의 특징은 반감기로 표현되고 있으며, 반감기가 짧은 것은 최근의 단백질 영양상태 판정 시 이용되며, 반감기가 긴 지표는 장기간 단백질 영양상태 판정에 사용된다. 각 혈청 단백질은 단백질 섭취 외에도 질환이나 기타 여러 요인에 의해 혈액 내 수준이 변화될 수 있다. 가능한 한 정확도를 높이기 위해서는 여러 지표를 분석하여 종합적으로 평가하는 것이 좋다.

표 5-2 영양판정에 사용되는 혈청 단백질 기준치와 반감기

종류	판정기준치		반감기
	정상	결핍	
총 단백질(g/dL)	≥ 6.5	< 6.0	
알부민(g/dL)	5.0~3.5	< 2.8	18~20일
트랜스페린(mg/dL)	> 200	< 100	8~9일
프리알부민(mg/dL)	40~20	< 5	2~3일
레티놀결합단백질(mg/dL)	2.6~7.6	–	12시간
피브로넥틴	혈장: 292±20 mg/dL 혈청: 182±16 mg/dL	–	4~24시간
인슐린 유사 성장인자(IGF)–1	0.83 IU/mL	–	2~6시간

① 혈청 총 단백질

혈청 총 단백질serum total protein은 채취한 혈액 내 혈청에서 단백질을 분리하여 수치화하여 평가하는 방법이다. 다른 지표에 비해 간편하게 평가할 수 있으며, 정확도가 높은 방법이다. 단백질 섭취가 장기간 부족한 경우에만 혈청 총 단백질 수준이 감소되므로 상대적으로 민감도는 낮은 지표이다.

② 혈청 알부민

알부민albumin은 혈청 단백질의 80% 이상을 차지하여 단백질 영양상태 판정에 가장 많이 사용되는 지표이다. 알부민은 단백질 영양상태 평가나 수술 전 수술 가능 여부 및 회복 정도를 평가하는 데도 사용된다. 그러나 18~20일 정도의 비교적 긴 반감기를 가지며, 체내 보유량이 많아 민감도가 높지 않다. 입원환자에게서 혈청 알부민 수준 감소

는 환자의 상태가 악화되었거나 사망위험률이 증가되었다는 것을 의미하므로 혈액을 통해 직접적으로 알부민을 공급하기도 한다. 하지만 이 경우 혈청 알부민 수준으로 단백질의 영양상태를 판정하지는 않으며, 혈액으로 공급된 알부민에 의해 개선되었는지만 평가한다. 외상, 감염, 고열, 수술, 패혈증, 저산소증 등의 급성기 질환이나 간질환, 갑상선저하증, 신장질환, 소화기관계 이상 등의 만성질환이 있는 경우이거나 울혈성 심장질환, 임신, 신부전 등의 혈액량 증가 시에도 혈청 내 알부민 농도가 감소하므로 결과해석 시 비영양적인 요인들을 고려하여 평가한다. 혈청 알부민 수준에 영향을 미치는 요인은 다음 Note와 같다.

Note

혈청 알부민 수준에 영향을 미치는 요인

- 부적절한 단백질 섭취
- 아연 섭취 부족
- 패혈증, 스트레스, 외상, 저산소증, 수술 등으로 인한 대사장애
- 간질환, 갑상선기능저하로 인한 단백질 합성 감소
- 임신으로 인한 혈액 희석
- 심한 운동
- 피임약 등의 약물복용
- 모세혈관 투과성 변화

③ 트랜스페린

트랜스페린transferrin은 철을 운반하는 단백질로 알부민과 같이 간에서 합성되며, 체내 저장량이 적고, 반감기가 8~9일로 알부민보다 민감한 지표이다. 단백질의 부족이 상당히 진행된 콰시오커나 PEM의 경우 혈청 내 트랜스페린 단백질 수준으로 단백질의 영양상태가 정확하게 판정된다. 혈청 트랜스페린 증가와 감소 요인은 표 5-3과 같다.

표 5-3 혈청 트랜스페린의 증가 및 감소 요인

증가 요인	감소 요인
• 철분섭취 증가 • 철결핍성 빈혈 • 임신 3기 • 간염 • 탈수 • 만성적 혈액 손실	• 철분 섭취 감소 • 합성 장애 • 신증후군 • 철분 과잉 • 과도한 수분 축적상태(overhydration) • 급성 소모상태(acute marasmus)

④ 프리알부민

프리알부민prealbumin은 transthyretin이나 갑상선호르몬 결합단백질thyroxine binding prealbumin로 알려져 있으며 레티놀 결합 단백질retinol binding protein, RBP을 운반하는 기능을 한다. 간에서 합성되며, 반감기가 2~3일로 짧으며 체내 저장량이 매우 적어 단백질의 영양상태에 따라 민감하게 변화된다. 간질환, 상처, 염증, 장염, 갑상선기능항진증 및 수술 등으로 대사율이 상승되는 경우 혈액 내 농도가 감소하나 신장 투석 시 증가한다.

⑤ 레티놀 결합 단백질

레티놀 결합 단백질은 프리알부민과 복합체를 형성하여 비타민 A인 레티놀을 운반하는 역할을 하며, 간에서 합성되는 단백질이다. 혈액에서는 레티놀 : 프리알부민 : 레티놀 결합 단백질이 1:1:1로 복합체를 형성하여 순환한다. PEM일 때 즉시 감소되며, 단백질이 부족해도 열량 섭취가 정상이면 빠르게 회복된다. 반감기가 12시간으로 매우 짧으며, 최근 단백질 섭취를 민감하게 반영할 수 있는 지표이다. 그러나 체내 저장량이 매우 낮아 정확한 측정이 어렵다는 것이 제한점이다.

⑥ 인슐린 유사 성장인자-1과 피브로넥틴

인슐린 유사 성장인자insulin like growth factor(IGF)-1는 PEM 환자에게 단백질을 공급했을 때 알부민, 트랜스페린, 프리알부민 등의 지표보다 혈청 내 수준이 빠르게 회복되어 민감도가 매우 높은 지표이다. 피브로넥틴은 상처 회복, 세포 부착, 항상성 유지 및 백혈구 활성에 중요한 역할을 한다. 단백질이 결핍되면 혈청 피브로넥틴 농도가 감소되고, 보충 시 정상 수준으로 빠르게 회복된다.

(2) 체단백질(근육단백질)

① 소변 내 크레아티닌 배설량Urinary Creatinine Excretion

체내 크레아티닌creatine은 대부분 근육 내 존재하며 사용된 크레아틴은 크레아티닌 형태로 소변을 통해 배설된다. 이때 소변 내 크레아티닌 배설량은 근육량에 비례하여 배설된다. 근육단백질을 통해 단백질 영양상태를 판정하기 위해서는 24시간 동안 배설되는 소변을 모두 수집하여 소변 내 배설된 크레아티닌의 양을 신장에 따른 24시간 요 크레아티닌 배설량 기준치와 비교하여 총 근육량을 간접적으로 측정한다. 성인의 경우 체중 kg당 크레아티닌의 배설량은 남자 23 mg/kg 체중, 여자 18 mg/kg 체중 내외이다. 소변의 크레아티닌 배설량은 매일의 차이가 크므로 2~3일간 연속적으로 24시간 소변을 수집하고 육류섭취를 제한해야 한다. 또한 운동, 연령, 신장 및 갑상선 기능에 의해 영향을 받는다.

② 크레아티닌-신장지표

크레아티닌-신장지표creatinine-height index, CHI는 소변 내 크레아티닌 배설량과 신장을 이용하여 성인의 장기간 단백질 영양상태를 판정하는 방법이다. 신장별 소변 내 크레아티닌 배설량에 비해 조사대상자의 실제 소변 내 크레아티닌 배설 측정치가 어느 정도인지를 계산한다. 신장은 장기간의 단백질 영양상태를 반영하는 지표이며, 단백질 영양상태가 불량해도 한동안은 일정하게 유지되지만 근육단백질이 점차 고갈되면 크레아티닌 배설량도 비례하여 감소하게 되어 신장과의 비율이 감소된다. 24시간 소변 내 크레아티닌 배설량과 신장에 따른 크레아티닌의 배설 기준치를 비교하여 크레아티닌-신장 지수로 단백질의 영양상태를 평가할 수 있다. 이 지표는 소변 내 크레아티닌 배설량과 신장을 같이 고려하여 단백질을 평가하는 방법으로 정확도가 높아 많이 사용된다.

CHI의 산출방법과 이에 따른 단백질 영양상태 판정기준은 다음의 Note와 같으며, 표준체중인 성인 남녀의 신장에 따른 24시간 요 내 크레아티닌 배설량은 표 5-4와 같고, 크레아티닌 배설량에 영향을 주는 요인은 표 5-5로 정리하였다.

Note

CHI(%) 산출방법과 판정기준치

$$\text{CHI(\%)} = \frac{\text{자신의 24시간 요 크레아티닌 배설량}}{\text{자신의 신장에 해당하는 크레아티닌 배설 기준치}} \times 100$$

CHI	단백질 영양상태
60~80%	약간 부족
40~60%	중간 정도 부족
40% 미만	결핍

표 5-4 표준체중인 성인 남녀의 신장에 따른 24시간 요 내 크레아티닌 배설량

성인 여성		성인 남성	
신장(cm)	크레아티닌(mg)	신장(cm)	크레아티닌(mg)
157.5	830	157.5	1,288
160.0	851	160.0	1,325
162.6	875	162.6	1,359
165.1	900	165.1	1,386
167.6	925	167.6	1,426
170.2	949	170.2	1,467
172.7	977	172.7	1,513
175.3	1,006	175.3	1,555

성인 여성		성인 남성	
신장(cm)	크레아티닌(mg)	신장(cm)	크레아티닌(mg)
177.8	1,044	177.8	1,596
180.3	1,076	180.3	1,642
182.9	1,109	182.9	1,691

출처: Blackburn GL et al, Nutritional and metabolic assessment of the hospitalized patient. Parenteral and Enteral Nutrition 1: 11~12(1977)

표 5-5 크레아티닌 배설량에 영향을 주는 요인

증가 요인	감소 요인
• 격심한 운동 • 육류 및 단백질 섭취 증가 • 감염 및 발열 시	• 노화 • 월경 중과 월경 직전 • 만성심부전증

③ 소변 내 3-메틸히스티딘 배설량

3-메틸히스티딘methylhistidine은 근육단백질에 존재하는 히스티딘이 메틸화되어 소변으로 배설되는 것으로 체단백질 측정에 이용된다. 그러나 소변 내 3-메틸히스티딘 배설량은 연령, 성별, 호르몬, 운동 여부, 질병에 따라 배설량이 달라질 수 있어 제한적으로 이용된다.

(3) 질소 균형

건강한 성인은 질소 섭취와 배설이 균형된다. 성장기 아동, 외상, 수술, 기타 질병으로부터 회복될 때 보통 양(+)의 질소평형이 된다. 반대로 단백질 섭취가 부족하든지 감염, 외상, 수술 및 암 등의 건강문제가 있을 때는 음(−)의 질소균형을 나타낸다. 따라서 이러한 환자에게는 양(+)의 질소균형이 되도록 필요한 만큼의 단백질을 영양지원으로 공급하는 것이 필요하다. 질소균형은 24시간 동안의 단백질 섭취와 질소의 배설을 측정하여 다음 식으로 환산한다. 소변의 요소질소량은 총 질소 배설량의 85~90%이며 피부, 대변, 땀 등으로 배설되는 질소의 총량을 평균적으로 4 g으로 간주하여 제외한다.

이 방법은 단백질 섭취가 정확히 측정되었는지를 확인해야 하고, 조사대상자가 화상, 설사, 구토 등으로 소변 외 질소 배설량이 급격히 증가되었는지 확인한 후 평가한다. 질소균형의 증가 및 감소 요인은 표 5-6와 같다.

$$\text{질소균형} = \frac{\text{단백질 섭취량(g/일)}}{6.25} - \text{요 요소 배설량(g/일)} - 4\text{ g}$$

표 5-6 질소균형의 증가 및 감소에 영향을 미치는 요인

증가 요인	감소 요인
• 고단백질 섭취 • 근육량이 많은 운동선수 • 감염 및 발열 시	• 영양결핍증 • 거동 불편 • 패혈증 • 화상이나 장누공 • 말기 신부전 • 암

(4) 면역능력

단백질 결핍은 면역능력을 감소시켜 감염, 염증 등의 발생을 증가시키고 증상을 악화시킨다. 면역능력은 단백질 영양불량 초기에도 변화되어 영양상태 판정에 민감도가 높은 지표이다.

① 총 림프구 수

총 림프구 수는 혈액에서 백혈구의 총수와 림프구를 구분하여 측정한다. 총 림프구 수TLC, total lymphocyte count는 측정된 백혈구의 수에 대한 림프구의 비율로 구한다. 표 5-6는 총 림프구 수의 판정기준치와 판정내용을 나타내고 있으며 총 림프구 수의 증가

및 감소에 미치는 요인은 표 5-7과 같다.

총 림프구 수(TLC) = 림프구의 비율(%) × 백혈구 수(cells/㎣/100)

표 5-7 총 림프구 수의 판정기준치와 평가

판정기준치(cell/mm³)	평가
1,800 이상	정상
1,800 ~ 1,200	약간 부족
1,199 ~1,199	중정도 부족
800 미만	결핍

표 5-8 총 림프구 수의 증가 및 감소에 미치는 요인

증가 요인	감소 요인
• 영양결핍증 • 암 • 스테로이드제 및 면역억제제 복용 • AIDS, 백혈구 결핍증 • 급성 대사적 스트레스 • 방사선 · 화학 치료	• 백혈병 • 백혈구 증가증 • 감염 • 다발성골수종

② 지연성 피부과민반응

지연성 피부과민반응은 소량의 항원을 피부에 주사한 후 T-림프구의 반응을 관찰하는 방법이다. 반응 정도는 T-림프구 작용에 따라 반응한다. 건강인의 경우 주사한 후 24~72시간 이내에 주사 부위에 붉은 발진이 생겨 부어오르고 단단해진다. 단백질이 부족하거나 결핍된 경우 항원에 대한 반응이 적거나 발생되지 않는다.

2) 지질

체내 지질은 다른 영양소와는 다르게 부족한 경우보다 과다한 경우 나타나는 영양적인 문제가 더 빈번하고 심각하다. 체내 지질은 분포도에 따라 내장을 중심으로 축적되는 중심성 비만인 내장비만이 건강위험에 큰 영향을 미친다. 내장지방량을 통한 영양상태 판정은 신체계측조사, 임상조사에서 구체적인 방법과 판정기준에 대해 설명하였다. 생화학적 조사에서는 혈액 내 지질을 통해 질병의 위험도와 예방 차원에서 지질 수준을 어떻게 관리해야 하는지에 대한 지표를 설명한다. 혈액 내 지질 중 콜레스테롤, 중성지방이 증가하면 혈액의 점도가 상승하며 플라크plaqe가 생성되어 혈관 벽에 쌓이게 되고 혈류의 흐름을 방해하게 된다. 혈액 내 지질 수준 상승은 심혈관질환의 위험도를 상승시키게 되는데, 과거에 비해 현대인의 식생활에서 지질 사용량과 섭취량이 높아진 데 원인이 있다. 또한, 단백질 식품 중 동물성 단백질의 섭취가 높아졌으며, 특히 지질의 함량이 높은 부위를 섭취하는 양이 증가하면서 혈액 내 중성지방과 콜레스테롤이 상승하여 영양적인 문제를 야기한다. 혈액 내 총콜레스테롤은 140~200 mg/dL, 중성지방은 150 mg/dL 미만, HDL 콜레스테롤high density lipoprotein cholesterol은 40 mg/dL, LDL 콜레스테롤low density lipoprotein cholesterol은 60~130 mg/dL이 정상 수준이다. 지질과 관련된 지표들의 정상치와 지표 변화에 따른 영양문제는 표 5-9와 같다.

표 5-9 지질과 관련된 지표들의 정상치

지질과 관련된 지표	정상치	지표 변화에 따른 영양문제
중성지방	< 150 mg/dL	증가되면 심혈관질환의 위험 상승
총콜레스테롤	140~200 mg/dL	증가되면 동맥경화증 위험 상승
HDL 콜레스테롤	40 mg/dL <	감소되면 심혈관질환 위험 상승
LDL 콜레스테롤	60~130 mg/dL	증가되면 고지혈증, 고혈압 위험 상승

3) 철분

철 결핍은 비교적 많이 발생하는 흔한 영양문제로 빈혈의 주원인이 된다. 우리나라뿐만 아니라 전 세계적으로 철분의 결핍은 매우 흔하게 나타나고 있으며, 특히 철 필요량이 증가되는 청소년이나 임신부에게서 필요량만큼 충분히 공급되지 못할 때 결핍이 발생되기 쉽다. 그 외에도 월경으로 혈액의 손실이 많은 가임기 여성, 수혈을 자주 하는 경우, 생우유 섭취가 너무 이른 유아, 아스피린 상습복용자, 장출혈이 심한 경우 등이 철분의 결핍이 발생되기 쉽다. 철분 결핍은 작업능력 저하와 체온 조절 이상으로 나타날 수 있고, 행동이나 지적 능력도 감소한다. 빈혈이 되면 정상인보다 헤모글로빈의 수치가 낮게 나타난다. 빈혈은 증상에 따라 소혈구성microcytic, 거대혈구성macrocytic, 저혈색소성hypochromtic 빈혈anemia로 구분된다. 빈혈은 철 결핍에 의해 가장 흔하게 나타나지만, 감염이나 만성질환, 엽산이나 비타민 B_{12}의 결핍에 의해서도 같은 증상이 나타날 수 있다. 다음은 철분 영양상태를 판정할 수 있는 지표들에 대한 설명이다.

(1) 철분의 영양상태 판정 지표

① 헤모글로빈

헤모글로빈hemoglobin(Hb)은 혈액 내 적혈구의 성분으로 산소를 운반하는 기능을 한다. 혈액의 헤모글로빈 양은 주로 적혈구의 수에 비례하며 혈액 100 mL(=100 cc=1 dL) 당 헤모글로빈의 g 수로 표현한다. 철 결핍성 빈혈을 판정하는 지표 중 가장 일반적으로 많이 사용되는 것이 혈액 내 헤모글로빈의 농도이다. 그러나, 혈액 내 헤모글로빈의 농도는 철분 섭취가 장시간 부족하게 진행된 후에 감소되므로 예민도가 떨어지는 지표이며 철 결핍 이외에도 PEM, 감염, 엽산이나 비타민 B_{12}가 결핍일 때에도 감소하므로 특이성도 낮은 지표이다. 성인의 헤모글로빈 판정기준은 표 5-10과 같고, 헤모글로빈의 증가 및 감소에 미치는 영향 요인은 표 5-11과 같다.

표 5-10 성인의 헤모글로빈 판정기준

구분	남성	여성
정상	14.0 g/dL <	12.0 g/dL <
약간 부족	12~13.9 g/dL	10.0~11.9 g/dL
부족	< 12.0 g/dL	< 10.0 g/dL

표 5-11 헤모글로빈의 증가 및 감소에 미치는 요인

증가 요인	감소 요인
• 탈수 • 수혈 • 다혈구증(polycythemia)	• 빈혈, 골수질환 • 영양결핍증 • 출혈 • 만성염증 • 간경화 • 수분과잉, 임신

② 헤마토크리트

헤마토크리트hematocrit, Hct는 전체 혈액에서 적혈구가 차지하는 용적 비율(%)을 의미한다. 채혈한 혈액을 원심분리하여 혈액의 층을 분리한 후 총 혈액의 높이(100%)와 적혈구가 차지하는 비율(%)을 비교하여 측정한 것이다. 헤마토크리트는 적혈구 수에 비례하며 적혈구의 크기가 다소 영향을 미친다. 정상 성인 남성의 헤마토크리트는 40~54%, 여성은 36~47% 범위이다. 혈액 중 헤모글로빈과 헤마토크리트의 의미는 그림 5-3으로 도식화하였고, 철 결핍성 빈혈의 WHO의 판단기준치는 표 5-12와 같다.

☰ 표 5-12 철결핍성 빈혈증의 판단기준치(WHO 기준)

연령층		헤모글로빈(g/dL)	헤마토크리트(%)
10~11세		< 11.5	< 34
12~14세		< 12.0	< 36
15세 이상	비임신여성	< 12.0	< 36
	임신여성	< 11.0	< 33
	남성	< 13.0	< 39

출처: WHO/UNICEF/UNU. Iron deficiency anemia assessment. prevention and control: A guide for programme managers

③ 혈청 철, 총철결합능, 트랜스페린 포화도

혈액 내에서 철은 운반단백질인 트랜스페린과 결합하여 필요한 곳으로 이동한다. 한 분자의 트랜스페린은 두 분자의 철을 운반할 수 있으며, 대부분의 철은 트랜스페린과 결합되어 있어 이를 측정함으로써 철과 결합된 트랜스페린의 양도 간접적으로 알게 된다. 그러나 철과 결합되어 있지 않은 트랜스페린도 존재한다. 혈액 내 철의 약 30% 정도만 트랜스페린과 결합되어 있다. 그러므로 철 결핍 시 혈청 철 수준도 감소하게 된다.

총철결합능total iron binding capacity, TIBC은 혈청 트랜스페린과 결합할 수 있는 철의 양으로 트랜스페린의 철 결합 부위가 얼마나 비어있는지 나타내는 지표이다. 철 결핍은 트랜스페린과 결합할 수 있는 철이 적어지므로 트랜스페린의 철 결합 부위는 더 많이 비어있게 되어 철 결핍이 진행될수록 TIBC는 증가하게 된다.

트랜스페린 포화도transferrin saturation, TS는 혈청 내 트랜스페린이 어느 정도 철로 채워져 있는가를 나타내는 것으로 총철결합능에 대한 혈청 철의 비율을 나타낸 것이다. TS는 철 결핍 상태가 진행될수록 TIBC가 증가되므로 감소하게 된다. 트랜스페린 포화도를 구하는 방법은 다음과 같다.

$$\text{Transferrin saturation(\%)} = \frac{\text{serum iron(}\mu\text{mol/L)}}{\text{TIBC(}\mu\text{mol/L)}} \times 100$$

④ 혈청 페리틴

페리틴ferritin은 철과 단백질인 아포페리틴이 결합된 형태로 간, 비장, 골수에 주로 존재하며, 철의 저장 형태를 의미한다. 정상인은 체내 총 철의 양에 약 30% 정도가 페리틴의 형태로 존재한다. 철 섭취가 부족하게 되면 체내 철이 고갈되어 조직 내 페리틴의 양이 감소되고 혈액 내 수준도 감소하게 된다. 그러므로, 혈청 페리틴 농도는 철 결핍증인 빈혈의 임상증상이 나타나기 전이나 헤모글로빈 농도가 감소하기 전에 철 섭취가 부족하면 혈청 페리틴 농도도 감소하므로 다른 지표보다 예민도가 높은 지표로 초기 철분 결핍을 나타낼 수 있다.

⑤ 적혈구 프로토포피린

프로토포피린protoporphyrin은 헤모글로빈의 주요 성분인 헴heme의 전구물질로 적혈구 내 소량 포함되어 있다. 철 섭취가 부족하면 철 저장고 내 철 농도가 감소되고, 완전히 고갈되면 프로토포피린이 헴을 합성하지 못하여 적혈구 내 프로토포피린의 농도가 계속 상승하게 된다. 적혈구 내에 프로토포피린은 0.622 ±0.27 μmol/L 포함되어 있으나 철 결핍 시 정상치보다 2배 이상으로 증가하며, 철 결핍증이 심해질수록 수치가 상승한다.

⑥ 적혈구 지수

적혈구 지수는 헤모글로빈Hb, 헤마토크릿Ht, 적혈구 수를 이용하여 구하는 평균혈구용적mean corpuscular volume, MCV, 평균혈구혈색소mean corpuscular hemoglobin, MCH, 평균혈구혈색소농도mean corpuscular hemoglobin concentration, MCHC이 있다. 적혈구 지수 계산식, 기준치 그리고 여러 종류 빈혈에 따른 적혈구 지수의 변화를 표 5-13에 나타내고 있다. 성인의 적혈구 지수 기준은 표 5-14와 같다.

표 5-13 성인 혈청 단백질의 영양상태 판정치

적혈구 지수	계산식	기준치	철결핍성 빈혈	거대적아구성 빈혈	질병에 의한 빈혈
MCV	헤마토크리트/ 적혈구 수	80~100 fL	감소	증가	정상
MCH	헤모글로빈/ 적혈구 수	26~34 pg	감소	증가	정상
MCHC	헤모글로빈/ 헤마토크리트	320~360 g/dL	감소	정상	정상

출처: 김화영, 강명희, 양은주, 이현숙(2013). 영양판정. 교문사

표 5-14 성인의 적혈구 지수 기준치

혈액 성분	여성	남성
헤모글로빈(g/dL)	12~16	14~18
헤마토크리트(%)	37~47	40~54
적혈구($\times 10^{12}$ /dL)	4.0~5.5	4.5~6.0
MCV(fL)	80~100	
MCH(pg)	26~34	
MCHC(g/dL)	320~360	

출처: Ravel R. Clinical laboratory medicine: Clinical application of laboratory data, 6th ed. Mosby, St. Louis(1994)

(2) 체내 철분의 결핍 단계

체내 철 결핍 단계는 일반적으로 세 단계로 구분되는데, 각 단계별 지표들의 변화가 달라진다. 체내 철 함량은 약 2~4g 정도로 체중 1kg당 여성은 약 38mg, 남성은 50mg의 철을 함유하고 있다. 이중 65%의 철이 혈액의 적혈구 내 헤모글로빈으로 포함되어 있으며, 나머지는 근육세포에 포함되어 있다. 체내 필요한 양의 철분이 식사로 섭취되

지 않는 경우 가장 먼저 저장된 철을 이용하여 혈액 내 농도를 일정하게 조절하는 항상성 기전이 작동한다. 이 단계가 철 결핍 1단계에 해당되며, 가장 먼저 철 저장고 중에서 간에 저장된 철이 점차 감소하고 이에 따라 혈청 페리틴 수준도 낮아지지만, 결핍 수준까지는 이르지 않는다. 혈청 내 헤모글로빈 농도는 변화되지 않으므로 헤마토크리트, 적혈구 지수 등의 변화는 나타나지 않는다. 1단계에서도 철분의 공급이 계속적으로 부족하게 되면 철 결핍 2단계로 진행된다. 이 단계에서는 혈액에서 헤모글로빈의 수준이 낮아지게 되고 철 함유 기능 성분들의 수준이 떨어지고 적혈구 생성에 문제가 발생되지만, 뚜렷한 빈혈 증상이 나타나지 않을 수 있다.

2단계에서는 정상 수준과 다르게 혈청 페리틴 농도는 계속 낮아져 있으며, 트랜스페린 포화도(TS)와 적혈구 프로토포피린이 증가되어 나타난다. 빈혈 증상이 임상적으로 뚜렷하게 나타나는 3단계에는 혈청 페리틴, 헤모글로빈, 헤마토크리트의 수치가 확실하게 감소되며 이로 인해 세 가지의 적혈구 지수가 감소되며 트랜스페린 포화도와 적혈구 프로토포피린의 함량은 증가되어 변화한다. 철 결핍 단계별 생화학적 지표의 변화는 그림 5-4와 같고, 철 결핍 단계와 단계별 변화되는 생화학적 지표는 표 5-15와 같다.

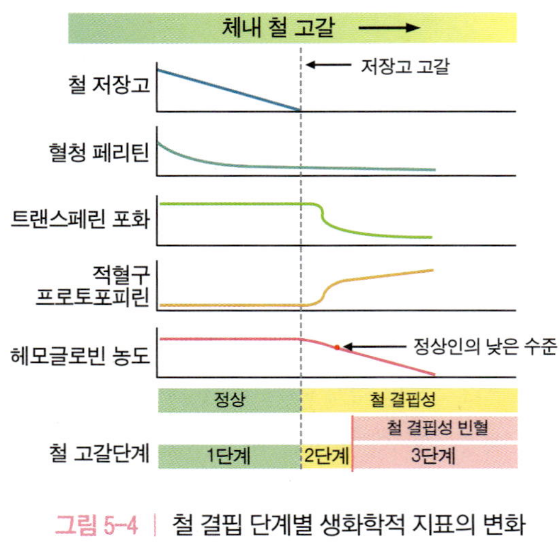

그림 5-4 | 철 결핍 단계별 생화학적 지표의 변화

표 5-16은 철의 영양상태를 판정하기 위한 여러 지표들의 정상 수준과 철 결핍 시 지표들의 변화를 나타내고 있다.

표 5-15 철분의 결핍 단계별 체내 변화와 변화 지표

철 결핍 단계	체내 변화	생화학적 지표
1단계	철 저장고의 고갈	혈청 페리틴
2단계	철 결핍증	TS, 적혈구 프로토포피린
3단계	철결핍성 빈혈	헤모글로빈, MCV

표 5-16 철분의 영양상태지표의 정상 수준과 결핍 시 지표의 변화

혈액지표	정상 수준	철 결핍 시 변화
헤모글로빈(g/dL)	12~18	감소
헤마토크리트(%)	37~47	감소
혈청 철(μg/dL)	115±50	감소
총철결합능(TIBC)(μg/dL)	330±30	증가
트랜스페린 포화도(TS)(%)	35±15	감소
혈청 페리틴(μg/dL)	100±60	감소
적혈구 프로토포피린(μg/dL)	30	증가

출처: Lee RD, Nieman DC. Nutritional Assessment, 5th ed. McGraw-Hill Higher Education, Boston(2010)

4) 칼슘

칼슘은 뼈와 치아 형성, 근육 수축, 혈액 응고 및 세포막 유지에 필수적인 성분이다. 체내에 포함된 칼슘의 양은 성인의 경우 1,200 g으로 뼈에 거의 대부분 포함되어 있고 그 외 세포외액이나 세포 내 구조와 세포막에 포함되어 있다. 칼슘 섭취가 부족한 경

우 어린이들은 성장이 부진해지며, 성인은 골감소증, 골다공증, 근육경련 등이 나타난다. 또한 최근 연구에서는 대장암 위험률이 증가된다고 하며, 고혈압 위험성과도 관련이 높은 것으로 알려졌다. 혈청 내 칼슘 농도는 칼슘 섭취량에 관계없이 생리적인 기전에 의해 항상성 조절이 잘 유지된다. 그러므로 생화학적 지표를 통해 칼슘의 영양상태를 판정할 때는 혈액 내에서 칼슘 상태를 나타내는 지표를 찾는 것이 쉽지 않다.

(1) 혈청 칼슘

혈청 칼슘은 단백질과 결합된 형태, 이온화된 형태, 유기물과 복합체를 형성한 형태인 세 가지 형태로 존재한다. 혈청 칼슘 농도가 식사로 섭취하는 칼슘의 섭취량과 전혀 관계없이 혈청 칼슘의 수준이 유지된다. 혈액 내 칼슘 농도는 부갑상선 호르몬, 칼시토닌 등의 호르몬이나 비타민 D에 의해 조절되어 항상성 유지가 되어 칼슘의 영양상태 판정이 쉽지 않다. 최근에는 골밀도를 측정하여 뼈의 칼슘 결핍 정도를 조사한다. 칼슘 상태에 따른 혈청 수준과 변화요인은 표 5-17과 같다.

표 5-17 칼슘의 영양상태지표와 결핍 시 변화

칼슘 상태	혈청 수준(mg/dL)	변화 요인
저칼슘혈증(hypocalcemia)	< 9	• 부갑상성기능저하증(hypoparathyroidism) • 신장질환 • 급성췌장염
정상 수준	9~11	
고칼슘혈증(hypercalcemia)	11 <	• 부갑상성기능항진증(hyperparathyroidism) • 갑상선기능항진증(hyperthyroidism) • 비타민 D과잉섭취(hypervitaminosis D)

(2) 소변 내 칼슘

소변 칼슘 배설량은 혈청 칼슘 농도보다 식사로 섭취한 칼슘 양에 따라 더 예민하게 변화하지만, 식사 외 요인에 의해서도 영향을 받을 수 있다. 소변 내 칼슘 배설량을 통해 칼슘 영양상태 판정은 소변 채취 시간을 일정하게 정하여 시료를 취하고 결과해석 시 소변 내 칼슘 수분의 변화 요인을 고려하여 판정한다. 소변 내 칼슘 수준의 증가와 감소 요인은 표 5-18과 같다.

표 5-18 소변 내 칼슘 수준의 증가 및 감소 요인

증가 요인	감소 요인
• 고단백식사 • 고인산식사 • 고칼륨식사 • 고칼륨식사 • 낮 시간 소변	• 밤 시간 소변

5) 아연

아연은 모든 생물의 구성 성분으로 다양한 조절기능, 단백질 합성, 상처 치유, 조직의 성장과 유지 등의 대사 과정과 면역기능에 작용한다. 아연이 결핍되면 생식기능 저하hypogonadism과 왜소증dwarfism이 나타난다. 그러나 아연은 철분이나 칼슘처럼 체내 기능적 저장고가 거의 없으며, 체내 아연 수준도 조직의 아연 보유와 재분포에 의해 일정량 유지된다. 아연의 섭취가 낮을 때에도 소장에서의 아연 흡수율을 증가시키고, 배설량을 감소시켜 혈액 내 아연의 농도를 일정하게 유지한다. 아연의 영양상태를 판정하는 지표에는 아연결합단백질인 메탈로티오닌metallothionein, 혈청 내 아연 농도를 통해 판정할 수 있다.

(1) 혈청과 소변 내 아연

혈청 아연 농도는 체내 아연의 영양상태를 정확하게 파악하기는 어렵지만, 체내 아연의 양을 나타내는 지표로 사용할 수 있다. 정상 농도는 74~130μg/dL이며, 정상치보다 감소하면 뼈와 간의 아연 보유량이 거의 없다는 것을 의미하며 다른 화학적 변화나 임상적 변화가 함께 나타나기 쉽다. 식사 후에는 혈청 내 아연 농도가 다소 감소하고 식사 전이나 금식한 경우, 적혈구 용혈이 발생하여 농도가 증가한다. 아연 결핍은 소변 내 아연 배설량도 낮아진다. 간경화증, 간염, 겸상적혈구빈혈, 수술, 정맥영양 공급 시 소변 내 아연 배설량은 증가한다.

(2) 메탈로티오닌

메탈로티오닌metallothionein은 아연, 구리 등의 금속 이온과 결합하는 단백질이며, 조직의 메탈로티오닌의 농도는 체내 아연의 농도와 비례한다. 메탈로티오닌과 혈청 내 아연 농도가 감소되어 있으면 아연 결핍증으로 판정한다. 그러나 혈청 내 아연 농도는 감소하고, 메탈로티오닌 농도가 증가한 경우에는 아연 결핍으로 판정하지 않는다.

(3) 모발 내 아연

아연 섭취가 부족하면 모발 내 아연 농도도 감소하게 된다. 모발 내 아연 농도는 예민도가 낮은 지표로 아연 섭취에 따라 단기간 변화되지는 않는다.

6) 지용성 비타민

(1) 비타민 A

비타민 A의 영양상태는 결핍뿐 아니라 과잉섭취 시에도 독성이 나타날 수 있다. 그래서 비타민 A 영양상태는 결핍–부족–양호–과잉–독성의 5단계로 구분한다. 결핍과 독성 단계는 임상적으로 뚜렷한 증상이 나타나지만 부족, 양호, 과잉 단계는 뚜렷한 임상증상이 나타나지 않기 때문에 생화학적인 지표로 판정한다.

① 혈청 비타민 A

비타민 A의 영양상태를 판정을 위해 일반적으로 가장 많이 사용되는 방법이 혈청 내 비타민 A의 수준이다. 비타민 A는 체내 저장이 가능하고 비타민 A의 체내 저장고가 완전히 고갈되면 혈청 내 비타민 A의 낮아진다. 따라서 혈청 비타민 A는 장기간의 영양상태를 반영한다. 성인의 정상범위는 45~65μg/dL이며 연령이 증가할수록 혈청 내 농도도 증가한다.

② 용량반응검사

용량반응검사relative dose response, RDR는 비타민 A의 저장고인 간 내 비타민 A의 저장량을 측정하는 기능검사로 비타민 A 영양상태 평가방법이다. 간 내 비타민 A의 활성형인 레티놀retinol 저장량이 많으면 경구 비타민 A 섭취에도 혈장 수준의 변화는 없지만, 체내 저장량이 낮은 경우 경구 섭취는 혈액 비타민 A를 증가시키고, 5시간 후에 최고에 달한다. 이 방법을 통해 비타민 A의 저장 정도를 파악하여 결핍 예방에 효과적으로 사용된다.

$$\text{RDR}(\%) = \frac{\text{비타민 A 경구 투여 5시간 후 혈장 retinol} - \text{투여 전 혈장 retinol}}{\text{비타민 A 경구 투여 5시간 후 혈장 retiol}} \times 100$$

③ 결막상피세포검사

비타민 A가 부족하면 눈의 결막상피세포conjunctival impression cytology가 비닐 모양으로 불규칙하게 변화된다. 눈의 결막 부분을 실험여과지에 댄 후 고정액으로 염색하여 현미경으로 관찰하여 형태적 변화가 있는지의 여부로 비타민 A 영양상태를 판정한다. 각막에 염증이 있거나 심한 영양불량에도 결막상피세포 형태가 변화될 수 있어 판정 시 고려한다.

④ 암적응검사

암적응dark adaptation 검사는 비타민 A가 결핍되면 야맹증이 발생된다는 점을 이용한 기능검사이다. 시각색소인 로돕신rhodopsin의 양과 재생 속도로 비타민 A 영양상태를 판정한다. 비타민 A 부족은 로돕신 합성이 감소되어 어두운 곳에 적응이 어렵다. 이 검사는 어두운 상태에서 물체를 식별하는 시간을 측정하여 평가하여 짧은 시간에 대규모 측정이 가능하다.

(2) 비타민 D

비타민 D는 칼슘과 인 흡수에 관여하며, 뼈의 무기질 축적에 필수적이다. 식품으로 섭취하거나 피부에서 합성되어 수산화 과정을 거쳐 전환된다. 혈액에서는 주로 25-OH-비타민 D 형태로 존재하는데, 비타민 D 결핍은 일조량이 부족한 북극권 사람들이나 외부활동이 어려운 경우 나타날 수 있다. 비타민 D 부족이나 결핍은 골격 건강 문제 외에도 제2형 당뇨병, 일부 암, 비만, 호흡기질환, 폐기능 저하 등의 원인으로 작용한다고 보고되어 있다.

① 혈청 25-(OH)-비타민 D 농도

혈청 25-(OH)-비타민 D는 혈청에 존재하는 비타민 D 형태로 비교적 반감기가 길다. 간 조직에 저장되어 있는 양을 잘 반영하므로 비타민 D의 영양판정 시 가장 많이 사용된다. 최근 비타민 D 섭취를 판단하는 지표로 민감도가 높다. 그러나 이 방법은 계절별, 직업별, 연령에 따라 비타민 D 영양상태에 영향을 미칠 수 있으므로 판정에 주의한다.

② 혈청 알칼리 포스파타제alkaline phosphatase, ALP

혈청 알칼리 포스파타제alkaline phosphatase, ALP는 골연화증, 구루병 및 기타 골질환 환자에게 활성이 증가한다. 비타민 D 결핍 시에는 ALP 활성은 증가하고, 보충 시 감소한다. 비타민 D가 결핍되면 혈청 내 ALP 수준은 증가한다.

(3) 비타민 E

비타민 E는 토코페롤 4종류와 토코트리엔 4종류, 총 8종류 이성질체 중 α-토코페롤이 생리활성도가 가장 크다. 다른 지용성 비타민에 비해 비타민 E 결핍과 과잉은 비교적 적다. 그러나 비타민 E의 결핍증과 만성질환의 억제, 과잉증 방지를 위해 체내 비타민 E의 수준을 정확히 파악할 필요는 있다.

① 혈청 토코페롤

혈청 내 α-토코페롤 농도는 비타민 E 영양판정에 가장 많이 이용되는 지표이다. 혈청 비타민 E 기준치는 0.5 mg/dL 이하이면 결핍이다. 비타민 E는 혈액에서 LDLlow density lipoprotein 콜레스테롤에 의해 이동되므로 혈청 내 지질이나 콜레스테롤 농도가 높은 사람은 혈청 토코페롤 농도도 높다. 따라서 혈청 내 지질과 콜레스테롤 수준이 높으면 혈청 토코페롤도 높다.

② 적혈구, 혈소판, 조직의 토코페롤

적혈구 내 토코페롤은 2~3 μg/g으로 측정하기 어려워 정확도를 높이기 위해 제한적으로 사용한다. 혈소판 토코페롤은 식사의 비타민 E 섭취량을 잘 반영하는 지표로 혈청 지질량에 영향을 받지 않고 체조직 저장량을 반영한다. 정상인 혈소판 토코페롤 농도는 30 μg/g 정도이다.

③ 적혈구 용혈검사

비타민 E가 부족하면 적혈구 막이 쉽게 터져 용혈현상이 일어난다. 이 방법은 비타민 E 기능검사로 혈액에서 적혈구를 분리 후 과산화수소 용액에 배양하여 적혈구의 용혈 정도로 판정한다. 10% 미만이면 양호, 20% 이상이면 비타민 E 결핍으로 판정한다. 정상인도 약 5% 미만으로 용혈현상이 나타난다.

$$\text{용혈 정도(\%)} = \frac{\text{적혈구를 20\% 과산화수소 등장액 처리한 후 헤모글로빈}}{\text{적혈구를 증류수 처리한 후 헤모글로빈}} \times 100$$

7) 수용성 비타민

수용성 비타민은 비타민 B군에 속하는 8가지 비타민과 비타민 C로 구분된다. 수용성 비타민은 체내 대사과정의 조효소로 작용한다. 과량의 수용성 비타민은 신장을 거쳐 소변으로 배설된다. 따라서 수용성 비타민의 과잉섭취로 인한 독성은 보충제를 통해 발생되는 경우가 많다. 수용성 비타민 결핍은 섭취 부족과 흡수 이상으로 발생되는 경우가 많다.

(1) 티아민(비타민 B_1)

주로 탄수화물 대사과정에 조효소로 작용하는 티아민thiamin 결핍증은 백미 위주의 식사나 식품 섭취가 부족한 노인층, 알코올 중독자에서 나타난다. 티아민의 결핍은 식욕감퇴, 피로, 불안, 흥분, 구토, 복통 등이며 결핍이 진행되면 신경계 이상을 동반하는 건성 각기병과 심혈관질환 이상을 동반하는 습성 각기병이 나타난다.

① 혈액과 소변 내 티아민 농도

혈액과 소변 내 티아민 농도는 최근 티아민 섭취상태를 반영하지만, 체조직 내 티아민 영양상태는 반영하지 못하므로 장기적인 티아민 영양상태를 반영하지는 못한다. 혈액 내 티아민 농도는 정확도가 낮은 지표이다. 소변으로 배설되는 티아민은 체내 티아민이 충분하면 배설량 증가되고 부족 시 감소한다.

② 적혈구 내 트랜스케톨라제 활성

오탄당인산경로에는 티아민 활성형인 TPPthiamin prrophosphate를 성분으로 하는 트랜스케톨라제transketolase, TK 효소가 필수적이다. 이 효소는 적혈구에서 활성이 높기 때문에 티아민의 영양판정 지표로 사용된다. 티아민이 부족하면 TK 활성도는 상승하나 TK 활성도가 20% 이상이면 티아민 부족, 15% 이하면 티아민의 영양상태를 정상으로 판정한다.

(2) 리보플라빈(비타민 B_2)

리보플라빈riboflavin은 체내에서 산화환원반응의 조효소 역할을 하며, FMNflavin mononucleotide, FADflavin adenine dinucleotide의 구성 성분이다. 동물성 식품에 많이 함유되어 있어, 사회경제적인 수준이 낮거나 노화로 인한 소화력 문제로 섭취가 낮은 노인층에서 부족과 결핍 위험이 있다. 또한 간질환, 알코올중독자, 당뇨환자는 치료 약물로도 비타민 B_2 결핍이 나타날 수 있다.

① 소변 내 배설 농도

소변 내 리보플라빈 농도도 티아민과 같이 최근 식사의 리보플라빈 섭취량이 잘 반영되지만, 체내 저장량을 파악하기에는 어려움이 있다. 소변으로 배설되는 리보플라빈은 27μg 이하이면 결핍으로 판정한다.

② 적혈구 내 글루타티온환원효소 활성

적혈구에서 활성이 높은 글루타티온환원효소erythrocyte glutathione reductase, EGR의 구성성분이 FAD이다. 시료로 취한 적혈구에 FAD를 첨가하여 전과 후의 글루타티온 활성도를 측정하여 EGR의 활성도가 높으면 리보플라빈의 영양상태가 좋지 않다고 판정한다. EGF 활성계수가 1.4 이상이면 리보플라빈 결핍으로 판정한다.

(3) 니아신(비타민 B_3)

니아신niacin은 NADnictinamide adenine dinucleotide와 NADPnicotinamide adenine dinucleotide phosphate의 구성성분이고 에너지대사의 탈수소효소 작용에 필수적이다. 니아신은 식품으로 섭취하지만, 아미노산 트립토판으로부터 체내에서 전환된다. 주로 경제 수준이 낮은 국가, 알코올 중독자 등에서 부족이나 결핍증이 나타나고 고지혈증 치료제를 과량 복용한 경우에도 나타난다.

니아신의 영양상태 판정은 소변 내 대사체인 N-methy-2-pyridone-5-carboxylamide (2-pyridone)와 N-methyl-nicotinamid의 배설량으로 판정한다. 니

아신이 결핍되면 소변 내 대사체 배설량이 감소한다. 티아민, 리보플라빈, 니아신의 영양판정 지표와 결핍 시 지표의 변화는 표 5-19와 같다.

표 5-19 시료별 티아민, 리보플라빈, 니아신의 영양판정 지표와 결핍 시 지표의 변화

시료	티아민	리보플라빈	니아신
소변	소변 내 티아민 배설량: 결핍 시 감소	소변 내 리보플라빈 배설량: 결핍 시 감소	소변 내 니아신 대사물 배설량: 결핍 시 감소
혈액	적혈구 트랜스케톨레이스(TK) 활성도: 결핍 시 증가	적혈구 글루타티온환원효소(GR)활성도: 결핍 시 증가	–

(4) 비타민 B_6

비타민 B_6는 자연계에서 pyridoxine, pyridoxal, pyridoxamine 3가지 형태로 존재하며 pyridoxine의 활성도가 가장 크다. 체내 단백질 대사에서 아미노기 전이반응의 조효소 역할을 하며, 탄수화물, 지방, 핵산 대사에도 관여한다. 비타민 B_6의 영양판정은 혈액과 소변의 비타민 B_6 수준을 측정하는 방법과 비타민 B_6의 조효소 활성도로 평가하는 기능검사로 구분한다.

① 혈액 내 농도

혈액 내 비타민 B_6의 영양상태는 피리독살인산pyridoxal 5'-phosphate, PLP의 혈액 내 수준으로 판정한다. 혈액 내 PLP의 수준이 30 nmol/L 이상이면 영양상태가 양호하다고 판정한다.

② 소변 내 배설 농도

소변 내 배설은 대사물질인 4-pyridoxic acid(PA)로 판정한다. 소변으로 배설되는 4-PA의 농도는 식품으로 섭취한 비타민 B_6의 섭취량을 반영하는 지표이다. 비타민 B_6의 섭취량이 부족하면 소변으로 배설되는 4-PA의 농도가 매우 낮다. 소변으로 배설되

는 4−PA의 농도가 1일 3.0 μmol 이상이면 비타민 B_6 영양상태를 정상으로 판정한다.

③ 메티오닌 부하검사

메티오닌 부하검사methionine load test는 3 g의 메티오닌을 경구 섭취하고 소변에서 cystathione과 cysteine sulfonic acid의 배설량을 측정한다. 비타민 B_6 영양상태가 좋지 않은 경우 메티오닌 대사가 원활하지 않아 중간산물인 cystathione과 cysteine sulfonic acid의 체내 농도가 상승하면서 소변으로 배설되는 농도도 증가한다. 소변으로 배설량이 증가해도 단백질 대사과정에 조효소 역할을 하여 단백질 섭취에 따라 소변으로 배설되는 양이 달라질 수 있다. 3 g의 경구 투여 후 24시간 수집된 소변 내 cystathione의 배설량이 1일 350 μmol 이하면 비타민 B_6의 영양상태를 정상으로 판정한다.

④ 트립토판 부하검사tryptophan load test

트립토판tryptophan은 니아신으로 전환될 때 비타민 B_6인 pyridoxal 5'−phosphate (PLP)가 조효소로 작용하고, 비타민 B_6의 섭취 부족은 트립토판 대사 이상으로 xanthurenic acid가 체내에 축적되어 소변 배설량이 증가한다. L−tryptophhan 2 g을 경구로 섭취한 후 24시간 수집된 소변 내 xanthurenic acid 농도로 비타민 B_6의 영양상태를 판정한다. 이 방법은 단백질 섭취량과 여러 생리 요인에 의해 달라지며 개인적 차이가 크게 나타나 신뢰도가 낮은 단점으로 인해 많이 이용되지는 않는다.

(5) 비타민 C

산화형인 디히드로아스코르브산dehydroascorbic acid과 환원형인 아스코르브산ascorbic acid 모두 비타민 C의 활성을 가지며, 체내 비타민 C는 두 형태를 합한 수치이다. 비타민 C가 결핍되면 뼈, 치아의 상아질과 에나멜층이 약해지고 혈관벽 형성 이상으로 골절되기 쉽고 상처 회복이 지연된다. 비타민 C의 영양상태 판정은 혈액 내 비타민 C 수준과 포화도검사로 한다.

① 혈액 내 비타민 C 농도

혈청 비타민 C 농도는 최근 식사의 비타민 C 섭취량을 잘 반영하는 지표로 혈청 비타민 C 농도가 11 μmol/L 이하면 결핍으로 판정한다. 그러나 이 지표는 성별이나 흡연 여부에 따라서도 달라질 수 있으며, 여성과 비흡연자가 남성과 흡연자에 비해 혈청 내 비타민 C 수준이 높게 나타나므로 결과 해석 시 고려하여 판정한다.

백혈구 내 비타민 C 농도로 영양상태를 판정하는데, 혈청 비타민 C 수준보다 백혈구 내 비타민 C 수준이 체내 저장량을 더 잘 반영한다. 하지만 분석 시 많은 양의 혈액을 필요로 하여 영아들에게 적절하지 않고, 단기간의 식사섭취 변화도 반영되지 못해 민감도가 낮다. 백혈구 내 비타민 C 수준이 8 mg/dL 이하이면 비타민 C 결핍으로 판정한다.

② 모세혈관 취약성 검사

모세혈관 취약성 검사capillary fragility test는 비타민 C의 영양상태를 측정하는 기능검사이다. 모세혈관 취약성은 비타민 C 섭취 부족 외에도 영향을 주는 요인이 많아 특이성이 낮다.

③ 비타민 C 포화도 검사

비타민 C 포화도 검사는 기능검사로 체내 비타민 C 고갈 정도를 판정하는 좋은 지표이다. 1일 1 g 이상 비타민 C를 과량 섭취하면 소변으로 배설되고, 비타민 C 과잉으로 판정한다. 비타민 B_6, 비타민 C의 영양판정 지표와 결핍 시 지표의 변화는 표 5-20과 같다.

표 5-20 비타민 B_6, 비타민 C의 영양판정 지표와 결핍 시 지표의 변화

비타민 B_6	비타민 C
혈장 PLP: 결핍 시 감소	혈청 비타민 C: 결핍 시 감소
소변 내 PA 배설량: 결핍 시 감소	백혈구 비타민 C: 결핍 시 감소
메티오닌 부하검사: 결핍 시 배설 증가	모세혈관 취약성 시험: 결핍 시 취약
트립토판 부하검사: 결핍 시 배설 증가	비타민 C 포화도 검사: 결핍 시 소변으로 배설

(6) 엽산

엽산Folic acid은 아미노산 대사과정과 핵산(DNA) 합성과정에 단일탄소 전이반응에 조효소로 작용하고, 동물의 세포분열이나 성장인자 역할과 비타민 B_{12}와 적혈구 합성과정에 관여한다. 엽산이 부족하면 골수에서 적혈구 합성의 이상으로 적혈구 수가 감소하거나 적혈구 성숙이 지연되어 거대적아구성 빈혈을 초래하게 된다. 임신 초기의 엽산 결핍은 태아의 신경관 손상을 초래한다. 엽산의 영양상태 판정은 혈액 내 엽산 농도를 측정하는 직접적인 방법과 데옥시유리딘 억제검사인 기능검사로 구분된다.

① 혈액 내 엽산 농도

엽산의 영양상태는 혈청이나 적혈구 내 엽산 농도로 판정한다. 식사로 충분히 섭취하거나 보충제로 복용하는 경우 혈청과 적혈구 내 엽산 수준은 기준치 이상으로 나타난다. 하지만 2~3주 동안 엽산의 섭취가 부족한 경우 혈청 엽산 농도는 3 mg/mL 이하로 낮아진다.

적혈구 내 엽산 농도가 160 mg/mL 이하면 조직 내 엽산이 고갈됨을 의미하며 혈청 엽산 농도보다 장기간 엽산 영양상태 판정에 이용된다. 혈청과 적혈구 내 엽산이 기준치보다 낮은 상태가 지속되면 빈혈로 진단한다.

② 데옥시유리딘 억제검사

데옥시유리딘 억제검사deoxyuridine suppression test는 방사선동위원소를 가진 티미딘tymidine이 DNA 합성에 관여하는 정도로 엽산의 영양상태를 판정한다. 엽산 의존 효소인 티미딘은 엽산 섭취가 부족되면 활성도가 떨어진다. 이 방법은 임상적으로 동일한 증상을 나타내는 빈혈의 원인인 엽산과 비타민 B_{12}를 구분할 때도 이용된다.

③ 히스티딘 부하검사

히스티딘은 체내에서 글루탐산으로 전환되는데 히스티딘 부하검사histidine load test는 엽산 부족 시 포르미노글루타민forminoglutamate, FIGLU 생성 증가로 소변으로 대사산물인 FIGLU의 배설량이 증가한다. 소변 내 FIGLE 배설량으로 엽산의 영양상태를 판정한다.

그러나 이 방법은 데옥시유리딘 억제검사와 함께 대규모 조사에는 사용하기 어려워 일반적인 엽산의 영양판정 시에는 이용되지 않는다.

(7) 비타민 B_{12}

비타민 B_{12}cobalamin는 혈구세포의 성장과 분열에 관여하고, 결핍 시 악성빈혈과 위장관, 신경계 이상을 초래한다. 비타민 B_{12} 결핍은 부족한 식사 섭취보다는 위 내 내재인자 intrinsic factor, IF 부족으로 인한 흡수문제로 발생한다. 비타민 B_{12} 결핍의 초기 증상은 엽산 결핍에서처럼 거대적아구성 빈혈로 나타나며, 헤모글로빈 수치가 감소한다. 비타민 B_{12}의 지속적인 결핍은 신경계 이상을 발생하게 한다. 비타민 B_{12}의 영양상태 판정은 혈액 내 비타민 B_{12}의 농도와 기능검사인 쉴링검사로 구분된다.

① 혈액 내 비타민 B_{12} 농도

직접적인 조사방법인 혈청 내 비타민 B_{12} 농도는 부족 시 혈청 내 비타민 B_{12} 수준이 감소한다. 비타민 B_{12} 영양상태를 나타내는 혈청 단백질 트랜스코발아민transcobalamin II: TC과 holohaptocorrinholohap 수준으로도 판정할 수 있다. 비타민 B_{12} 흡수 부족으로 비타민 B_{12} 운반 단백질인 트랜스코발아민II의 B_{12}% 포화도가 감소하며, 체내 비타민 B_{12} 부족은 혈청 holohap 수준 감소로 평가된다.

② 쉴링검사

쉴링검사schilling test는 코발트의 방사성동위원소(Co57 또는 Co58)가 포함된 비타민 B_{12}를 소량 섭취 후, 소변으로 배설되는 수준으로 판정한다. 비타민 B_{12} 결핍 또는 악성빈혈의 경우 소변으로 배설되는 양은 5% 이하로 소량 배설된다. 엽산과 비타민 B_{12}의 영양판정 지표와 결핍 시 지표의 변화는 표 5-21과 같다.

표 5-21 엽산, 비타민 B_{12}의 영양판정 지표와 결핍 시 지표의 변화

엽산	비타민 B_{12}
혈청 내 엽산: 결핍 시 감소 적혈구 내 엽산: 결핍 시 감소	혈청 내 비타민 B_{12}: 결핍 시 감소
데옥시유리딘 억제 시 검사(티미딘합성효소 활성도): 결핍 시 감소 히스티딘 부하시험(요 FIGUU 배설량): 결핍 시 배설량 증가	쉴링검사(내적 인자) : 결핍 시 감소

4. 혈액의 생화학적 임상검사

채취한 혈액은 원심분리 후 성분을 분석한다. 성분 분석은 생화학자동분석기, 자동혈구계수 분석기 등으로 한다. 혈액화학검사 지표와 정상치, 비영양적 증가 또는 감소 요인은 표 5-22와 같다.

표 5-22 혈액화학검사 지표와 정상치, 비영양적 증가 또는 감소 요인

종류	정상치	증가 요인	감소 요인
SGOT(AST)	7~27 units/L	간염, 간경변, 담관폐쇄, 기타 간 손상 시	–
SGPT(ALT)	1~21 units/L	심근경색, 췌장염, 골격근 손상, 간염 등 간질환	신장투석 시
포도당	60~115 mg/dL	–	–
염기성 인산분해효소 (ALP)	13~39 units/L	어린이, 사춘기, 임신기, 부갑상선기 능항진, 골수암	–

종류	정상치	증가 요인	감소 요인
젖산탈수소효소(LDH)	45~90 units/L	심근경색, 간염, 암, 신장질환, 화상, 외상	–
빌리루빈	0.2~1.5 mg/dL	황달, 용혈성 빈혈, 신생아의 간기능 장애	–
혈중요소질소(BUN)	8~25 mg/dL	신부전, 탈수, 위장관출혈, 심부전, 고단백식사, 요도폐쇄증	간질환, 수분과잉, 영양부족, 스테로이드 복용
인	3.0~4.5 mg/dL	신부전, 부갑상선기능저하, 갑상선기능항진, 인산이 포함된 하제	부갑상선기능항진증, 구루병, 골연화증, 장기간 제산제 사용
칼륨	3.5~5.0 mmol/L	신부전, 부신기능 손상, 심한 화상	하제와 정맥주사, 구토와 설사, 수분중독
나트륨	135~140 mmol/L	탈수, 설사, 구토, 발한으로 인한 수분과다손실, 화상	울혈성심부전, 신장질환
염소	98~106 mmol/L	신장질환, 갑상선기능항진증, 빈혈, 신장병	저칼륨혈증, 알칼리혈증

C H A P T E R

6

임상조사

CHAPTER

6

대상자의 병력, 식사력, 임상징후를 바탕으로 시행되는 임상조사를 설명하고 적용할 수 있다.

학습목표

- 임상조사의 개념과 장단점을 설명할 수 있다.
- 임상조사에 유용한 병력 및 식사력 항목을 열거할 수 있다.
- 주요 신체 부위의 영양상태를 나타내는 징후, 영양결핍 요인을 열거할 수 있다.
- 영양불량 분류에 따른 특징과 진단기준을 설명할 수 있다.

1. 임상조사의 개요

1) 임상조사의 의의

임상조사란 영양상태에 따라 변화하는 신체의 징후를 통해 영양소의 과부족 상태를 조사하고 진단하는 영양판정 방법이다. 주로 병력medical history, 식사력dietary history과 같은 과거력 조사와 신체진단physical examination을 통해 나타나는 증상symptom과 징후sign를 종합적으로 해석하고 판정하는 과정이다. 영양소의 부족으로 영양상태가 불량해지면 체내 저장량이 고갈되고 혈중 농도 및 조직에 변화를 초래함으로써 얼굴, 피부, 근육, 머리카락 등 신체의 외적 징후가 나타난다. 영양불량상태가 징후로 나타나기까지는 여러 복잡한 단계를 거치고, 서서히 진행하므로 임상조사결과들은 특이도와 민감도가 낮은 편이다. 따라서 영양상태를 평가하기 위해서는 임상조사결과 단독보다는 식사조사, 신체계측, 생화학적 자료와 함께 해석하여야 한다.

임상조사는 개인 또는 지역사회의 영양상태를 판정하기 위해 폭넓게 사용될 수 있고 입원환자의 영양상태 판정에도 유용하며 특히 영양상태와 연관이 깊은 질환인 경우 영양불량 선별에 용이하다. 그러나 조사대상자를 직접 관찰하고 임상적 증상을 진단하여야 하므로 의료전문인이나 충분한 훈련을 받은 조사자에 의해 수행되어야 한다.

2) 임상조사의 장단점

임상조사는 다른 영양상태 판정법에 비해 특정 장소나 시설이 필요하지 않고 대상자의 특성에 따라 객관적인 정보를 얻을 수 있다. 그러나 조사자의 훈련과 경험 정도에 따라 영향을 받을 수 있고 부정확한 실행방법과 관찰의 편견으로 진단의 오류가 발생할 수도 있다. 임상조사를 이용한 영양판정 시의 장단점은 다음과 같다표 6-1.

표 6-1 임상조사의 장단점

구분	내용
장점	• 저렴한 비용 • 특별한 기구, 장비, 시설이 반드시 필요하지 않음 • 영양불량이 심각한 경우 가치 있는 결과를 얻을 수 있음
단점	• 징후의 판단에 주관적일 수 있음 • 초기에는 징후가 잘 나타나지 않으며 대부분의 징후가 영양불량이 악화된 상태에서 관찰될 수 있음 • 영양소 결핍이 공존하는 경우 여러 신체 징후가 동시에 복합적으로 발생하므로 진단 시 혼란이 가중됨 • 진단의 확실성에 제한이 있음 • 풍부한 경험과 충분한 훈련이 수행된 요원이 요구됨

2. 병력 및 식사력 조사

영양상태에서 임상조사의 첫 단계는 병력 및 식사력과 같은 과거력을 수집하는 것이다. 임상조사를 통해 보다 정확한 영양판정을 시행하기 위해서는 면밀한 병력과 식사력 조사가 필요하다.

1) 병력조사

병력과 관련된 정보는 의무기록을 검토하거나 개인면담, 질문지를 통해 습득할 수 있다. 병력정보는 수집하고자 하는 정보에 따라 범위가 달라질 수 있고, 질문에 응답하는 환자의 능력에도 영향을 받는다. 필요한 경우 동반 가족이나 보호자를 통해 정보를 얻거나 간호사 또는 사회복지사의 기록에 의존하게 될 수도 있다. 하지만 환자에 관한 모든 정보는 엄격하게 비밀보장이 되어야 하므로 정보 접근과 습득에 제약이 따른다.

병력조사의 필수 구성요소에는 과거 및 현재의 건강상태와 약물 사용, 개인과 가족의 건강정보를 포함하여야 한다. 질병의 증상과 정도에 따라 영향을 줄 수 있는데, 대표적으로 당뇨병, 신장질환, 각종 암, 심뇌혈관질환, 간담췌질환, 감염성 질환, 위장질환, 외과적 수술 등이 해당된다.

이 외에도 음식을 씹고 삼키는 능력, 식욕, 구토, 설사, 변비, 복부팽만, 트림, 소화불량 등의 증상이 연관되어 있고 평소 체중과 최근의 체중 변화에 대한 확인도 필요하다. 잠재적으로 영양상태에 악영향을 미칠 수 있는 약물–영양 상호작용을 확인하여야 하며 사회 심리적 요인으로 조사대상자의 나이, 직업, 교육 수준, 결혼 상태, 수입, 가족 구성원, 음주 및 흡연, 건강관리에 대한 접근성과 경제능력도 조사내용에 포함된다표 6-2.

표 6-2 임상조사에서 고려해야 할 병력요인

- 영양상태와 관련된 과거 및 현재의 진단명, 진단과정, 치료상태: 대사적 요구량이나 영양소 손실이 증가하는 질병, 만성질환의 동반 등
- 수술 여부
- 항암 및 방사선치료
- 영양과 관련된 문제들의 경력
- 영양소 결핍 존재 여부
- 약물과 영양소의 상호관계: 약물의 오남용 및 중독, 영양보충제의 사용 여부, 영양소 흡수에 방해가 되는 약물의 이용 등
- 사회 심리적 요인 – 음주, 흡연, 수입, 식품구매능력, 사회적 지원, 주거환경 등
- 비타민 결핍이 예상되는 징후나 증상
- 무기질 결핍이 예상되는 징후나 증상

출처 : David C. Nieman. Nutritional assessment, 7th ed. McGraw–Hill(2019)

2) 식사력 조사

영양불량상태는 영양소의 섭취, 소화, 흡수, 대사, 배설 등과 연관이 매우 깊으므로 식사력 조사는 필수적이다. 식사력 조사에는 식습관이나 식사패턴을 포함한 다양한 정보들이 해당된다.

보통 일상적인 식사패턴(식사와 간식의 섭취시간과 섭취량), 음식 선호도, 식품 불

내증 및 식품 알레르기, 식품을 구매하거나 조리할 수 있는 능력, 비타민과 무기질 및 기타 영양보충제의 사용 여부를 조사한다. 식욕, 음식 섭취에 따른 포만감 혹은 불편감의 여부와 발생 시점, 음식을 섭취하고자 하는 욕구, 씹고 삼키는 능력도 조사한다.

또한 소화 및 흡수와 관련된 위장관질환 진단에 대한 정보를 얻을 수 있다. 배변습관의 변화, 변비와 설사의 여부, 비정상적인 가스 발생, 변의 색과 농도를 조사한다. 예를 들어 위장관 출혈이 있는 경우 혈변이나 검은색 변이 관찰되고 지방흡수 불량이 발생한 경우 거품이나 점액이 묻어있거나 악취가 나는 변이 발생할 수 있다표 6-3. 영양결핍 위험을 야기할 수 있는 원인과 결핍영양소는 표 6-4와 같다.

표 6-3 임상조사에서 고려해야 할 식사력 요인

- 체중변화
- 평소 식사패턴
- 식욕
- 포만감 및 불편감
- 저작 곤란/연하장애 여부
- 좋아하는 음식과 싫어하는 음식
- 입맛의 변화와 혐오식품
- 식품 알레르기
- 메스꺼움과 구토
- 배변습관
- 생활환경
- 간식 섭취
- 비타민/무기질 보충제 복용
- 음주, 약물 사용
- 식사 제한 경험, 식사 조절 여부
- 식품의 구매 및 조리능력
- 건강관리능력

출처 : David C. Nieman. Nutritional assessment, 7th ed. McGraw-Hill(2019)

표 6-4 영양결핍을 일으킬 수 있는 원인과 결핍영양소

결핍 원인	과거력(병력 및 식사력)	결핍영양소
불충분한 섭취	알코올중독	에너지, 단백질, 비타민 B_1, 비타민 B_2, 니아신, 엽산, 비타민 B_6,
	과일, 채소, 곡류의 섭취 기피	비타민 C, 비타민 B_1, 니아신, 엽산
	육류, 유제품, 난류의 섭취 기피	단백질, 비타민 B_{12}
	변비, 치질, 게실증	식이섬유소
	식품에 대한 특이반응, 치아질환, 외로움, 격리	여러 영양소
	체중감소	에너지, 기타 영양소
부적절한 흡수	약물(제산제, 항경련제, 지사제, 항생제 등)	여러 영양소, 약물과 영양소의 상호작용과 관련된 영양소들
	흡수 불량(설사, 체중감소, 지방변)	비타민 A, D, K, 에너지, 단백질, 칼슘, 마그네슘, 아연
	기생충 감염	철분, 비타민 B_{12}
	악성빈혈	비타민 B_{12}
	수술(위절제)	비타민 B_{12}, 철분
	수술(소장절제)	비타민 B_{12}, 흡수불량에서 제시한 영양소들
이용률 감소	약물(항경련제, 경구피임약, 대사길항제, 항결핵제 등)	약물과 영양소의 상호작용과 관련된 영양소들
	선천성 대사이상	여러 영양소
	알코올 남용	마그네슘, 아연
손실량 증가	혈액 손실	철분
	천자(복수, 흉막, 늑막 등)	단백질
	조절되지 않는 당뇨병	에너지
	설사	단백질, 아연, 전해질
	배농, 상처	단백질, 아연

결핍 원인	과거력(병력 및 식사력)	결핍영양소
요구량 증가	신증후군	단백질, 아연
	투석(혈액투석, 복막투석)	단백질, 수용성 비타민, 아연
	발열	여러 영양소
	갑상선기능항진	에너지
	생리적 요구량 증가(유아, 아동, 임신, 수유)	여러 영양소
	수술, 패혈증, 화상, 감염	에너지, 단백질, 비타민 C, 아연
	조직 내 저산소증	에너지(비효율적 이용)
	흡연	비타민 C, 엽산

출처 : David C. Nieman. Nutritional assessment, 7th ed. McGraw−Hill(2019)

3. 임상징후 조사

임상징후 조사란 영양불량으로 인하여 피부, 눈, 머리카락, 점막 등 상피조직이나 기관에 나타나는 변화를 관찰하는 것이다. 영양불량과 관련된 신체징후는 다음과 같다표 6-5, 그림 6-1.

☰ 표 6-5 영양상태를 나타내는 신체적 징후

신체 기관	정상 상태	영양불량 상태의 신체징후	결핍 의심 영양소	과잉 의심 영양소	발생 빈도
머리카락	윤기와 탄력이 있고 잘 부스러지지 않음	건조하고 탈색됨	단백질	−	드묾
		모발이 쉽게 빠짐	단백질	−	흔함
		숱이 적고 성근 머리	단백질, 비오틴, 아연	비타민 A	가끔
		모발이 나사처럼 꼬임	비타민 C	−	흔함

신체 기관	정상 상태	영양불량 상태의 신체징후	결핍 의심 영양소	과잉 의심 영양소	발생 빈도
눈	눈동자가 맑고 빛이 남. 충혈되지 않고 눈가 주변이 붓지 않고 점액이 적절함	비토반점, 야맹증	비타민 A	–	드묾
입 주위	–	구각염	비타민 B_2, 비타민 B_6, 니아신	–	가끔
		구각증	비타민 B_2, 비타민 B_6, 니아신	–	드묾
구강	혀의 모양이 붉고 부풀지 않았으며 표면이 오돌토돌함	위축성설유두	비타민 B_2, 니아신, 엽산, 비타민 B_{12}, 단백질, 철분	–	흔함
	잇몸은 건강하고 붉은색을 띠며 출혈이나 붓기가 없음	설염	비타민 B_2, 니아신, 비타민 B_6, 엽산, 비타민 B_{12}	–	가끔
		미각 감퇴증, 후각 감퇴증	아연	–	가끔
		잇몸이 붓고, 출혈	비타민 C	–	가끔
얼굴	피부색이 균일하고 붓지 않음	피부색이 창백하고 눈 아래와 볼 주위가 검음, 코와 입 주위의 각질이 많음	철분, 니아신	–	가끔
피부	발진, 반점, 상처가 없고 혈색이 좋음. 부드럽고 촉촉하며 붓기가 없음	비늘 모양	비타민 A, 아연, 필수지방산	비타민 A	가끔
		셀로판처럼 반질반질한 피부	단백질	–	가끔
		갈라짐	단백질	–	드묾
		모낭각화증	비타민 A, C	–	가끔
		점상 출혈	비타민 C	–	흔함
		자반증	비타민 C, K	–	드묾

신체 기관	정상 상태	영양불량 상태의 신체징후	결핍 의심 영양소	과잉 의심 영양소	발생 빈도
		색소침착, 햇빛에 노출된 부위 박리	니아신	–	가끔
		황색색소 침착	–	카로틴	흔함
손톱	단단하고 연분홍색을 띠며 윤기가 남	손톱의 가로지르는 융기	단백질	–	가끔
		손톱이 움푹 패임	철분	–	가끔
뼈, 관절	근육 강도가 일정하고 단단하며 팔다리가 곧음	늑골주상형상, 골단팽윤, 휘어진 다리	비타민 C	–	드묾
	통증 없이 뛰거나 걸을 수 있음	연화(어린이의 골막하출혈)	비타민 D	–	드묾
신경	안정적이며 정상적인 반사반응을 보임	두통	–	비타민 A	드묾
		졸음, 기면, 구토	–	비타민 A, D	드묾
		치매 현상	니아신, 비타민 B_{12}	–	드묾
		작화감, 부위감각 상실	비타민 B_1	–	가끔
		안면근육 마비	비타민 B_1, 인	–	가끔
		말초신경증	비타민 B_1, 비타민 B_6, 비타민 B_{12}	–	가끔
		테타니	칼슘, 마그네슘	–	가끔
기타	–	이하선 비대	단백질	–	가끔
		심부전	비타민 B_1, 인	–	가끔
		급성심부전	비타민 C	–	드묾
		간비대	단백질	비타민 A	드묾
		부종	단백질, 비타민 B_1	–	흔함
		상처 회복이 더딤	단백질, 비타민 C, 아연	–	흔함

출처 : David C. Nieman. Nutritional assessment, 7th ed. McGraw–Hill(2019)

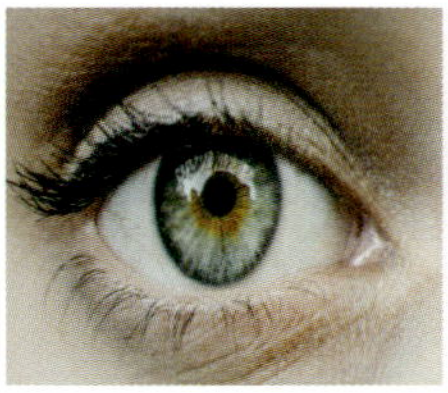

눈 - 비토반점

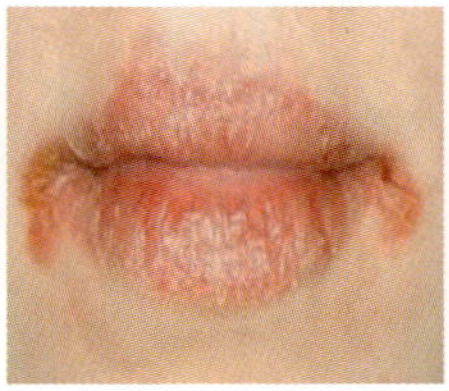

입 주위 - 구각염

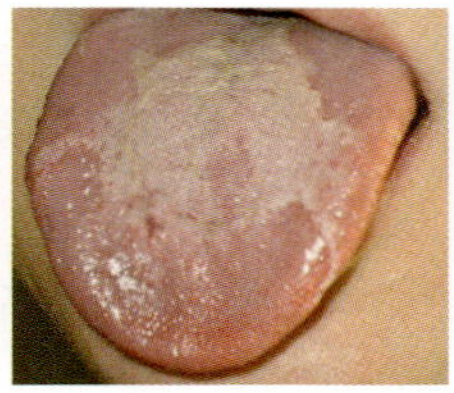

구강 - 설염

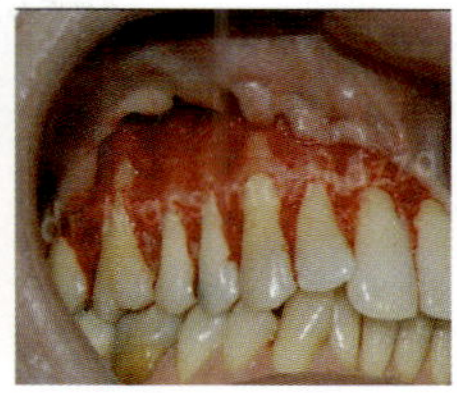

구강 - 잇몸 출혈

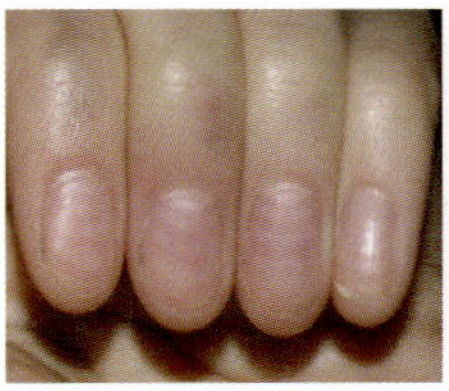

손톱 - 손톱의 가로지르는 융기

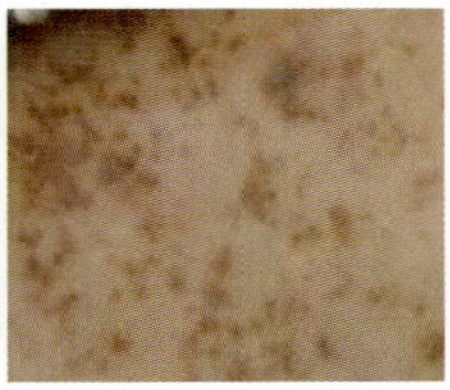

피부 - 모낭각화증

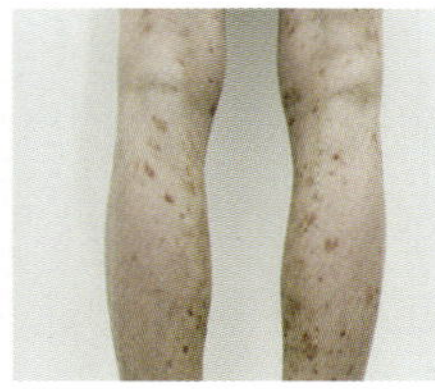

피부 - 자반증

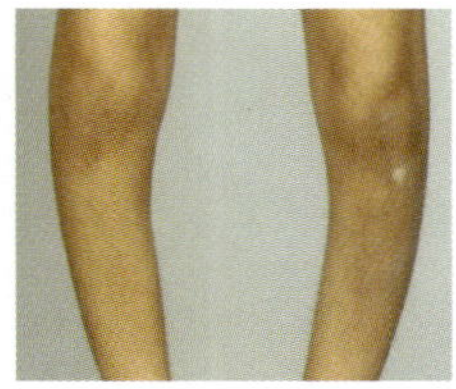

뼈, 관절 - 구루병

그림 6-1 | 영양상태를 나타내는 신체적 징후 예시

4. 영양불량 진단

1) 영양결핍 상태에 대한 임상적 판정

WHO에서는 일반적인 신체징후는 다음과 같이 분류하며 일반적으로 조사대상자에게서 영양소 결핍과 관련된 신체징후 수가 많을수록 특정 영양소의 결핍 가능성이 커진다.

- 한 가지 이상의 영양소 결핍 가능성을 제시해주는 징후들
- 다른 요인들과 연관 지어 장기간의 영양불량 가능성을 제시해주는 징후들
- 영양상태와 관련이 없는 징후들

성별과 나이, 질병 상태 등을 구분하지 않고 일률적으로 적용할 수 있는 보편적인 임상증상은 없다. 특정 영양소의 결핍과 관련된 신체징후는 유전적 요인, 나이, 활동 정

도, 환경조건, 식사 섭취상태, 영양불량의 정도와 진행 기간 등에 따라 달라진다. 또한 임상조사 결과의 해석을 용이하게 하기 위해 신체징후와 증상을 영양소 결핍상태와 관련하여 그룹으로 묶어 평가하기도 한다.

2) 단백질-에너지 영양불량

영양불량은 현재 체중의 적절성 평가나 체중변화 정도로 평가하는 경우가 많다. 특히 아동의 경우 체중 증감은 영양불량과 매우 관련이 깊다. 국제질병분류기준ICD-10에 따른 영양불량 분류는 표 6-6과 같고 대표적인 단백질-에너지 영양불량은 콰시오커와 마라스무스가 있다표 6-7.

표 6-6 국제질병분류기준에 의한 영양불량의 분류 및 진단기준

질병 분류번호	질병명	진단기준
E40	콰시오커(kwashiorkor)	피부와 머리카락의 탈색을 동반한 영양성 부종을 나타내는 심각한 영양불량
E41	영양성 마라스무스(nutritional marasmus)	마라스무스를 동반한 심한 영양불량
E42	마라스무스성 콰시오커 (marasmic kwashiorkor)	콰시오커와 마라스무스 증상을 동시에 보이는 심한 단백질-에너지 영양불량
E43	비특이성 심한 단백질-에너지 영양불량 (unspecified severe protein-energy malnutrition)	아동과 성인에서 나타나는 심각한 체중 감소 또는 아동에서 체중 증가의 부족이 최소 기준치의 평균보다 표준편차 3배 이상일 때
E44	E44.0 중등도 단백질-에너지 영양불량 (moderate protein-energy malnutrition of and mild degree)	아동과 성인에서 나타나는 심각한 체중 감소 또는 아동에서 체중 증가의 결핍이 최소 기준치의 평균보다 표준편차 2~3배일 때
	E44.1 경도의 단백질-에너지 영양불량 (mild protein-energy malnutrition)	아동과 성인에서 나타나는 심각한 체중 감소 또는 아동에서 체중 증가의 결핍이 최소 기준치의 평균보다 표준편차 1~2배 이내일 때
E45	단백질-에너지 영양불량에 따른 성장지연 (retarded development following protein-calorie malnutrition)	영양성 저신장, 성장지체, 영양불량으로 인한 신체발달 지연

질병 분류번호	질병명	진단기준
E46	비특이성 단백질-에너지 영양불량 (unspecified protein-energy malnutrition)	명시되지 않은 영양불량 명시되지 않은 단백질-에너지 영양불균형

출처 : Centers for Disease Control and Prevention. International Classification of Diseases, 9th revision. Clinical Modification, ICD-9-CM

(1) 콰시오커

콰시오커는 대표적인 단백질결핍증이며, 인도나 아프리카 등의 저개발국가의 성장기 어린이들에게서 흔히 볼 수 있다. 체중은 정상적이고 골격근육도 일정량 유지하고 있으나 혈청 단백질 농도가 감소한다. 초기에는 신경과민 반응을 보이고 영양불량이 진행되면 발, 다리, 얼굴 부종이 흔하며 심한 경우 푹 들어가서 나오지 않는 함몰부종이 나타나고 모발은 건조하고 잘 부서지며, 윤기가 없고 통증 없이 쉽게 빠진다. 또 다른 징후는 '깃발징후flag sign'라 부르는 머리카락의 탈색과 성장부진이다.

(2) 마라스무스

마라스무스는 에너지와 단백질이 결핍된 상태로 성장기 어린이에게서 대표적으로 나타난다. 심한 체중 감소와 골격근육의 소모, 지방조직 손질로 성장부진이 나타나고 피골이 상접한 상태를 보인다. 콰시오커와 달리 부종이나 면역계 손상이 없고 혈청단백질 농도도 비교적 정상으로 유지된다.

(3) 심한 단백질-에너지 영양불량

심한 단백질-에너지 영양불량은 콰시오커와 마라스무스 증상이 복합적으로 나타나고 감염 발생이 빈번하다. 주로 에이즈, 일부 암, 알코올중독, 위장관질환, 마라스무스 상태에서 외상이나 수술이 시행된 경우에 많이 나타난다.

☰ 표 6-7 단백질-에너지 영양불량의 특징 비교

구분	콰시오커	마라스무스	심한 PEM
주요 원인	주로 단백질 결핍	기아 상태 에너지와 단백질 모두 결핍	마라스무스 환자가 심한 스트레스에 노출된 경우
체중	비교적 정상	감소 • 표준체중의 < 80% • 지난 6개월간 10% 이상의 체중 감소	표준체중의 < 60%
골격근육	뚜렷한 감소 없음	감소	감소
지방조직	유지	감소	감소
혈청단백질	감소 • 혈청알부민 < 3.0 g/dl • 혈청트랜스페린 < 180 mg/dl	비교적 정상	감소 혈청알부민 < 3.0 g/dl
면역기능	감소	감소	감소
부종	피부 및 모발의 탈색과 함께 영양성 부종	없음	피부와 모발의 탈색이 동반되지 않은 부종

출처 : Centers for Disease Control and Prevention. International Classification of Diseases, 9th revision. Clinical Modification, ICD-9-CM

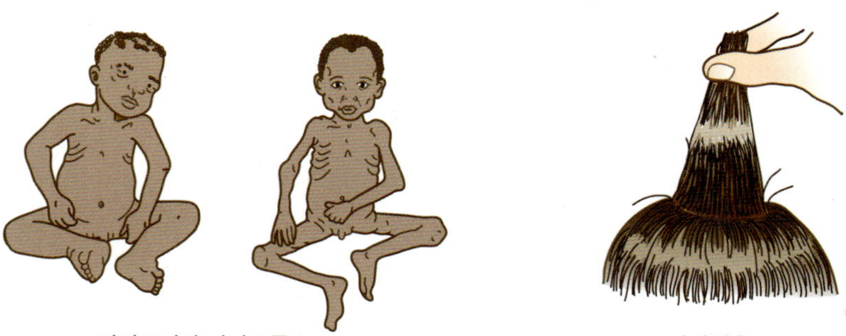

콰시오커와 마라스무스 깃발징후

그림 6-2 | 단백질-에너지 영양불량의 징후

3) 아동과 성인의 영양불량

아동과 청소년의 단백질-에너지 영양불량 정도는 연령 대비 체중과 신장 측정치를 사용하여 분류할 수 있다. 신장 대비 체중의 상태는 현재의 영양상태를 확인할 수 있는 간편한 지표이며, 연령 대비 신장의 상태는 과거의 영양상태를 잘 반영해준다. 따라서 소모wasting는 신장 대비 체중 부족에 대한 용어로 사용할 수 있고, 발육지체stunting는 연령 대비 저신장의 의미로 사용할 수 있다표 6-8.

표 6-8 아동과 청소년의 영양불량 분류

분류	신장 대비 체중	연령 대비 신장
정상	90~110%	95~105%
경도 결핍	80~89%	90~94%
중증도 결핍	75~79%	85~89%
심한 결핍	< 75% 또는 부종 동반	< 85%

출처 : David C. Nieman. Nutritional assessment, 7th ed. McGraw-Hill(2019)

성인의 경우 단백질-에너지 영양불량의 중증도를 평가하는 간단한 접근법은 체질량지수이다. 체질량지수가 성인만을 위한 지표는 아니지만 연령에 따른 영양불량 중증도를 평가할 수 있다표 6-9.

표 6-9 체질량지수를 이용한 영양불량 분류

연령	체질량지수	분류
18세 이상	< 16.0	심한 결핍
	16.0~16.9	중증도 결핍
	17.0~18.4	경도 결핍
	≥ 18.5	정상

연령	체질량지수	분류
14~17세	14.5~16.5	결핍 존재
	< 14.5	심한 결핍
11~13세	13.5~15.0	결핍 존재
	< 13.5	심한 결핍

출처 : Rosalind S. Gibson. Nutritional Assessment: A Laboratory Manual. Oxford University Press(1993)

4) 비타민과 무기질 영양불량

영양소 섭취량이 감소하거나 체내 요구량이 증가하면 체내 저장량을 이용하게 되며 이마저 고갈되어 장기간 유지하면 생화학적 검사이상과 함께 영양소 결핍이 뚜렷한 임상증세가 나타난다. 반면 필요량 이상의 영양소를 과잉 섭취하게 되면 신체저장량이 포화되고 과잉 축적된 영양소가 인체에 영향을 미쳐 과잉의 여러 임상증상을 유발한다표 6-10, 11.

표 6-10 비타민 결핍과 과잉에 따른 신체적 징후

항목	생리적 기능	결핍 징후	과잉 징후
비타민 A	시각의 정상화, 상피조직의 정상분화, 항산화 작용	야맹증, 결막건조증, 각막건조증, 상피조직 퇴화, 비토반점	구토, 오심, 두통, 설사, 식욕부진, 건조한 피부, 체중 감소, 탈모, 자연유산, 기형아 출산, 신경과민
비타민 D	칼슘대사 및 뼈대사	구루병, 골연화증, 골다공증	갈증, 피로, 구토, 체중 감소, 고칼슘혈증, 고칼슘뇨증, 연조직이 석회화로 손상됨
비타민 E	항산화제, 지질의 산화 방지, 적혈구 세포막 보호작용	용혈성빈혈, 저체중아, 미숙아, 낭포성섬유종	비타민 K의 혈액응고작용 방해, 위장장애, 설사, 지방간, 두통, 피로감, 근육 약화
비타민 K	혈액응고 촉진	혈액응고장애, 신생아 출혈	알려진 바 없음

항목	생리적 기능	결핍 징후	과잉 징후
비타민 C	콜라겐 합성, 카르니틴 합성, 신경전달물질 합성	괴혈병, 점상출혈, 권태감	메스꺼움, 복통, 설사, 통풍, 두통
비타민 B_1	당질대사의 보조효소	건성 각기병: 신경장애 습성 각기병: 식욕부진, 소화불량	알려진 바 없음
비타민 B_2	당질, 지질, 단백질 에너지대사의 보조효소 형태로 작용, 전자전달계에 작용	구순염, 구각염, 설염, 지루성 피부염	알려진 바 없음
니아신	당질산화, 지방산 생합성 전자전달계 작용	펠라그라(피부염, 설사, 치매)	모세혈관 확장, 피부충혈, 불규칙한 심장박동, 저지방혈증, 고혈당증, 두통, 소화기장애
비타민 B_6	아미노산대사의 보조 효소, 트립토판에서 니아신 전환	빈혈, 체중감소, 우울증, 피부염, 구각염, 근육경련, 신경과민, 설염	무력감, 불면증, 불안정, 손발 무감각증, 운동실조
엽산	DNA 염기 합성 메티오닌 합성	거대적아구성빈혈(악성빈혈), 뇌신경관 손상 신생아 출산	악성빈혈 증세, 신장 비대
비타민 B_{12}	메티오닌 합성 DNA 합성 신경세포 정상 유지	거대적아구성빈혈(악성빈혈), 신경계 손상	다혈구혈증, 여드름성 발진

출처 : David C. Nieman. Nutritional assessment, 7th ed. McGraw-Hill(2019)

☰ 표 6-11 무기질 결핍과 과잉에 따른 신체적 징후

항목	기능	결핍 징후	과잉 징후
철	골수의 조혈작용을 도움, 헤모글로빈과 미오글로빈의 구성 성분	철결핍성빈혈(피부창백, 피로, 허약, 호흡곤란, 식욕부진)	혈색소증

항목	기능	결핍 징후	과잉 징후
칼슘	골격과 치아구성, 혈관과 근육의 수축과 이완, 신경흥분 증가, 혈액응고, 대사조절	골다공증, 골연화증	신장결석
요오드	갑상선호르몬의 구성 성분	갑상선종, 크레틴병	갑상선기능항진증
셀레늄	항산화작용, 효소의 구성 성분	근육통, 심장근병, 성장 지연	복통, 오심, 구토, 혼수, 간세포 손상, 윌슨병
아연	효소의 구성 요소, 면역기능, 성장인자, 상처 회복	상처회복 지연, 미각 및 후각 저하, 식욕부진, 성장 지연, 탈모증, 피부염, 면역기능 저하, 소아구성 빈혈	경련, 구토, 복통, 현기증, 혼수, 면역기능 억제, 간세포 손상
구리	효소의 구성요소, 철의 흡수와 이용을 도움	면역기능 저하, 적혈구 감소, 성장장애, 당내성 저하	윌슨병
불소	충치예방, 골다공증 예방	충치	치아 반점

출처 : David C. Nieman. Nutritional assessment, 7th ed. McGraw-Hill(2019)

C H A P T E R

7

생애주기별 영양판정

C H A P T E R

7

생애주기별 조사대상자의 특성을 파악하여 연령별 신체계측 조사, 식사섭취 조사, 임상조사, 생화학적 조사를 반영하는 것을 이해하고, 각 대상에 적합한 영양조사 방법을 적용할 수 있다.

학습목표

- 유아 및 아동의 영양판정을 설명할 수 있다.
- 청소년의 영양판정을 설명할 수 있다.
- 성인의 영양판정을 설명할 수 있다.
- 임신부의 영양판정을 설명할 수 있다.
- 노인의 영양판정을 설명할 수 있다.

1. 생애주기별 영양판정의 개요

1) 생애주기별 영양판정의 특징

연령별 영양조사를 실시할 때는 조사대상자에 따라 목적과 예산, 시간 등 영양판정 방법과 내용이 다르다. 여러 가지 조사를 많이 한다고 좋은 것은 아니기 때문에 가능한 최소한으로 원하는 목적을 달성하기 위해 항목별 조사가 이뤄진다. 사전에 조사대상자의 연령에 맞도록 영양상태 반영 여부를 세심하게 조사한다.

특히 다양한 연령별 조사대상자에게는 각 대상에 맞는 영양조사 방법을 적용해야 한다. 왜냐하면 연령에 따라 필요로 하는 영양소 수준과 영양불량의 위험도 및 영양불량을 나타내는 임상징후도 다르기 때문이다. 즉 연령에 따라 조사대상자의 영양문제가 다르게 나타나므로 각 대상에 따라 영양판정을 위한 조사내용도 다른 것이다. 예를 들어 성장기에는 신체계측을 하는 것이 단백질-에너지 영양상태를 판정하는 데 매우 중요하지만, 성장이 끝난 성인의 경우에는 그렇지 않다. 이처럼 연령에 따라 다른 영양문제가 나타나기 때문에 각 대상에 따라 영양판정을 위한 조사내용도 달라야 한다.

2) 생애주기별 영양판정의 목적 및 목표

생애주기별 영양판정의 목적은 연령별 특징을 파악하여 식사섭취조사를 하고 신체구성성분을 측정하여 임상조사 및 생화학적 조사로 영양상태를 판정하는 것이며 구체적인 판정방법은 표 7-1과 같다.

표 7-1 생애주기별 영양상태 판정방법

생애주기	식사섭취 조사		신체계측 조사		생화학적 조사		비영양학적 변수	
	초기평가	심화평가	초기평가	심화평가	초기평가	심화평가	초기평가	심화평가
임신기	회상법, 섭취빈도 조사법	실측법, 반정량 식품섭취 빈도법, 식사력 조사	신장, 체중, 체중 증가량	상완위, 피부두겹 두께	Hb, Hct, 혈당, 요당 정성검사	Transferrin, Ferritin, Al-bumin, 혈액 지방 성상, 엽산, 기타 미량 영양소	병력, 자녀수, 임신력, 관련 위험 요인 조사, 영양지식, 혈압, 맥박, 영양보충제	심전도, 가슴 X-ray
영유아기	섭취빈도 조사법, 유즙 섭취량(보충식 급식 조사)	회상법, 관찰법, 실측법	신장, 체중, 출생 시 체중	두위, 흉위 상완위, 성장속도		Hb, Hct	임상기록, 병력, 가족력, 어머니의 영양지식, 모유/인공영양	혈압, 이유기, 섭식행동
청소년기	회상법, 섭취빈도 조사법, 식습관조사	실측법, 반정량 식품섭취 빈도법, 식사력 조사	신장, 체중, BMI	상완위, 피부두겹두께, 성장 속도	Hb, Hct, 요단백, 요당검사	Transferrin, Ferritin, Zn, 소변 내 Ca, 결핍이 우려되는 미량영양소	병력, 식품 환경 평가, 체중감량 경험, 혈압, 영양보충제	BIA, 골밀도, 손목, X-ray
성인기	회상법, 섭취빈도 조사법, 식습관조사	실측법, 반정량 식품섭취 빈도법, 식사력 조사	신장, 체중, 팔목둘레, 허리엉덩이 둘레비, 비만도	상완위, 피부두겹두께	Hb, Hct, 요당, 혈당 정성검사	혈액 지방 성상, Transferrin, Ferritin, 내당능 검사, 기타 미량 영양소	질병 가족력, 혈압, 영양 보충제	심전도, BIA, 골밀도
노년기	섭취빈도 조사법, 식습관조사	관찰법, 실측법, 식사력 조사	신장, 체중, 비만도, 허리엉덩이 둘레비	피부두겹 두께, 상완위 (무릎길이)	Hb, Hct, 요당, 혈당 정성검사	혈액 지방 성상, Transferrin, Ferritin, 내당능 검사	영양보충제, 혈압, 주거 환경, 앓고 있는 질병, 장애, 청력, 시력	심전도, BIA, 골밀도

출처: 승정자 외. 영양판정. 청구문화사. p. 228

2. 유아 및 아동의 영양판정

영유아기는 출생 후 일생에서 가장 성장이 빠른 시기로 영양상태와 성장속도의 관계가 중요하다. 이 시기의 영양상태는 임신기간 동안 태아와 모체의 영양상태 및 산모의 과거와 현재의 영양상태, 그리고 수유형태와 방법 등에 의해 영향을 받는다. 영유아기의 만성적인 영양결핍은 성장 저하를 초래하므로 영양불량의 예방에 유념해야 한다.

아동기는 각 영양소의 절대적인 필요량이 증가하는 시기로 성장과 관련된 필수 영양소의 충분한 공급 여부를 평가하는 게 중요하다. 이 시기에는 특정 식품을 좋아하고 싫어하는 자기 고집이 생기면서 아동의 식습관 형성에 영향을 주기 시작한다. 특히 아동기에는 학교생활을 통해 지식 수준이나 생활습관에 영향을 받으면서 간식의 시간과 형태, 학교급식의 식사 종류 등에 따라 식생활의 변화가 나타난다. 또한 친구로부터 식생활에 영향을 받는 부분이 커지면서 식습관에 영향을 미치는 요인을 고려해야 한다.

유아 및 아동의 영양상태는 신체의 성장발달에 직접적인 영향을 주며, 심각한 영양부족 상태는 뇌의 성장과 발달에도 영향을 미칠 수 있기에 지속적인 영양관리가 필요하다.

1) 신체계측

영유아 및 아동의 대표적인 영양판정은 성장의 정도를 측정하는 신체계측이다. 성장의 지표가 되는 기본 방법은 누운 키, 신장, 체중, 머리둘레의 측정과 영양상태의 정도가 밀접하게 연관된다. WHO에서 권장하는 발달단계별 권장하는 신체계측 부위는 1세까지는 신장과 체중, 1~5세는 신장, 체중, 이두근과 삼두근의 피부두겹두께, 상완둘레이고, 5세 이후의 유아 및 아동은 신장, 체중, 삼두근 피부두겹두께를 측정하여 일반적인 영양조사에 반영한다.

측정한 신체계측치는 한국 소아 · 청소년 표준성장도표에 제시된 연령별, 성별 평균치 또는 성장발육표를 기준으로 판정한다. 이는 개인의 정상적인 성장 여부 및 지연 정도를 알아볼 뿐만 아니라 비만 가능성 및 비만 여부를 판정한다. 또한 측정치들 간의 불균형 또는 급격한 감소 등의 문제 여부를 알아내는 자료로 사용된다.

머리둘레는 2세까지는 신장의 증가와 밀접한 관계가 있지만 그 이후로 영양판정에 적용하는 것은 비효율적이다. 가슴둘레는 연조직을 측정하는 방법으로 체중 증가와 관련이 깊고 영양 불량에 더 민감하다. 대체로 가슴-머리둘레의 비율은 나이가 증가할수록 커지는데 단백질-에너지 영양불량protein-energy malnutrition, PEM인 유아 및 아동의 가슴둘레는 감소하고 상대적으로 머리둘레는 커져서 그 비율이 1 이하가 된다.

신장은 골격의 성장을 측정하는 지표로 2세 미만의 유아는 누운 키, 2세 이상의 유아 및 아동은 선 키를 측정한다. 성장곡선과 비교했을 때 측정치가 5와 95 백분위수 값 사이면 정상 범위에 속하고 이 범위를 벗어나면 자세한 평가를 권장한다.

체중은 영양상태를 판정하는 가장 기본적인 지표로 출생 후 12개월까지 성장속도가 가장 빠르다. 출생 시와 비교해서 3~4개월에는 2배, 12개월에는 3배 정도 증가한다. 영유아의 체중은 건강상태를 판단하는 데 영향을 미치고 영양요구량 및 약물의 용량을 결정하는 데도 사용된다. 대한소아과학회는 신장, 체중, 흉위 및 두위 등을 측정하여 각 연령층의 남녀 표준치를 제시하고 있다.

신장에 비해 체중이 적을 경우는 영양불량 상태이며, 나이에 비해 신장이 작은 경우는 만성적인 영양부족을 의미하지만 운동과 유전적 요인이 영향을 줄 수 있다. 단백질-에너지 영양불량에 대한 평가에서는 연령에 대한 체중 비교보다 신장에 대한 체중 비교가 더 유용한다.

유아 및 아동은 성장 정도 이외에 비만 가능성을 평가하는 것도 중요하다. 신장별 체중, 뢰러지수, 카우프지수, 상완둘레, 삼두근 피부두겹두께 등을 측정하여 비만 여부를 판정한다. 신체계측 결과에 따른 평가기준은 표 7-2와 같다.

표 7-2 영유아 및 아동의 신체계측지수 및 비만 판정기준

종류	산출식	판정기준	
비만도	비만도(%) = $\frac{\text{실측체중} - \text{신장별 표준체중}}{\text{신장별 표중체중}} \times 100$	90 미만	저체중
		90~110	정상체중
		110~120	과체중
		120~130	경도비만
		130~150	중등도비만
		150 이상	고도비만
카우프지수	카우프 지수 = $\frac{\text{체중(g)}}{\text{신장(cm)}^2} \times 10$	1세 미만	
		15 미만	영양불량
		15~18	정상
		18~20	비만 경향
		20 이상	비만
뢰러지수	뢰러 지수 = $\frac{\text{체중(kg)}}{\text{신장(cm)}^3} \times 10^7$	92 미만	매우 마름
		92~110	마름
		110~140	정상
		140~156	비만
		156 이상	고도비만
체질량지수	체지량 지수 = $\frac{\text{체중(kg)}}{\text{신장(m)}^2}$	85백분위수 미만	정상
		85~95백분위수	과체중 위험
		95백분위수 이상	과체중
삼두근피부 두겹두께	캘리퍼를 이용하여 왼쪽 위 팔뚝의 뒷부분 중 한가운데를 측정	5백분위수 미만	영양결핍
		5~90백분위수	정상
		90백분위수 이상	비만 경향
		95백분위수 이상	비만

종류	산출식	판정기준	
허리 엉덩이둘레비	$\text{WHR} = \frac{\text{허리}}{\text{엉덩이}}$	0.85 이하	정상
		0.85~0.90	과체중
		0.91 이상	비만

출처: 승정자 외. 영양판정. 청구문화사. p.p3

2) 식사조사

영아의 식사조사는 유즙과 이유 보충식의 섭취량 조사를 포함한다. 어머니의 자가기록이나 면접을 통해 과거 섭취량, 조제유의 종류와 상품명에 대한 조사와 함께 하루 영양섭취량을 산출한다. 식사 평가는 아동의 성장, 사회 경제적 환경, 식습관 및 식사 태도 등에 관한 정보와 부모 및 가족과의 관계에 대한 평가도 필요하다. 세부적인 항목으로는 수유방법, 수유횟수와 양, 활동 정도 및 상황, 식욕, 영양보충제의 섭취 여부, 고형음식의 시작 시기와 종류, 식사와 관련된 문제점, 가족력 및 가족의 식습관, 식품 알레르기 등이 있다.

아동의 식사조사는 식사의 규칙성, 식습관, 식품의 유용성 및 영양강화식품 섭취조사가 필요하다. 아동은 1일 3식의 규칙성이 확립되면서 전체 영양소 섭취에서 간식이 차지하는 비중이 크다. 이 시기에는 식사시간과 양, 종류뿐만 아니라 간식의 섭취량, 종류 및 횟수를 조사한다. 아동기는 자신만의 식습관이 형성되는 시기이므로 전체 식사 패턴을 조사한다. 또한 이식증pice이 있는지 확인하고 우유를 싫어하거나 특정 채소를 먹지 않는지 조사하여 영양소 섭취량을 알아보아야 한다. 또한 아침식사 습관, 결식횟수, TV 시청 시간과 습관, TV 광고 등을 조사하여 아동의 식사와 간식 섭취에 미치는 영향을 조사한다. 아동의 식습관 조사에서는 부족하기 쉬운 영양소의 정확한 섭취상태와 에너지, 단백질, 철, 칼슘 등의 급원식품 사용과 섭취량에 중점을 두고 조사한다.

아동의 식품 유용성을 알아보기 위해서는 가정에서 아동을 위한 식품 구매력과 식품

종류를 조사한다. 또한 영양소가 강화된 식품을 아동에게 공급하는지 조사하고 특히 성장과 발달에 관련된 칼슘, 철, 비타민 C와 같은 영양소를 중점적으로 조사한다. 또한 아동의 전반적인 영양소 섭취 생활을 파악할 수는 있으나 정확한 식사 섭취량을 추정할 수는 없기에 아동의 섭취 실태를 더욱 자세히 조사할 경우에는 영양소별 섭취량을 조사한다. 유아나 저학년 아동의 경우에는 어머니나 선생님을 통해 조사하거나 사진이나 비디오를 이용하여 간접적으로 조사하지만, 초등학교 고학년의 경우에는 24시간 회상법을 통해 직접적으로 식사 섭취를 조사한다.

국민건강영양조사에서 실시하는 영유아 및 학동기 어린이의 영양조사 내용은 표 7-3과 같다. 또한 20개의 문항으로 구성된 어린이 영양지수nutrition quotient, NQ를 평가하여 식사의 균형성 · 다양성 · 절제성 · 규칙성 · 실천성 영역에서 어린이의 식생활과 영양 상태를 진단할 수 있다표 7-4.

표 7-3 국민건강영양조사에 따른 영유아 및 아동기 어린이의 영양조사

종류	대상	내용
식생활 조사	영아기(만 1~3세)	수유 상황 및 이유 실태
	만 1세 이상	식습관, 영양 표시 활용, 식생활 실천지침 등
식품섭취량 조사	만 1세 이상	1일 동안 섭취한 음식 또는 식품섭취량 조사
식품섭취빈도 조사	만 12세 이상	지난 1년간 주요 식품의 섭취빈도 조사

표 7-4 미취학 어린이(만 3~5세) 영양지수 조사지 평가문항 및 결과 산출방법

번호	내용
1	귀하의 자녀는 한 번 식사할 때 채소류 반찬(김치 포함)을 몇 가지나 먹습니까?
2	귀하의 자녀는 과일을 얼마나 자주 먹습니까?
3	귀하의 자녀는 흰 우유를 얼마나 자주 마십니까?
4	귀하의 자녀는 콩이나 두부(두유 포함)를 얼마나 자주 먹습니까?

번호	내용
5	귀하의 자녀는 육류(쇠고기, 돼지고기, 닭고기, 오리고기 등)를 얼마나 자주 먹습니까?
6	귀하의 자녀는 생선을 얼마나 자주 먹습니까?
7	귀하의 자녀는 햄, 소시지 등의 가공육류를 얼마나 자주 먹습니까?
8	귀하의 자녀는 피자나 햄버거를 얼마나 자주 먹습니까?
9	귀하의 자녀는 과자(초콜릿, 사탕 포함) 또는 달거나 기름진 빵(케이크, 도넛, 단팥빵 등)을 얼마나 자주 먹습니까?
10	귀하의 자녀는 가공육류를 얼마나 자주 먹습니까?
11	귀하의 자녀는 아침식사를 얼마나 자주 하십니까?
12	귀하의 자녀는 돌아다니지 않고 식탁(밥상)에 앉아서 먹습니까?
13	귀댁에서는 자녀가 바른 식생활을 하도록 도와주십니까?
14	귀하의 자녀는 음식을 먹기 전에 손을 씻습니까?
15	귀하의 자녀가 TV, 스마트폰, 아이패드, 컴퓨터 등을 보는 시간을 합하면 하루에 얼마나 됩니까?
16	귀하의 자녀는 운동을 얼마나 자주 합니까?

평가치 산출방법

	등급기준			
	상 (75 ~ 100%)	중상 (50 ~ 75%)	중하 (25 ~ 50%)	하 (0 ~ 25%)
균형	67.7 이상	61.9 ~ 67.6	55.1 ~ 61.8	55.0 이하
절제	61.1 이상	49.5 ~ 61.0	38.3 ~ 49.4	38.2 이하
환경	83.4 이상	73.9 ~ 83.3	61.5 ~ 73.8	61.4 이하

※ 미취학 어린이 영양지수 점수 산출방법에 대한 상세 설명은 한국영양학회 홈페이지 참조

출처: 한국영양학회. http://www.kns.or.kr/FileRoom/FileRoom.asp?BoardID=Nq

표 7-5 학령기 어린이 영양지수 조사지 평가문항

번호	내용
1	식사할 때 쌀밥보다 잡곡밥을 자주 먹나요?
2	식사할 때 채소 반찬은 몇 가지나 먹나요?
3	김치는 얼마나 자주 먹나요?
4	과일은 얼마나 자주 먹나요?
5	흰 우유는 얼마나 자주 먹나요?
6	콩이나 콩제품(두부, 두유, 콩국수)은 얼마나 자주 먹나요?
7	달걀은 얼마나 자주 먹나요?
8	단 음식(초콜릿, 사탕, 탄산음료)은 얼마나 자주 먹나요?
9	패스트푸드(피자, 햄버거, 등)는 얼마나 자주 먹나요?
10	라면은 얼마나 자주 먹나요?
11	아침식사는 얼마나 자주 하나요?
12	매끼 식사는 정해진 시간에 하나요?
13	식사할 때 반찬을 골고루 먹나요?
14	식사할 때 음식을 꼭꼭 씹어 먹나요?
15	야식은 얼마나 자주 먹나요?
16	길거리 음식은 얼마나 자주 사 먹나요?
17	가공식품을 살 때 영양성분 등 식품 표시를 확인하나요?
18	음식을 먹기 전에 손을 씻나요?
19	하루에 TV 시청과 컴퓨터 게임을 합쳐서 어느 정도 하나요?
20	하루에 운동(등하교 시 걷기 포함)은 어느 정도 하나요?

번호	내용				
		학령기 어린이 영양지수 등급기준			
		상 (75 ~ 100%)	중상 (50 ~ < 75%)	중하 (25 ~ < 50%)	하 (0 ~ < 25%)
평가치 산출방법	균형	78.4 이상	68 ~ 78.3	56.5 ~ 67.9	56.4 이하
	절제	70.1 이상	55.8 ~ 70	42.8 ~ 55.7	42.7 이하
	다양	82.1 이상	67.8 ~ 82	52.7 ~ 67.7	52.6 이하
	실천	83.7 이상	69.1 ~ 83.6	56.4 ~ 69.0	56.3 이하
	환경	99.2 이상	82.2 ~ 99.1	63.3 ~ 82.1	63.2 이하
	※ 학령기 어린이 영양지수 점수 산출방법에 대한 상세 설명은 한국영양학회 홈페이지 참조				

출처: 한국영양학회. http://www.kns.or.kr/FileRoom/FileRoom.asp?BoardID=Nq

3) 임상조사

영유아 및 아동에게 나타나는 영양불량의 임상적 증상은 모든 연령층에서 나타나는 증상과 동일하다. 영아의 경우는 주기적으로 외형적인 변화를 좀 더 주의깊게 살피고 특정 영양소의 부족증이 일어나지 않도록 빠른 영양보충을 실시한다. 영양결핍 증상에 대해 질병으로 잘못 판단하거나 무시하지 않도록 전문가에게 신체 부위의 특정 증세 유무를 진단받아야 한다. 또한 영양불량을 동반한 외모와 행동의 변화에 대해서도 부모나 전문가에 의해 세심히 관찰하도록 한다. 예를 들어 비타민 B군과 비타민 A의 영양 상태를 조사하기 위해 피부의 색, 형태, 탄력성, 혀와 입술 및 안구의 상태를 살핀다. 이 외에 충치를 조사하고 고학년인 경우는 혈압 측정과 함께 고지혈증이나 당뇨병 예방을 위해 가족력을 조사한다.

4) 생화학적 조사

빈혈은 영유아 및 아동에게 가장 흔히 나타나는 영양문제이다. 생후 6개월까지는 출생 전 체내 저장한 철로 인해 철 결핍이 나타나지 않으나 그 이후부터는 헤모글로빈, 헤마토크리트, 트랜스페린, 트렌스페린 포화도 등을 측정하여 철 결핍성 빈혈 여부를 진단해야 한다. 영유아에게 혈액검사를 할 경우는 채혈침을 사용하여 손가락 끝이나 귓불에서 소량의 혈액을 채취하여 헤모글로빈, 헤마토크리트 정도만 검사하는 것이 일반적이다. 아동에게는 연령에 적합한 판정 기준치를 사용하여 모든 생화학적 조사가 가능하다.

단백질과 열량의 결핍 정도를 알아보기 위해서는 영양상태 평가 시 가장 널리 이용되는 혈청 알부민 지표를 이용한다. 콰시오카의 경우는 단백질 섭취의 절대 부족으로 혈청 알부민 수치가 감소되어 전신에 부종을 일으키지만, 열량이 부족해서 발생하는 마라스무스의 경우는 혈청 알부민 수치가 정상 수준으로 나타난다.

3. 청소년의 영양판정

청소년의 급격한 성장과 발달은 호르몬의 변화와 함께 신체 생리에도 큰 변화가 나타난다. 이 시기는 영아기 이후 가장 빠른 성장시기로 성장 발육의 속도 증가와 함께 식욕도 왕성해지고 식사량도 증가한다. 만일 이 시기에 충분한 영양을 섭취하지 못하면 성장속도가 저하될 뿐만 아니라 성숙속도도 지연된다. 청소년기의 남학생은 근육량이 증가하고 여학생은 체지방량이 증가하면서 남성과 여성의 구분이 뚜렷해지기 시작한다. 또한 이 시기에는 학업에 대한 스트레스와 아침식사 결식, 편식 등으로 인한 영양불량 문제와 패스트푸드 선호, 운동 부족 등으로 인한 에너지 과잉 문제가 발생하기 쉽다. 특히 외모에 대한 지나친 관심으로 무리한 식사조절을 시도하여 영양불량을 초래하는 등 다양한 영양문제의 양극화 현상이 심각하게 나타날 수 있다.

만성질환은 장기간에 걸친 흡연, 음주, 부적절한 식습관, 신체활동 부족 등을 원인으로 발병하는 만큼 청소년기는 건강에 유해한 흡연이나 음주 등의 기호식품을 섭취할 수 있는 시기로 세심한 주의가 요구된다. 무엇보다 청소년기에 확립되는 올바른 건강 행태를 위한 표준화된 영양판정법과 기준 확립이 중요하다.

1) 신체계측

청소년기의 체위조사에서는 전체적인 균형과 함께 일반적인 체위조사를 할 수 있다. 신장, 체중, 삼두근 피부두겹두께 등 성인에서와 같은 체위조사를 하며 이것을 성별, 연령별 체중기준치와 신장기준치, 신장-대비-체중 비율과 비교한다. 또한 청소년의 근

표 7-6 거식증 및 탐식증의 특징

항목	거식증(anorexia)	폭식증(bulimia nervosa)
체중 변화 및 인식 측면	• 짧은 기간 동안의 급격한 체중 감소 • 체중감량의 목표를 달성한 뒤, 새로운 감량 목표 설정 • 마른 체격인데도 불구하고 살이 쪘다고 불평함	• 최근 폭식으로 인한 체중 증가 • 다른 사람에게 다이어트 중이라고 말하지만 여전히 체중이 많이 나감 • 몸무게가 5~8kg 범위 내에서 자주 변함
음식 섭취 형태 및 심리적 측면	• 음식을 매우 적게 먹는데도 배가 고프지 않음 • 혼자 있는 시간이 많고 식사도 혼자 하는 것을 좋아함 • 식사에 대한 강박감을 갖고 있기에 음식을 너무 오래 씹는다든지 아주 작은 조각으로 잘게 오래 먹음 • 자신이 불행하다고 생각하고 대부분의 경우 우울증상을 보임	• 남몰래 음식을 많이 먹음 • 음식을 많이 먹고 난 후에 자신을 비관함 • 폭식습관이 있다는 것을 알면서도 그것을 조절하지 못해 괴로워함 • 우울해하고 비관적인 생각을 갖고 있음 • 뺨의 침샘이 부어 얼굴이 동그랗게 변함 • 체중과 체형이 자신의 이미지를 결정하는 제1요소라고 생각하며 체중문제가 생활의 주된 관심사가 되고 있음
신체적 및 사회적 측면	• 월경이 중단되고 있음 • 머리카락이 빠지고 체온이 내려감 • 학업 성적을 올리려고 지나치게 노력함	• 과체중 또는 비만으로 인해 사회적·육체적 활동이 위축되어 있음 • 피로한 증상을 자주 보임 • 이를 자주 닦아도 충치가 생김 • 목이 아프다거나 근육통을 호소함

육둘레를 조사하기 위하여 상완둘레나 상완근육면적 측정이 좋은 지표가 될 수 있고 성장속도를 조사하기 위해서는 신장과 체중을 측정하여 기준치와 비교할 수 있다.

청소년의 체중상태 평가는 단계별 심화 측정을 하는 경우가 있다. 먼저 신장과 체중을 측정하고 측정치를 신장별 체중 백분위수 값과 비교하여 25~75 백분위수일 때는 정상체중으로 하고 그 범위를 벗어나는 경우는 삼두근 피부두겹두께를 측정하여 기준치와 비교하여 위험군을 찾아낸다. 이 조사에서 위험군에 속하는 사람은 지속적인 관리가 필요하고 근육조직과 체지방 백분율 측정에 단계별 심화측정이 필요하다.

청소년의 비만판정은 비만판정지수나 상대체중을 이용하여 판정하고 체질량지수를 사용하기도 하지만, 국내외적으로 정확한 판정기준에 대한 논란이 많은 상태이다. 우리나라는 질병관리본부, 대한소아과학회에서 체질량지수의 백분위수를 제시하고 있다. 과체중이나 비만인 청소년은 건강 관련 위험요인에 대한 조사가 필요하다. 이전과 비교하여 체질량지수의 상승 정도, 당뇨병 및 비만에 대한 가족력, 심장병, 혈압, 혈청 콜레스테롤, 체중에 대한 비정상적인 관심 등을 조사하여 심도 있는 영양판정 조사 및 중재가 필요하다.

그림 7-1 | 섭식장애 환자의 왜곡된 신체상에 대한 사례

출처: 유튜브 영상. https://www.youtube.com/watch?v=HWuY86rO2jI&feature=emb_title
(스웨덴의 섭식장애 캠페인 광고 영상, AB Kontakit The Mirror 40s ENG)

2) 식사조사

24시간 회상법을 비롯한 다양한 방법으로 각 영양소의 섭취량을 조사할 수 있다. 아침, 점심, 저녁의 세 끼 식사패턴을 조사하고, 간식의 섭취가 많은 시기이므로 간식 섭취량을 정확하게 조사한다. 식사구성안의 식품군별 균형 잡힌 식사를 섭취하고 있는지 조사한다. 청소년은 일반적으로 생활이 규칙적이어서 섭취한 식사나 간식의 종류와 양을 비교적 쉽게 기억할 수 있으므로 조사의 어려움은 없다.

성장기이므로 단백질과 철, 칼슘을 비롯한 미량영양소의 섭취를 중점적으로 조사한다. 에너지의 경우에는 비만을 일으킬 위험이 있는지를 알아보기 위해 튀김이나 피자와 같이 에너지가 높은 음식의 섭취실태를 조사한다. 약물 복용이나 알코올 섭취 실태 및 생활의 규칙성도 조사한다. 국민건강영양조사에서 실시하는 청소년 식생활지침 평가항목은 표 7-7과 같고, 청소년 영양지수nutrition quotient, NQ 조사지 평가항목은 표 7-8과 같이 평가하여 영양상태를 진단할 수 있다.

표 7-7 청소년(만 12~18세)용 영양지수 조사지 평가문항

번호	내용
1	한 번 식사할 때 채소류 반찬(김치 포함)을 몇 가지나 먹나요?
2	과일을 얼마나 자주 먹나요?
3	흰 우유를 얼마나 자주 마시나요?
4	콩이나 두부(두유 포함)를 얼마나 자주 먹나요?
5	생선을 얼마나 자주 먹나요?
6	라면(컵라면 포함)을 얼마나 자주 먹나요?
7	과자(초콜릿, 사탕 포함) 또는 달거나 기름진 빵(케이크, 도넛, 단팥빵 등)을 얼마나 자주 먹나요?
8	가공음료를 얼마나 자주 먹나요?
9	카페인 음료(커피, 에너지 드링크 등)를 얼마나 자주 마시나요?

번호	내용
10	아침식사를 얼마나 자주 하나요?
11	저녁식사 후 밤에 야식(간식이나 식사)을 얼마나 자주 하나요?
12	식사할 때 식탁(밥상)에서 먹나요?
13	식사할 때 반찬을 골고루 먹나요?
14	특별히 먹지 않는 식품이 있나요?
15	편의점, 분식점, 문방구, 학교매점 등에서 음식을 얼마나 자주 사 먹나요?
16	가공식품을 살 때 영양성분 표시를 확인하나요?
17	음식을 먹기 전에 손을 씻나요?
18	TV, 스마트폰, 아이패드, 컴퓨터 등의 사용 시간을 합하면 하루에 얼마나 되나요?
19	운동을 얼마나 자주 하나요?
20	자신의 체형이 어떻다고 생각하나요?
21	최근 3개월 중, 살을 빼려고 굶은 적이 있나요?

		청소년영양지수 등급기준					
		상 (75 ~ 100%)		중 (25 ~ < 75%)		하 (0 ~ < 25%)	
평가치 산출 방법	균형	71.9	이상	45.8	~ 71.8	45.7	이하
	절제	59.7	이상	36.6	~ 59.6	36.5	이하
	다양	69.2	이상	44.2	~ 69.1	44.1	이하
	실천	65.8	이상	40.8	~ 65.7	40.7	이하
	환경	87.9	이상	55.5	~ 87.8	55.4	이하

※ 청소년 영양지수 점수 산출방법에 대한 상세 설명은 한국영양학회 홈페이지 참조

출처: 한국영양학회. http://www.kns.or.kr/FileRoom/FileRoom.asp?BoardID=Nq

3) 임상조사

청소년들에게 심각한 건강문제로 대두되고 있는 것은 학교폭력, 음주, 흡연, 우울증

등이다. 청소년의 건강관리를 위하여 신체 이상증상의 항목에 해당하는 것이 있다면 의사에게 상담받도록 권한다. 여학생의 경우 초경의 시기로 외모에 대한 지나친 관심이 각종 섭식장애를 유발하여 월경불순이나 영양불량 등이 발생할 수 있으므로 잘 관찰한다. 머리카락이나 피부의 탄력성과 색상을 조사하고, 생활습관병이 시작될 수 있는 시기이므로 혈압을 측정하여 고혈압의 위험도를 조사하여 성인기에도 영향을 미칠 수 있는 부분을 사전에 관리하도록 한다.

4) 생화학적 조사

청소년들은 신체발달의 변화가 크고 개인차가 심하다. 급격한 성장발달에 따라 철결핍이 일어나기 쉬우므로 헤모글로빈과 헤마토크리트 수치로 빈혈을 조사한다표 7-8. 성적 성숙이 빠른 청소년은 아연의 영양상태에 영향을 줄 수 있기에 체내 아연의 농도 수치로 판정할 수 있고, 요당과 요단백 조사로 당뇨나 신장질환을 확인할 수 있다. 만일 가족력으로 심혈관계질환의 위험이 있다면 혈청 콜레스테롤을 측정하도록 한다. 최근에는 청소년의 음주와 흡연, 각종 약물 복용이 급증하고 있기에 혈액이나 요 검사를 통해 영양상태를 조사할 필요도 있다.

표 7-8 철결핍성 빈혈을 판정할 수 있는 헤모글로빈과 헤마토크리트 기준치

연령/성	헤모글로빈(g/dL)	헤마토크리트(%)
10~11세	< 11.5	< 34
12~14세	< 12.0	< 36
15세 이상 비임신 여성	< 12.0	< 36
임신 여성	< 11.0	< 33
남성	< 13.0	< 39

출처: WHO/UNICEF/UNU. Irondeficiency anemia assessment, prevention and control: A guide for program managers(2001)

4. 성인의 영양판정

성인기는 신체적, 생리적, 정신적, 정서적으로 성숙한 단계로 이 시기의 영양상태는 건강한 활동을 영위하고 삶의 질을 유지하는 데 필수적인 요소이다. 성인기는 건강한 노년의 삶을 위한 전제가 되므로 올바른 영양판정을 통해 조기에 질병과 건강의 위험요소를 찾아내어 예방하는 것이 중요하다.

신체적으로는 연령의 증가와 함께 체지방의 비율이 증가하는데 여성은 남성보다 체지방의 비율이 높다. 체단백질의 총량은 연령의 증가에 영향을 적게 받으나 비활동성 단백질량이 증가하고 활동성 단백질량은 줄어들면서 대사활동이 감소한다. 또한 성인기는 직장 및 사회활동이 활발하므로 외식, 흡연, 음주 및 스트레스 등은 증가하는 데 반해 운동량은 감소하기 쉬우므로 주기적인 영양판정을 통해 질병을 예방하고 건강을 증진시키는 식생활과 행동양식을 적극적으로 실천할 필요가 있다.

1) 신체계측

성인의 신체계측 조사를 통해 영양상태를 평가할 때는 계측치를 반영할 타당한 지표를 개발하고 적용해야 한다. 일반적으로 성인의 비만 측정은 판정지표에 따라 차이가 있기에 골밀도와 생체전기저항 측정법을 이용하여 체지방량을 측정한다. 이외에 체중, 신장, 상완둘레, 삼두근 피부두겹두께, 허리둘레와 엉덩이둘레를 함께 측정하여 영양상태와 만성퇴행성질환의 이환율, 체지방 분포 등을 알아본다. 이러한 성인의 신체계측 조사에 따른 한국 성인의 기준치 및 참고치를 활용하여 비만도 및 건강상의 위험도를 평가하는 데 유용하게 활용한다.

2) 식사조사

영양상태를 판정할 때 회상법, 빈도법, 실측법을 이용하여 영양소 섭취량과 식사의 질로 평가할 수 있다. 식사의 조사 내용은 규칙성, 적절성, 다양성 등과 함께 식사 장소와 내용, 외식의 빈도와 종류 등에 대해 알아본다. 성인의 식사패턴을 파악함으로써 대략적인 식사섭취 실태를 조사할 수 있기 때문에 직장생활과 잦은 회식, 아침식사 결식 등으로 인한 식생활 균형에 대한 문제도 파악할 수 있다. 또한 음주와 흡연, 커피 등 기호식품의 섭취에 대해서도 조사하여 만성질환과 관련 있는 특정 식품 및 영양소의 섭취 수준을 평가할 수 있다. 기타 사회 경제적 요인과 함께 식사 및 생활습관과 식품군에 대한 인지도, 건강에 대한 관심도, 건강식품 및 영양보충제 복용 여부 등을 통해 식사조사를 한다.

표 7-9 성인(만 19~64세)용 영양지수 조사지 평가문항

번호	내용
1	귀하는 한 번 식사할 때 김치를 제외한 채소류를 몇 가지나 드십니까?
2	귀하는 과일을 얼마나 자주 드십니까?
3	귀하는 우유 또는 유제품을 얼마나 자주 드십니까?
4	귀하는 콩이나 콩제품을 얼마나 자주 드십니까?
5	귀하는 계란을 얼마나 자주 드십니까?
6	귀하는 생선이나 조개류를 얼마나 자주 드십니까?
7	귀하는 견과류를 얼마나 자주 드십니까?
8	귀하는 라면류를 얼마나 자주 드십니까?
9	귀하는 패스트푸드를 얼마나 자주 드십니까?
10	귀하는 과자(초콜릿, 사탕 포함) 또는 달거나 기름진 빵(케이크, 도넛, 단팥빵 등)을 얼마나 자주 드십니까?
11	귀하는 가당음료를 얼마나 자주 마십니까?

번호	내용
12	귀하는 하루에 물을 얼마나 자주 마십니까?
13	귀하는 최근 일주일 동안 아침식사를 얼마나 자주 했나요?
14	귀하는 외식이나 배달음식을 얼마나 자주 드십니까?
15	귀하는 저녁식사 후 야식을 얼마나 자주 하십니까?
16	귀하는 평소에 편식을 얼마나 하십니까?
17	귀하는 평소에 건강에 좋은 식생활을 하려고 얼마나 노력하십니까?
18	귀하는 외식 시 또는 가공식품을 구입할 때 영양표시를 얼마나 확인하십니까?
19	귀하는 음식을 먹기 전에 손을 씻으십니까?
20	귀하는 30분 이상 숨이 찰 정도의 운동을 얼마나 자주 하십니까?
21	귀하는 본인이 얼마나 건강하다고 생각하십니까?
22	1년 동안 귀하의 식생활 형편은 어떠했습니까?
23	최근 1년 동안 영양교육 또는 영양상담을 받은 적이 있습니까?

평가치 산출 방법		성인 등급기준					
		상 (75 ~ 100%)		중 (25 ~ < 75%)		하 (0~ < 25%)	
	균형	47.7	이상	27.2	~ 47.6	27.1	이하
	다양	67.3	이상	46.1	~ 67.2	46.0	이하
	절제	78.8	이상	56.6	~ 78.7	56.5	이하
	식행동	56.5	이상	37.2	~ 56.4	37.1	이하

※ 성인 영양지수 점수 산출방법에 대한 상세 설명은 한국영양학회 홈페이지 참조

출처: 한국영양학회. http://www.kns.or.kr/FileRoom/FileRoom.asp?BoardID=Nq

3) 임상조사

영양상태 변화로 나타나는 신체징후를 조사하여 영양소 섭취량을 파악한다. 식생태 및 생활습관 조사에서 실시한 임상력과 식사력에 관한 사항, 신체계측 자료, 생화학적

검사자료들과 함께 통합하여 평가한다. 또한 임상조사에서는 만성질환의 가족력과 스트레스 요인, 운동능력에 대한 조사와 함께 피부, 모발, 치아, 잇몸과 구강 및 눈 건강을 검사한다. 중년여성의 경우는 골밀도검사를 통해 골다공증의 위험을 평가한다.

4) 생화학적 조사

식사 요인과 생화학적 지표 관계는 혈중 지질 검사, 혈압 검사, 당뇨 및 당대사 이상 검사, 간기능 검사, 신장기능 검사 및 철분 상태 검사 등의 결과를 분석하여 알 수 있다. 성인을 대상으로 생화학적 조사를 할 때는 총콜레스테롤, HDL-콜레스테롤, 중성지방 수치로 고혈압, 뇌혈관질환, 허혈성심장질환의 위험도를 알 수 있고, 공복혈당, 당화혈색소 수치는 당뇨 및 당대사 이상의 위험도를 알 수 있다. SGOT, SGPT 수치는 간질환의 위험도, BUN, 크레아티닌 수치는 신장 기능의 이상 여부를 판정하는 중요한 지표로 사용된다. 단, 성인의 생화학적 조사에 영향을 미치는 유전적 요소, 성별, 나이 등은 고려해서 평가해야 한다.

5. 임신부의 영양판정

임신부의 영양상태는 모체와 태아의 성장발육에 영향을 미친다. 특히 모체는 태아의 영양상태에 영향을 주어 출생 후의 체중과 성장과도 관련이 있기에 임신부의 영양판정을 통해 출생 후의 태아와 산모의 건강 유지에 도움을 줄 수 있다.

최근 연구에는 임신부의 영양불량으로 태아가 저체중인 경우에 소아비만이 될 확률이 높고, 성인이 되면 고혈압과 당뇨병 등의 발병률이 높다는 것이 밝혀져, 임신부 영양의 중요성이 강조되고 있다. 또한 모체의 임신 전 영양상태도 태아의 성장발달에 영향을 미치므로 태아의 영양불량을 예방하기 위해서도 가임기 여성의 영양과 건강증진이 필요하다.

☰ 표 7-10 임신부의 영양상태에 영향을 미치는 요인(영양적 위험이 높은 임신부)

구분	요인
연령	• 15세 이하 또는 35세 이상의 임신
체중	• 임신 전 체중이 표준체중의 < 85% 또는 > 120% • BMI가 < 19.8 또는 > 26.0인 경우 • 임신 제1기 이후에 매달 1 kg 이하의 불충분한 체중 증가 • 임신 제1기 동안에 매달 1 kg 이상의 지나친 체중 증가
과거의 임신력	• 2년간 3회 이상의 잦은 임신 • 미숙아나 조산아의 출산 경험 • 쌍생아 임신
영양과 건강상태	• 부적합한 식사섭취 또는 동물성 식품의 기피나 심한 편식 • 유당불내증(lactose intolerance)이 있는 경우 • 영양지식이 부족하거나 적절한 음식을 구매할 경제적 능력이 없는 경우 • 흡연을 하거나 음주 혹은 약물을 복용하는 경우 • 만성질병으로 치료식을 섭취해야 하는 경우 • 헤모글로빈이 < 12.0 g/dL 또는 헤마토크리트가 < 35%인 경우 • 당뇨병, 결핵이나 약물을 복용하는 경우
사회경제적 상태	• 식품의 구매력이 낮은 빈곤층 • 낮은 교육 수준

1) 신체계측

임신부의 신체계측은 임신 초기의 체위와 임신기간의 체위 변화를 통해 영양상태를 조사할 필요가 있다. 임신 1~3개월 정도에는 신장에 대한 체중의 비율(체중/신장)을 측정한다. 모체의 체지방 저장량은 삼두근 피부두겹두께의 측정으로 추정할 수 있고, 상완둘레와 삼두근 피부두겹두께 측정으로 상완의 지방과 근육면적을 계산할 수 있다.

임신부의 체중 증가에 대한 변화는 세 단계에 걸쳐서 나타난다. 임신 1기에는 약간의 체중 증가가, 2기에는 모체의 조직과 저장을 위한 증가가 나타나며, 3기에는 태아와 태반, 양수 및 모체의 조직과 저장이 계속된다. 임신기에는 대개 약 15~25%의 체중이 늘어나 약 11~12.5 kg이 증가한다. 이 중 6 kg은 3~4 kg의 체지방 증가분을 포함한 모체의 증가분이고, 5 kg은 태아로 인한 증가분이다그림 7-2. 만약 임신 2기와 3기 동안에 한 달간 1 kg 이하의 체중 증가가 나타날 때는 임산부의 체중증가율이 부적합한 것으로 본다. 따라서 모체의 체중 변화를 이용한 영양상태 판정은 임신 전의 체중을 고려해야 하므로 단순한 체중 증가량보다는 15~25% 정도의 체중 증가율을 사용하는 것이 좋다.

임신기간 동안 임신부의 상완둘레 측정은 태아와 상관없이 모체만의 영양상태에 대한 정보를 얻을 수 있기에 조사치의 정확성이 요구된다. 만일 임신 중 체중 증가가 원만하지 못한 경우는 모체의 체중 증가를 저해하는 요인을 조사하여 모체의 영양상태를 평가하는 것이 바람직하다표 7-11.

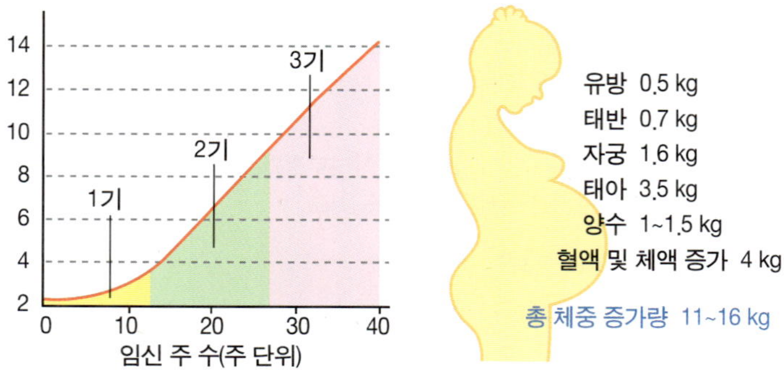

그림 7-2 | 임신 중의 체중 변화와 체중 증가 요인

표 7-11 임신부의 체중 증가를 저해하는 요인

요인
• 16세 이하의 임신부 및 10대 사춘기 미혼모 • 과거 임신 중 경과가 올바르지 못했던 임신부 • 다른 질병 때문에 상반된 식사요법을 하고 있는 임신부 • 식습관이 올바르지 못한 임신부 • 흡연, 음주, 습관성 마약을 사용하는 임신부 • 본래 허약 체질인 임신부 • 헤마토크리트가 33%보다 훨씬 낮거나 헤모글로빈이 11 g/dL보다 현저히 낮은 임신부 • 임신 중반기와 후반기의 체중 증가율이 1개월에 0.9 kg 이하인 임신부

2) 식사조사

임신부의 식사조사는 임신 중에 필요량이 계속 증가하거나 부족할 수 있는 영양소에 중점을 두고 식사섭취 변화 상태, 금기식품, 영양소 섭취량 등을 조사한다. 먼저 임신부의 입덧 여부와 입덧의 심각성을 조사하여 음식에 대한 수용도나 기호도 변화를 조사한다. 입덧이 너무 심해서 최소한의 영양소 섭취가 어려울 경우에는 정맥영양을 고려한다. 또한 임신부 개인의 금기식품, 우유 등의 칼슘 함유 식품의 섭취 실태, 무기질 및 비타민의 보충제 복용 상태, 임신 전의 다이어트 상태 등도 조사한다. 특히 나트륨 섭취량 조사는 임신중독성과도 관련이 있으므로 임신부의 식사섭취 조사에서 고려해야 하는 영양소이다. 이외에도 임신부의 흡연 및 음주 여부도 조사한다.

표 7-12 임신부의 식사조사 내용

항목	내용
섭식 행동 조사	지역의 문화 차이에 따른 권장식품과 금기식품 차이로 인한 영향
임신 초기 식사 조사	임신 초기의 오심, 구토, 기생충 감염, 설사 등의 문제
보충제 복용 조사	과거 임신 정보를 고려한 비타민, 철분, 무기질 보충제 복용 여부
비식품 섭취 조사	알레르기성이 강한 식품 및 비식품의 섭취 여부
경제적 여건 조사	다양한 식품 섭취의 어려움에 따른 단백질 섭취 부족 정도 조사

3) 임상조사

임신부의 임상조사는 체중의 변화에 중점을 두고 임신 전의 체중을 고려한 다음 임신 후의 체중 증가 패턴을 조사해야 한다. 특히 임신 후반기에는 체중 증가에 부종이 영향을 주지 않았는지도 유의해서 조사해야 한다. 그리고 구각염, 골연화증으로 인한 뼈의 통증, 경골 주위의 부종, 임신성당뇨, 임신성고혈압 등에 대한 조사도 필요하다.

표 7-13 임신성고혈압의 임상적 양상

항목	내용
고혈압	임신 20주 이후 수축기 혈압 > 140 mmHg, 이완기 혈압 > 90 mmHg
체중 증가	급격한 체중 증가, 몸이 붓고 소변량 감소
단백뇨	초기에는 소량 나타나지만 중증인 경우는 거의 모두에게 나타남
두통	두통이나 명치 부위의 통증
경련	심각한 자간전증인 경우 경련, 산모와 태아의 생명이 위협받음
태아의 성장 지연	임신성고혈압이 지속되면 초음파상 태아의 성장 지연
시력장애	중증에서 나타남. 심한 경우는 일시적인 실명이 오기도 함

4) 생화학적 조사

여성의 불규칙한 식습관은 임신부의 심각한 빈혈 발생과 연관되어 있기에 임신부의 헤모글로빈 농도를 측정함으로써 생화학적 조사로서 철 영양상태를 쉽게 평가할 수 있다. 보통 임산부의 빈혈은 철 결핍으로 인해 나타나지만 엽산이나 비타민 B_1이나 B_2의 부족이 원인인 경우도 있고, 철과 엽산의 동시 결핍에 의해 나타날 수도 있다. 철 결핍의 경우에는 빈혈의 정도에 따라서 태아와 산모의 사망률이 상관관계가 있다고 보고되고 있다. 표 7-14에는 성인 여성에서 혈액 분석치를 이용한 위험군 판정기준을 나타내었다.

표 7-14 가임기 여성의 혈액 분석치를 이용한 위험집단의 판정기준

분석 내용		판정 수준
헤모글로빈	임신 1기	< 11.0 g/dL
	임신 2기	< 10.5 g/dL
	임신 3기	< 11.0 g/dL
	비임신부	< 12 g/dL

분석 내용		판정 수준
헤마토크리트	임신부	< 33%
	비임신부	< 36%
혈청 철		< 50 μg%
트랜스페린 포화도		< 15%
혈청 엽산		< 3 ng/mL
혈청 비타민 B_{12}		< 80 pg/mL

6. 노인의 영양판정

노인의 영양판정 목적은 영양의 결핍이나 과잉 또는 불균형의 위험 등 영양상태를 평가하고 문제점을 조기에 찾아내어 개선하는 데 있다. 이 시기의 영양판정은 심신의 건강을 유지하고 노후의 생활안정에 활기를 부여할 뿐만 아니라 사회적 의료비용 절감 차원에서도 매우 중요하다.

노인의 경우 영양적, 사회적, 심리적 요인 등에 의해 영양상태가 달라질 수 있다. 영양적 요인으로는 개인의 건강문제를 비롯하여 양적·질적으로 부적합한 식사섭취, 각종 질병과 만성질환으로 인한 식사 섭취의 어려움, 약물복용 등이 있다. 사회적 측면으로는 사회적인 고립, 빈곤 등이 있고, 우울증 같은 심리적 요인에 따라서도 영향을 받는다표 7-15.

표 7-15 노인의 영양불량과 관련된 위험 요인

요인	내용
영양적 요인	• 각종 질병과 만성질환 • 식사섭취의 어려움 • 부적절한 식사섭취 • 만성적 약물 복용 • 식욕 저하 • 영양소 흡수 및 이용 감소
사회적 요인	• 사회적 고립 • 경제적 어려움 • 소외감 • 활동 저하
심리적 요인	• 우울증 • 거동의 부자유 • 80세 이상의 고령

이처럼 노인 개인의 영양상태는 다른 연령에서와 마찬가지로 신체계측, 식사조사, 임상조사, 생화학적 조사를 통해서 판정할 수 있으나 그 기준과 방법에는 차이가 있다. 따라서 영양상태에 대한 판정기준치가 성인과 다르기 때문에 해석하는 데 주의가 필요하다.

1) 신체계측

노인의 인체는 모든 기관이 노화되어 대부분의 기관이 형태적으로 변화하고 기능도 저하된다. 노인의 신체계측은 성인과 마찬가지로 신장, 체중, 허리둘레 등을 측정하고 이를 이용하여 비만도나 체질량지수 등의 판정지수를 구하여 영양상태 및 만성질환 이환 위험도 등 건강상의 위험도를 판정한다. 단지 노화에 따른 다양한 문제들에 주의하여 측정한다.

(1) 체중

건강한 사람은 측정이 간단하고 수월하다. 그러나 고령자이면서 거동이 불편한 경우에는 특히 침대용 저울bed beam 또는 눈금이 있는 휠체어calibrated wheelchair를 이용하여 측정해야 한다. 부종이나 심한 탈수가 있을 때는 정확한 체중을 알기 어렵고 조사 결과를 다르게 해석할 수 있다. 고령자의 체중 변화는 건강에 영향을 준다. 체중감소가 나타날 경우에는 건강상의 문제 또는 영양불량 여부를 살펴야 한다.

(2) 신장

체중 측정에 비해서 고령자의 신장 측정은 더 까다롭다. 신장계를 이용해서 신장을 재려면 반듯이 서서 정면을 바라보아야 하는데, 똑바로 설 수 없거나 척추후만kyphosisdowager's hump, 척추만곡scoliosis, curvature이 있는 경우, 또는 움직일 수 없을 때는 신장 측정이 어렵다. 하지만 이런 경우 장골의 길이는 변하지 않고 유지되므로 서 있는 키를 측정하기 어려울 때는 팔길이, 팔 폭이나 무릎길이를 측정하여 신장을 추정할 수 있다.

(3) 무릎길이

척추후만, 척추만곡 등 척추 이상으로 신장 측정이 곤란하거나 움직일 수 없는 고령자의 신장 추정을 위해서는 신장과 매우 밀접한 관계가 있는 무릎길이를 사용할 수 있다. 무릎길이knee height는 90°로 양쪽 끝으로 이동할 수 있는 날이 달린 인체측정용 캘리퍼스를 사용하여 측정한다.

(4) 신장 대비 체중

성별, 연령별 기준치와 비교하여 15% 이하면 저체중, 15~84%이면 정상, 85% 이상이면 과체중이나 비만으로 판정한다.

(5) 체중의 변화

노인의 경우는 체중이 일주일 내에 1~2%, 1개월에 5%, 3개월에 7.5%, 6개월 내에 10% 감소하면 분명한 체중 감소가 있다고 판단한다. 이 범위를 벗어나는 체중 감소에 대해서는 질병이나 심각한 영양불량을 살펴야 한다.

(6) 체질량지수 및 BMI

노인 비만 판정에는 체질량지수가 많이 사용된다. BMI가 24 이하면 영양불량 상태로 건강상 위험이 있을 수 있으며, 27 이상이면 비만으로 고혈압이나 당뇨, 관절염 등의 위험이 있다. 고령자는 노화에 따른 신장의 감소로 인해 신장에 대한 이상체중을 써서 구하는 비만지수나 이상체중비가 높게 나타나 실제보다 비만율이 높아진다. 따라서 비만지수를 고령자의 비만 판정에 사용하는 것은 부적합하다.

(7) 체지방측정/상완위둘레의 측정

생체전기저항분석법bioelectrical impedance analysis을 이용하여 체지방과 수분 등을 측정할 수 있다. 노인의 상완둘레 측정은 나이가 들면서 지방축적이 말초에서 중앙으로 변하는 것을 나타내는 좋은 지표이다. 허리둘레와 허리/엉덩이둘레의 비는 복부비만 여부를 알 수 있는 좋은 지표이며, 삼두근 피부두겹두께를 측정하여 체지방량을 구할 수 있다.

(8) 복부지방

남성의 경우에는 여성에 비해 복부지방이 많고 허리둘레가 커진다. 허리-엉덩이둘레비가 남성의 경우에 1.0 이상, 여성의 경우에 0.8 이상이면 질병의 위험이 증가한다.

(9) 삼두근 피부두겹두께

캘리퍼스를 이용하여 측정한 후 기준치의 5, 50, 95번째 백분위수 이상이면 비만으로, 5번째 백분위수 이하면 저체중으로 판정한다.

2) 식사조사

노인은 기억력 감퇴와 식욕 감소 및 낮은 교육 수준으로 인해 식사조사에 어려움이 있다. 일반적으로 24시간회상법, 식품섭취빈도법, 식사기록법 등의 방법을 사용하여 조사하며, 노인의 식사조사는 식사지침이나 식사구성안을 기준으로 평가할 수 있다.

(1) 식사섭취 조사

노인의 영양 및 건강상태의 점검을 위한 식사섭취 조사내용은 식품군별 섭취 횟수 및 수분 섭취, 식사섭취량, 흡연과 음주, 식습관 및 식행동, 식품구매 및 조리 등을 포함한다.

① 노인의 영양 및 건강상태 점검을 위하여 각 식품군 및 수분 섭취 정도를 조사한다. 각 식품군별로 제안하는 섭취 횟수를 충족하는지 확인하고, 수분은 노인에게 섭취가 부족한 경우가 많이 발생하므로 저하된 대사와 배변작용 등을 고려하여 충분한 수분 섭취가 이뤄지도록 한다.

② 식사섭취량 조사는 식사기록법이 바람직하다. 가능하면 본인이 직접 작성하도록 하고 불가능한 경우 식사 담당자가 대신 작성하도록 한다. 식사기록법이 어려울 경우는 24시간 회상법을 사용하는데, 기억력이 저하되는 노인의 경우 회상법에 도움이 되는 실제 식기 또는 식품 모형을 활용하는 것이 도움이 된다.

③ 흡연과 음주 섭취 정도는 노인의 암, 뇌혈관계 질환 등의 여러 가지 만성질환에 대한 위험요소로 작용되기에 흡연 유무, 음주량과 종류, 빈도 등을 조사한다.

④ 노인들의 식생활에 영향을 줄 수 있는 다양한 식습관과 식행동을 조사한다. 노인

들의 하루 식사 횟수와 결식하는 날의 횟수, 다양한 식품의 섭취 정도, 남은 음식의 섭취 유무, 건강보조식품 등과 같은 특정 식품의 장기간 섭취 등에 대해 조사한다.

⑤ 노인의 신체적인 변화를 고려하여 식품의 구매 및 조리에 대한 어려움이 있는지도 조사한다.

(2) 식사에 영향을 미치는 요인

노인의 식사에 영향을 미치는 요인으로는 교육 수준, 사회적 고립, 경제력 저하, 신체적 건강 저하, 정신적 건강 저하, 감각기능 저하와 약물복용 등이 포함된다. 교육 수준이 낮은 경우는 영양학적인 지식이 부족하여 식품에 표시되어 있는 영양소에 대한 이해가 부족하고 식품 선택 또는 건강 증진 식품을 구별하는 능력이 떨어진다. 특히 여자보다 음식에 대한 관심이 낮은 남자들에게 영양학적 지식이 더 낮게 나타나는 경향이 있으므로 노인들의 교육 정도와 영양지식 수준도 조사한다. 노인들의 영양불량 상태를 판정할 수 있는 주요 지표는 표 7-16과 같다.

표 7-16 노인들의 영양불량 상태를 판정할 수 있는 주요 지표들

1. 심한 체중 감소가 있을 때
2. 혈청 단백이 현저하게 감소되었을 때
   - 혈청 알부민 농도가 3.5 g/dL 이하
3. 신체기능의 현저한 변화가 나타날 때
   - 일상활동이 되는 경우 중 2가지 또는 영양섭취와 관련된 도구 사용 활동 중 1가지에서 남의 도움을 받아야 하는 경우
4. 부적절한 식사가 계속될 때
5. 상완위둘레의 현저한 감소가 있을 때
   - 표준의 10백분위수 이하
6. 삼두근 피부두겹두께가 10번째 백분위수 미만이거나 95번째 백분위수 이상일 때
7. 표준체중의 120% 이상이거나 BMI가 27 이상일 때
8. 영양과 관련된 질환이 있을 때
   - 골다공증, 골연화증, 엽산 결핍, 비타민 B_{12} 결핍

표 7-17 노인(만 65세 이상)용 영양지수 조사지 평가문항

번호	내용
1	귀하는 한 번 식사할 때 김치를 제외한 채소류를 몇 가지나 드십니까?
2	귀하는 과일을 얼마나 자주 드십니까?
3	귀하는 우유 또는 유제품을 얼마나 자주 드십니까?
4	귀하는 콩이나 콩제품을 얼마나 자주 드십니까?
5	귀하는 계란을 얼마나 자주 드십니까?
6	귀하는 생선이나 조개류를 얼마나 자주 드십니까?
7	귀하는 라면류를 얼마나 자주 드십니까?
8	귀하는 과자(초콜릿, 사탕 포함) 또는 달거나 기름진 빵(케이크, 도넛, 단팥빵 등)을 얼마나 자주 드십니까?
9	귀하는 가당음료를 얼마나 자주 마십니까?
10	귀하는 하루에 물을 얼마나 자주 마십니까?
11	귀하는 하루에 식사를 몇 번 하십니까?
12	귀하는 하루에 간식을 몇 번 하십니까?
13	귀하는 얼마나 자주 혼자서 식사를 하십니까?
14	귀하는 평소에 건강에 좋은 식생활을 하려고 얼마나 노력하십니까?
15	귀하는 현재 치아나 틀니, 잇몸 등의 문제로 인해 음식을 씹는 것이 어느 정도 불편하십니까?
16	귀하는 음식을 먹기 전에 손을 씻으십니까?
17	귀하는 하루에 운동을 얼마나 하십니까?
18	귀하는 평상시 우울함을 어느 정도로 느끼십니까?
19	귀하는 본인이 얼마나 건강하다고 생각하십니까?
20	최근 1년 동안 귀하의 식생활 형편은 어떠했습니까?
21	최근 1년 동안 영양교육 또는 영양상담을 받은 적이 있습니까?
22	귀하는 평소 사회활동(여가활동 포함)을 얼마나 활발하게 하고 계십니까?

번호	내용
평가치 산출 방법	(아래 등급기준 표)

	등급기준			
	상 (75 ~ 100%)	중상 (50 ~ < 75%)	중하 (25 ~ < 75%)	하 (0 ~ < 25%)
균형	55.2 이상	41.6 ~ 55.1	25.8 ~ 41.5	25.7 이하
다양	60.0 이상	50.5 ~ 59.9	40.3 ~ 50.4	40.2 이하
절제	91.5 이상	76.3 ~ 91.4	67.8 ~ 76.2	67.7 이하
식행동	64.9 이상	55.1 ~ 64.8	45.2 ~ 55.0	45.1 이하

※ 노인 영양지수 점수 산출방법에 대한 상세 설명은 한국영양학회 홈페이지 참조

출처: 한국영양학회. http://www.kns.or.kr/FileRoom/FileRoom.asp?BoardID=Nq

표 7-18 노인의 영양위험지표(nutritional risk index, NRI)

번호	항목
1	의치를 끼고 있습니까?
2	지난달에 의사가 처방해준 약을 복용하였습니까?
3	복부수술을 받은 적이 있습니까?
4	지난달에 의사의 처방을 받지 않은 약을 복용한 적이 있습니까?
5	변비나 설사와 같은 대장증상이 있습니까?
6	싫어하거나 맞지 않아서 먹지 않는 음식이 있습니까?
7	어떤 음식을 씹거나 먹는 데 어려움이 있습니까?
8	현재 식사를 어렵게 하는 질병이 있습니까?
9	현재 담배를 피우십니까?
10	현재 특별한 식사를 하십니까?
11	의사에게서 빈혈(철분 부족)이라는 말을 들은 적이 있습니까?
12	지난달에 위나 복부의 통증이나 불편감이 3일 이상 계속된 적이 있습니까?
13	식욕을 저하시킬 만한 질병이 있습니까?

번호	항목
14	지난달, 최소한 3일 동안 음식을 삼키는 데 어려움이 있은 적이 있습니까?
15	지난달, 최소한 3일 동안 구토를 한 적이 있습니까?
16	지난 30일 동안 체중이 5 kg 이상 늘거나 감소했습니까?
평가	7문항 이상 "예"의 경우 영양불량의 위험이 매우 크므로 정밀 영양조사가 필요함

표 7-19 노인의 영양평가지

어르신(만 65세 이상)용 영양지수 조사지

본 조사는 어르신의 영양상태와 식사의 질을 간단하게 평가하기 위한 영양지수 계산에 사용될 것입니다. 가정에서는 물론, 노인정, 복지관 및 외식에서 잡수시는 것도 포함해서 답해 주시기 바랍니다.

1\. 귀하는 **한 번 식사할 때 김치를 제외한 채소류**를 몇 가지나 드십니까?

※ 시금치나물, 콩나물, 미역나물, 쌈채소, 김구이, 시래기국 등 나물이나 국, 찌개를 통해 섭취한 채소류는 모두 포함합니다.

※ 한 번 섭취할 때 분량은 다음을 참고해주세요.
- 나물류(시금치나물, 콩나물 등) 작은 1접시, 상추 5장, 김구이 전지 1장(자른 것: 6장)
- 국이나 찌개 1대접

① 먹지 않는다.
② 1가지
③ 2가지
④ 3가지
⑤ 4가지 이상

2\. 귀하는 **과일**을 얼마나 자주 드십니까?

※ 과일을 직접 갈아 먹는 것도 포함됩니다.

※ 한 번에 해당하는 양은 다음을 참고해주세요.
- 사과 1/2개, 귤(중) 1개, 참외 1/2개
- 포도 1/3송이, 수박 1조각(10 cm 길이 부채꼴 모양)
- 생과일주스 1/2컵

① 2주일에 1번 이하
② 일주일에 1~3번
③ 일주일에 4~6번
④ 하루에 1번
⑤ 하루에 2번 이상

3. 귀하는 우유 또는 유제품을 얼마나 자주 드십니까?

※ 한 번에 해당하는 양은 다음을 참고해주세요.
- 우유 1컵(1팩 200 ml), 슬라이스 치즈 1장
- 마시는 요구르트 1병, 떠먹는 요구르트(요플레 등) 1개

① 2주일에 1번 이하 ② 일주일에 1~3번
③ 일주일에 4~6번 ④ 하루에 1번
⑤ 하루에 2번 이상

4. 귀하는 콩이나 콩제품을 얼마나 자주 드십니까?

※ 콩제품에는 두부, 두유, 된장, 청국장, 콩비지 등이 해당하며 밥에 들어있는 콩도 해당됩니다.
※ 한 번 섭취할 때 분량은 다음을 참고해주세요.
- 두부 포장 두부 1/4모, 판두부 1/6모, 두유 1컵, 콩조림 작은 1접시

① 2주일에 1번 이하 ② 일주일에 1~3번
③ 일주일에 4~6번 ④ 하루에 1번
⑤ 하루에 2번 이상

5. 귀하는 계란을 얼마나 자주 드십니까?

※ 계란이나 메추리알 등이 해당합니다.
※ 한 번에 해당하는 양은 다음을 참고해주세요.
- 계란 1개, 메추리알 5개

① 2주일에 1번 이하 ② 일주일에 1~3번
③ 일주일에 4~6번 ④ 하루에 1번
⑤ 하루에 2번 이상

6. 귀하는 생선이나 조개류를 얼마나 자주 드십니까?

※ 각종 생선, 조개류 이외에 오징어, 새우, 멍게 등의 해산물이 해당합니다.
※ 한 번에 해당하는 양은 다음을 참고해주세요.
- 생선 작은 1토막, 새우(중간 크기) 5마리
- 건새우볶음, 오징어채볶음 작은 1접시

① 2주일에 1번 이하 ② 일주일에 1~3번
③ 일주일에 4~6번 ④ 하루에 1번
⑤ 하루에 2번 이상

7. 귀하는 라면류를 얼마나 자주 드십니까?

※ 봉지라면, 컵라면, 인스턴트 국수 등이 해당합니다.
※ 한 번에 해당하는 양은 다음을 참고해주세요.
- 봉지라면 1개, 컵라면 큰 것 1개, 컵라면 작은 것 2개

① 거의 먹지 않는다. ② 2주일에 1번
③ 일주일에 1~3번 ④ 일주일에 4~6번
⑤ 하루에 1번 ⑥ 하루에 2번 이상

8. 귀하는 과자(초콜릿, 사탕 포함) 또는 달거나 기름진 빵(케이크, 도넛, 단팥빵 등)을 얼마나 자주 드십니까?

※ 한 번에 해당하는 양은 다음을 참고해주세요.
- 과자, 스낵, 비스킷 1 작은 봉지(12 cm × 10 cm), 초콜릿 4쪽(30 g), 사탕 2개
- 케이크(파운드케이크) 1조각, 도넛 1개, 패스추리 1개, 단팥빵, 소보로빵 1개

① 2주일에 1번 이하 ② 일주일에 1~3번
③ 일주일에 4~6번 ④ 하루에 1번
⑤ 하루에 2번 이상

9. 귀하는 가당음료를 얼마나 자주 마십니까?

※ 가당음료: 당을 첨가한 모든 음료를 말하며, 단매실차, 유자차, 믹스커피, 콜라나 탄산음료 등이 포함됩니다.

※ 한 번에 해당하는 양은 종이컵 한 잔입니다.

① 2주일에 1번 이하 ② 일주일에 1~3번 ③ 일주일에 4~6번 ④ 하루에 1번 ⑤ 하루에 3번 이상

10. 귀하는 하루에 물을 얼마나 자주 마십니까?

※ 생수를 포함하여 보리차, 둥굴레차, 녹차, 달지 않은 잎차 등을 끓여서 마시는 것도 해당합니다.

※ 한 번에 해당하는 양은 종이컵 한 잔입니다.

① 거의 마시지 않는다. ② 하루에 1~2번 ③ 하루에 3~5번 ④ 하루에 6~7번 ⑤ 하루에 8번 이상

11. 귀하는 하루에 식사를 몇 번 하십니까?

① 1번
② 2번
③ 3번 이상

12. 귀하는 하루에 간식을 몇 번 하십니까?

① 하지 않는다.
② 1번
③ 2번
④ 3번 이상

13. 귀하는 얼마나 자주 혼자서 식사를 하십니까?

① 혼자 식사하는 경우가 거의 없다.
② 일주일에 1~3번
③ 일주일에 4~6번
④ 하루에 1번
⑤ 하루에 2번
⑥ 하루에 3번

14. 귀하는 평소에 건강에 좋은 식생활을 하려고 얼마나 노력하십니까?

※ 건강에 좋은 식생활이란 곡류, 육류, 어패류, 콩류, 채소류, 과일류, 우유 및 유제품 등 다양한 식품을 매일 규칙적으로 섭취하는 식생활을 의미합니다.

① 전혀 노력하지 않는다.
② 노력하지 않는 편이다.
③ 보통이다.
④ 노력하는 편이다.
⑤ 매우 노력한다.

15. 귀하는 현재 치아나 틀니, 잇몸 등의 문제로 인해 음식을 씹는 것이 어느 정도 불편하십니까?

① 전혀 불편하지 않다.
② 불편하지 않은 편이다.
③ 보통이다.
④ 불편한 편이다.
⑤ 매우 불편하다.

16. 귀하는 음식을 먹기 전에 손을 씻으십니까?

① 전혀 씻지 않는다.
② 씻지 않는 편이다.
③ 보통이다.
④ 씻는 편이다.
⑤ 항상 씻는다.

17. 귀하는 하루에 운동을 얼마나 하십니까?

※ 수영, 헬스, 등산 등의 활동 이외의 이동 및 운동을 위해 걷는 것도 포함합니다.
※ 복지관이나 주민센터 등에서 스포츠댄스나 전통무용을 배우는 것도 포함합니다.

① 거의 하지 않는다.
② 30분 이내
③ 30분 이상 ~ 1시간 이내
④ 1시간 이상 ~ 2시간 이내
⑤ 2시간 이상

18. 귀하는 평상 시 우울함을 어느 정도로 느끼십니까?

① 전혀 느끼지 않는다.
② 느끼지 않는 편이다.
③ 보통이다.
④ 느끼는 편이다.
⑤ 매우 느낀다.

19. 귀하는 본인이 얼마나 건강하다고 생각하십니까?

① 전혀 건강하지 않다.
② 건강하지 않은 편이다.
③ 보통이다.
④ 건강한 편이다.
⑤ 매우 건강하다.

20. 최근 1년 동안 귀하의 식생활 형편은 어떠했습니까?

① 경제적으로 어려워서 자주 먹을 것이 부족했다.
② 경제적으로 어려워서 가끔 먹을 것이 부족했다.
③ 충분한 양의 음식은 먹었으나 다양한 종류의 음식을 먹지는 못했다.
④ 원하는 만큼 충분한 양과 다양한 종류의 음식을 먹었다.

21. 최근 1년 동안 **영양교육 또는 영양상담**을 받은 적이 있습니까? ※ 보건소, 구청, 주민센터, 학교, 병원, 직장 등에서 받은 영양교육이나 영양상담이 해당합니다.	22. 귀하는 평소 **사회활동(여가활동 포함)**을 얼마나 활발하게 하고 계십니까?
① 있다. ② 없다.	① 전혀 하지 않는다. ② 하지 않는 편이다. ③ 보통이다. ④ 하는 편이다. ⑤ 매우 많이 한다.

다음 문항은 영양지수 계산 외에도 여러분의 식생활 상담에 필요한 내용이니 답해 주시기 바랍니다.

D1 성별은?	**D2** 출생연도와 월은?
① 남자 ② 여자	________년 ______월
D3 키는?	**D4** 몸무게는?
________cm	________kg
D5 현재 함께 살고 계시는 가족 수는 **본인을 포함하여 모두 몇 명**입니까?	**D6** 귀하의 **최종 학력**은 다음 중 어디에 해당되는지 응답해주십시오.
총 □□명	① 초등학교 졸업 이하 ② 중고등학교 졸업 ③ 대학교 졸업 이상

3) 임상조사

노인들에게 흔히 발생하는 영양불량으로 인한 임상증상은 구각염, 상처 치유 지연, 근육량 손실 등이 있다. 또한 구강건강 문제인 치아 결손, 충치 등으로 인해 씹거나 삼키는 데 어려움을 느껴 영양불량이 발생할 수 있으므로 구강상태를 함께 조사한다. 그리고 노인의 정신건강 문제도 임상적인 문제에 해당하므로 노인의 우울증이나 인지기능의 저하 등을 함께 조사하도록 한다.

노인에게서 나타나는 임상적 징후는 체중 감소, 부종, 야윈 얼굴, 창백한 피부, 피부 손상, 무기력과 허약함 등이다. 이런 증상은 영양 외적 원인에 의해서도 나타날 수 있기에 주의가 필요하다. 피하조직에서 용혈이 나타나는 자반병purpura의 경우는 비타민 C 결핍증인 괴혈병과 비타민 K 결핍으로 인해 나타나는 증상이지만 노인에게는 피부의 노화로 인해서 나타날 수도 있다. 노인에게 나타나는 야맹증은 비타민 A 결핍증보다 백내장으로 인한 것일 수도 있고, 구각염도 리보플라빈 결핍증보다 침을 흘려서 나타나는 것일 수 있다. 따라서 노인에게 나타나는 임상적 징후는 다른 영양상태 평가방법을 통해 확인해야 한다. 이외에도 기능상태, 인지능력, 구강건강 및 약물복용 상태 등을 조사할 필요가 있다.

영양상태에 따라서 노인은 기능과 인지능력의 결과가 영향을 받게 된다. 기능 측정은 일상생활의 활동과 도구적 활동을 측정하는 두 가지 기능적 지표가 많이 사용된다. 인지능력은 기억이나 언어, 읽기, 쓰기, 시간적 순서, 장소, 사람에 대한 기억 등과 같은 개인의 지적능력을 말하는데, 인지능력의 저하는 영양불량의 원인이 된다. 노인의 인지능력을 조사하기 위해서는 간단한 정신상태 판정도구인 미니 정신상태 조사방법이 가장 효과적으로 사용되고 있다. 치매를 예방하는 노력은 건강한 노년의 삶을 위해 꼭 필요하다.

4) 생화학적 조사

노인에게 단백질-열량 불량과 고지혈증, 철과 엽산 결핍성 빈혈은 흔히 나타나는 영양문제이다. 그와 관련된 영양판정은 생화학적 조사에 따른 면밀한 조사가 요구된다. 성인과 동일하게 혈압을 측정하고 혈액과 소변을 채취하여 검사하는데, 주의 깊게 관찰할 항목은 혈청 알부민, 헤모글로빈과 헤마토크리트 등 빈혈지표, 칼슘과 비타민 D의 영양상태, 혈청 콜레스테롤과 중성지질 수치, 혈액요소질소, 요 중 크레아티닌 수치 등이다.

고령자의 철분 결핍은 일반적으로 철분 섭취 부족, 흡수불량, 위장관질환으로 인한 만성 혈액 손실, 과다한 아스피린 복용이나 관절염의 고통을 완화하기 위한 항염증성 약 복용 또는 무산증achlorhydria과 관련되어 있다.

C H A P T E R

8

만성질환의 영양판정

1. 만성질환의 정의와 현황 | 2. 심혈관계질환 | 3. 고혈압 | 4. 당뇨병 | 5. 대사증후군

C H A P T E R

8

만성질환의 진단기준과 적합한 영양판정 방법을 활용하여 질병의 예방과 치료를 위한 영양중재 방법을 계획할 수 있다.

학습목표

- 만성질환별 위험요소를 나열할 수 있다.
- 만성질환별 진단기준 및 영양치료 목표를 설명할 수 있다.
- 만성질환별 영양판정을 위한 영양상태 평가요소를 나열할 수 있다.
- 영양상태 평가요소별 기준치와 비교하여 질병의 정도를 판정할 수 있다.
- 영양판정 결과에 따른 영양중재 방법을 계획할 수 있다.

1. 만성질환의 정의와 현황

세계보건기구world health organization, WHO에서는 전 세계적으로 질병 부담이 높은 심혈관질환, 당뇨병, 만성호흡기질환, 암 등을 주요 만성질환으로 지정하고 있으며, 미국 질병통제예방센터centers for disease control and prevention, CDC에서는 만성질환을 1년 이상 지속적으로 의학적인 주의가 요구되거나 일상생활의 활동 제한, 또는 둘 모두의 상태로 정의하고 있다. 이와 같은 만성질환의 주요 원인으로는 흡연 및 간접흡연의 노출, 낮은 과일과 채소 섭취, 높은 나트륨과 포화지방산이 함유된 식사 섭취와 영양상태, 육체적 활동 부족과 과다한 알코올 섭취 등이 제시되고 있다.

우리나라의 경우 국가적 차원에서 만성질환의 예방·치료 정책과 사업을 활발하게 전개하여 만성질환에 의한 사망률이 지속적으로 감소되는 성과는 있었으나 전체 사망의 80.8%가 만성질환에 의한 것이며 순환계질환(심뇌혈관질환), 당뇨병, 암, 만성호흡기질환 등이 높은 순위의 사망원인으로 보고되고 있다.

2. 심혈관계질환

심혈관계질환은 전 세계 사망원인의 31%를 차지하고 있으며 선진국에서는 심혈관계질환으로 인한 사망률이 감소하는 추세이나, 저개발 또는 개발도상국에서는 심혈관계질환이 빠르게 증가하고 있는 실정이다. 우리나라의 경우 최근 10년간 심혈관계질환 사망률이 지속적으로 상승되고 있으며 전체 사망의 19%를 차지하고 있다. 현재 우리나라의 심뇌혈관질환 발생에 기여하는 생활습관 요인은 전반적으로 정체상태이나 고혈압의 유병률은 크게 변하지 않고 있으며, 흡연과 음주 등은 개선되지 않은 반면, 당뇨병과 이상지질혈증은 증가하고 있다.

1) 심혈관계질환의 위험인자와 위험도 평가

심혈관계질환은 여러 가지 요인의 영향을 받는 질환으로 위험인자가 매우 다양하다. 죽상경화성 심혈관질환의 위험요인은 유전, 사회환경, 생활습관(흡연, 운동 부족, 잘못된 식습관 등), 및 대사이상(이상지질혈증, 고혈압, 당뇨병, 비만 등) 등으로 분류할 수 있으며, 치료적 관점에서 개선 가능 위험요인과 성, 연령, 유전처럼 개선 불가능한 위험요인으로 나눌 수 있다표 8-1. 이 중에서 고혈압, 당뇨병, 이상지질혈증, 흡연 등은 심혈관계질환 질병에 대한 기여도가 크지만 바꿀 수 있는 대표적 위험요인들이다. 이외에도 가족력, 고령, 운동 부족, 비만, 만성염증, 혈액응고이상, 대사증후군, 우울증과 스트레스 등이 심혈관계질환의 위험요인으로 알려져 있다.

표 8-1 심장질환의 위험요인(미국심장협회)

개선 가능 요인	개선 불가능 요인	기타 요인
흡연 고혈압 고콜레스테롤혈증 저활동 과체중, 비만 당뇨병	유전 남성 나이	잦은 정신적 스트레스 과다한 음주 좋지 못한 식사의 질

출처: the American Heart Association: https://www.heart.org/en/health-topics/heart-attack/understand-your-risks-to-prevent-a-heart-attack

한국인 연구korean heart study에서도 다른 나라 연구 결과와 같이 고혈압, 흡연, 이상지질혈증 및 당뇨병 등이 심혈관계질환의 주요 위험요인으로 보고되었다. 또한 남자의 경우 고혈압, 흡연, 이상지질혈증, 당뇨병 순으로 확인되었고 여자의 경우 고혈압, 이상지질혈증, 당뇨병, 흡연 순이었다. 이 연구에서 흡연과 이상지질혈증은 뇌혈관질환보다 관상동맥질환의 위험요인으로서의 연관성이 더 높고, 고혈압은 관상동맥질환보다는 뇌혈관질환과의 연관성이 더 높았다고 한다.

심혈관질환의 예방과 관리를 위한 위험요인과 위험도 평가방법은 국가별 치료지침에 따라 다르다. 심혈관질환 예방에 가장 선도적인 역할을 했던 framingham heart study에서는 개인의 성, 나이, 콜레스테롤, HDL 콜레스테롤, 혈압, 당뇨병, 흡연 등의 7가지 정보를 이용하여 10년간 관상동맥질환 발생위험도를 예측하는 framingham risk score를 1998년에 처음 발표하였다.

2) 진단과 치료기준

(1) 진단기준

이상지질혈증의 예방과 적절한 치료를 위해서 선별검사가 필요하며, 21세 이상의 모든 성인의 경우와 조기 심혈관질환과 심한 이상지질혈증의 가족력 등의 다른 위험요인이 있을 경우 더 젊은 연령에서도 매 4~6년마다 공복 후 지질검사를 권장한다. 검사 항목으로는 총콜레스테롤, 중성지방, HDL 콜레스테롤, LDL 콜레스테롤, 그리고 non-HDL 콜레스테롤을 측정하여 이상지질혈증 평가를 권장한다.

지질검사 항목 중에서 중성지방 값과 LDL 콜레스테롤 계산 값의 경우 혈액 채취 전 반드시 12시간 이상 금식하거나 12시간 금식이 어려운 경우 최소 9시간 이상의 금식이 필요하다. 만약 공복이 아닌 상태에서 시행된 경우라면 총콜레스테롤과 HDL 콜레스테롤 농도 값만 지질상태 평가에 사용할 수 있다. LDL 콜레스테롤 농도는 일반적으로 공복 후 총콜레스테롤, 중성지방, HDL 콜레스테롤 농도 값을 이용한 Friedewald 공식으로 추정할 수 있다. 중성지방 농도가 400mg/dL 이하인 경우, 중성지방 농도 값을 5로 나누어 VLDL 콜레스테롤 농도 값을 추정할 수 있다. 그러나 Friedewald 공식을 이용한 LDL 콜레스테롤 계산 값을 사용할 경우는 직접 측정법에 의한 값을 사용한 경우에 비하여 심혈관질환 발생 위험도가 상대적으로 낮게 평가될 수 있다. 따라서 이상지질혈증 진단 및 치료 시 중성지방 농도 값이 400mg/dL 이하이든 이상이든 직접측정법LDL cholesterol direct assay을 권장한다.

$$\text{LDL 콜레스테롤} = \text{총콜레스테롤} - \text{HDL 콜레스테롤} - \frac{\text{중성지방}}{5}$$

(각 검사항목 농도 값의 단위, mg/dL)

이상지질혈증 진단기준은 국민건강영양조사의 결과에서 나타난 지질 농도의 분포를 감안하여 표 8-2와 같이 설정하였다.

표 8-2 한국인의 이상지질혈증 진단기준

LDL 콜레스테롤(mg/dL) [1]	
매우 높음	≥ 190
높음	160~189
경계	130~159
정상	100~129
적정	< 100
총콜레스테롤(mg/dL)	
높음	≥ 240
경계	200~239
적정	< 200
HDL 콜레스테롤(mg/dL)	
낮음	< 40
높음	≥ 60
중성지방(mg/dL)	
매우 높음	≥ 500
높음	200~499
경계	150~199
적정	< 150

1) 이상지질혈증 진단의 LDL 콜레스테롤 '높음' 기준의 경우 치료지침의 저위험군(주요 심혈관계 위험요인 1개 이하) 환자에서 약물치료 시작 권장기준으로 사용할 수 있음. 중등도 위험군의 경우 LDL 콜레스테롤 '경계' 기준을 약물치료 시작 권장기준으로 사용할 수 있음. 고위험군 환자의 경우 LDL 콜레스테롤 '정상' 기준을 약물치료 시작 권장기준으로 사용할 수 있음. 초고위험군의 경우 LDL 콜레스테롤 값에 관계없이 약물치료 시작을 권장함

출처: 한국지질 · 동맥경화학회. 이상지질혈증 치료지침 제4판(2018)

(2) 치료기준

국내 이상지질혈증의 치료기준은 심혈관질환의 위험요인들에 관한 국내 및 국외의 연구 결과와 2013년 미국심장학회/미국심장협회ACC/AHA, 2016년 유럽심장학회ESC, 유럽동맥경화학회EAS 및 각국의 치료지침을 참고하여 수정 및 보완하였으며, 위험도에 따른 치료 목표는 표 8-3과 같다.

표 8-3 위험도 및 LDL 콜레스테롤 농도에 따른 치료의 기준

위험도	LDL 콜레스테롤 (mg/dL)[1]					
	70	70～99	100～129	130～159	160～189	≥ 190
초고위험군[1] 관상동맥질환 죽상경화성 허혈 뇌졸중 및 일과성 뇌허혈발작 말초동맥질환	생활습관 교정 및 투약 고려	생활습관 교정 및 투약 시작	생활습관 교정 및 투약 시작	생활습관 교정 및 투약 시작	생활습관 교정 및 투약 시작	생활습관 교정 및 투약 시작
고위험군 경동맥질환[2] 복부동맥류 당뇨병[3]	생활습관 교정	생활습관 교정 및 투약 고려	생활습관 교정 및 투약 시작	생활습관 교정 및 투약 시작	생활습관 교정 및 투약 시작	생활습관 교정 및 투약 시작
중등도 위험군[4] 주요위험인자 2개 이상	생활습관 교정	생활습관 교정	생활습관 교정 및 투약 고려	생활습관 교정 및 투약 시작	생활습관 교정 및 투약 시작	생활습관 교정 및 투약 시작
저위험군 주요위험인자 1개 이하	생활습관 교정	생활습관 교정	생활습관 교정	생활습관 교정 및 투약 고려	생활습관 교정 및 투약 시작	생활습관 교정 및 투약 시작

1) 급성심근경색증은 기저치의 LDL 콜레스테롤 농도와 상관없이 바로 스타틴을 투약한다. 급성심근경색증 이외의 초고위험군의 경우에 LDL 콜레스테롤 70 mg/dL 미만에서도 스타틴 투약을 고려할 수 있다.
2) 유의한 경동맥 협착이 확인된 경우
3) 표적장기 손상 혹은 심혈관질환의 주요 위험인자를 가지고 있는 경우 환자에 따라서 위험도를 상향 조정할 수 있다.
4) 중등도 위험군과 저위험군의 경우는 수주 혹은 수개월간 생활습관 교정을 시행한 뒤에도 LDL 콜레스테롤 농도가 높을 때 스타틴 투약을 고려한다.

출처: 한국지질・동맥경화학회. 이상지질혈증 치료지침 제4판(2018)

기존에 심혈관질환이 있는 환자(관상동맥질환, 말초동맥질환, 죽상경화성 허혈뇌졸중 및 일과성 뇌허혈발작)를 초고위험군 환자로 따로 분류하며, 이전 치료지침에서 고위험군에 해당되었던 관상동맥질환에 상당하는 위험인자인 경동맥질환이나 복부동맥류, 당뇨병이 있는 환자는 고위험군으로 분류한다. 또한 기존의 국내 치료지침을 유지하여 LDL 콜레스테롤을 제외한 주요 위험인자 표 8-4가 2개 이상인 경우 중등도 위험군, 1개 이하인 경우를 저위험군으로 분류한다.

표 8-4 심혈관질환의 위험인자

연령
남자 ≥ 45세, 여자 ≥ 55
관상동맥질환 조기 발병의 가족력
부모, 형제자매 중 남자 55세 미만, 여자 65세 미만에서 관상동맥질환이 발병한 경우
고혈압
수축기 혈압 140 mmHg 이상 또는 이완기 혈압 90 mmHg 이상 또는 항고혈압제 복용
흡연
저HDL 콜레스테롤(< 40 mg/dL)

1) 고HDL 콜레스테롤(≥ 60 mg/dL)은 보호인자로 간주하여 총 위험인자 수에서 하나를 감하게 된다.

출처: 한국지질 · 동맥경화학회. 이상지질혈증 치료지침 제4판(2018)

뇌졸중은 전 세계적으로 중요한 사망원인이며 우리나라에서만 한 해에 약 50만 명 정도가 뇌졸중을 진단받고 있다. 뇌졸중 위험인자가 조절되면서 사망자 수는 점진적으로 줄어들고 있으나 우리나라 사망원인의 높은 순위를 차지하고 있다. 뇌졸중의 원인은 매우 다양하나 예방적인 측면에서 조절할 수 있는 위험인자risk factors의 조절을 통해서 뇌졸중의 사망률을 감소시키는 데 기여하는 것으로 나타났다. 뇌졸중의 위험인자는 심장질환과 유사하며, 다음과 같다표 8-5.

표 8-5 뇌졸중의 위험인자

조절을 할 수 없는 인자
나이(age)
인종/민족성(race/ethnicity)
유전적 요소(genetic factors)
조절이 가능하며 조절을 통해서 뇌졸중 위험도가 낮아지는 것이 밝혀진 인자
고혈압(hypertension)
당뇨병(diabetes)
심박세동(atrial fibrillation)
기타 심장상태(other cardiac conditions)
이상지질혈증(dyslipidemia)
무증상 경동맥 협착증(asymptomatic carotid stenosis)
폐경 후 호르몬요법(postmenopausal hormone therapy)
흡연(cigarette smoking)
식사와 영양(diet and nutrition)
육체적 활동(physical activity)
비만(obesity)
조절이 가능하지만 아직까지 조절을 통해서 뇌졸중을 예방할 수 있다는 근거가 부족한 경우
알코올 남용(alcohol consumption)
고호모시스테인혈증(hyperhomocysteinemia)
만성염증(chronic inflammation)
감염(infection)
편두통(migraine)
대사증후군(metabolic syndrome)
응고항진상태(hypercoagulability)
경구피임약물(oral contraceptives)

3) 이상지질혈증과 생활요법

우리나라 고콜레스테롤혈증은 지속적으로 증가하여 2016년에는 성인 5명 중 1명 꼴로 나타났으며, 이상지질혈증 유병률은 이보다 높은 것으로 나타났다. 또한 우리나라는 전 세계적으로 유래가 없을 정도로 빠른 고령화 속도를 보이고 있으며, 이와 같은 현상은 우리나라 인구 전체의 지질 분포와 이에 따른 질병 분포에도 영향을 미칠 것으로 예상된다. 이상지질혈증의 예방과 개선을 위한 치료방법에서 생활습관 개선은 우선적으로 수주 또는 수개월 적용되고 있어 중요한 위치를 차지하고 있다. 생활습관의 주요 방법으로 식사요법을 비롯하여 운동과 금연 등을 강조하고 있다.

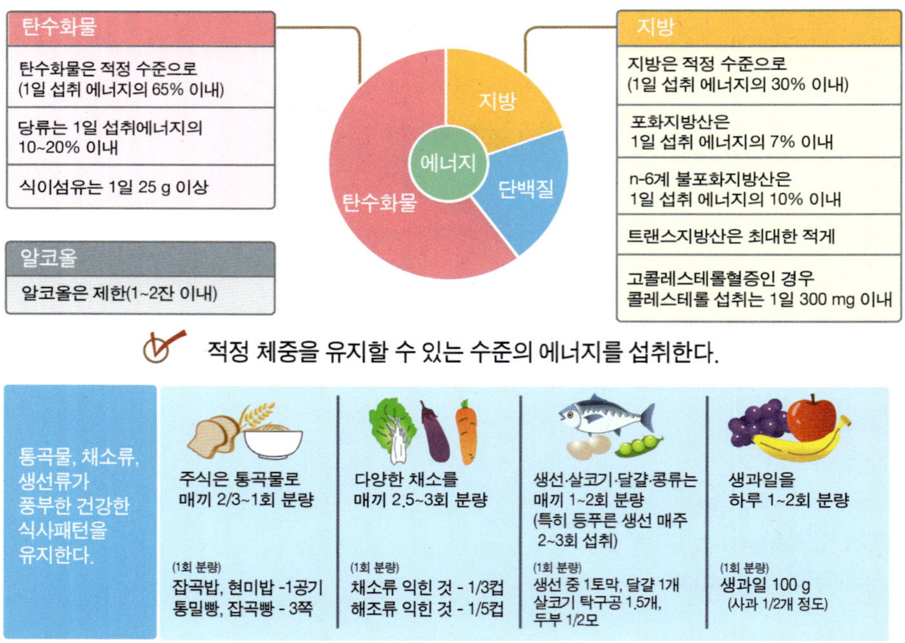

그림 8-1 | 이상지질혈증 식사가이드

출처: 한국지질 · 동맥경화학회. 이상지질혈증 치료지침 제4판(2018)

3. 고혈압

고혈압은 전 세계적으로 유병률이 매우 높은 질환으로 초기 전조징후가 없어 '침묵의 살인자'라고 알려져 있다. 고혈압은 우리나라 성인의 주요 사망원인인 심뇌혈관계질환의 가장 큰 원인 질환이며, 특히 우리나라는 노령화가 빠르게 진행되고 있어 향후 유병률이 더욱 높아질 것으로 예상된다. 2019년 국민건강영양조사 결과에 의하면 20세 이상의 고혈압 유병률이 평균 28%이며, 남자의 경우 25.9%, 여자는 18.8%로 나타났다. 또한 65세 이상의 경우 고혈압 추정 유병자가 약 495만 명으로 여성의 고혈압이 더 빠르게 증가하고 있음이 보고되었다.

고혈압의 관리 여부는 고혈압의 인지율, 치료율 및 조절률과 같은 지표를 통해서 알 수 있다. 고혈압의 인지는 "과거에 의료인에 의해 고혈압으로 진단받은 것"으로, 고혈압의 치료는 "조사 시점에 고혈압제를 복용하는 것"으로, 고혈압의 조절은 "고혈압제를 복용하여 수축기혈압이 140 mmHg 미만 그리고 이완기혈압이 90 mmHg 미만으로 조절된 경우"로 정의한다. 지난 20년간 우리나라 고혈압의 관리 수준은 크게 향상되었음을 알 수 있으나 30대 및 40대 고혈압 유병자의 인지율, 치료율 및 조절률은 낮아 이에 대한 대책이 필요하다.

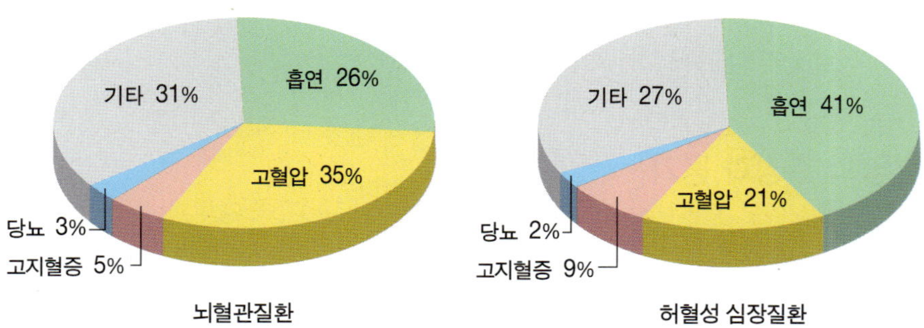

그림 8-2 | 한국 남성인구(KMIC)에서 고혈압 및 심뇌혈관질환 위험인자의 심뇌혈관질환에 대한 기여위험도

출처: Kim HC, Nam CM, Jee SH, Suh I. Comparison of blood pressureassociated risk of intracerebral hemorrhage and subarachnoid hemorrhage: Korea Medical Insurance Corporation study. Hypertension 2005;46:393-7

1) 고혈압의 기준과 분류

현재까지의 임상시험 근거를 바탕으로 수축기혈압 140 mmHg 이상 또는 이완기혈압(확장기혈압) 90 mmHg 이상을 고혈압으로 분류하며, 수축기혈압과 이완기혈압 모두 120 mmHg와 80 mmHg 미만일 때를 '정상혈압'으로 분류한다. 정상혈압은 임상적으로 심뇌혈관 위험도가 가장 낮은 최적혈압으로서, 고혈압의 위험성을 평가할 때 기준으로 사용된다.

표 8-6 혈압의 분류

혈압 분류		수축기혈압(mmHg)		이완기혈압(mmHg)
정상혈압[1]		< 120	그리고	< 80
주의혈압		120~129	그리고	< 80
고혈압 전단계		130~139	또는	80~89
고혈압	1기	140~159	또는	90~99
	2기	≥ 160	또는	≥ 100
수축기 단독 고혈압		≥ 140	그리고	< 90

1) 심뇌혈관질환의 발생 위험이 가장 낮은 최적 혈압

출처: 대한고혈압학회 진료지침제정위원회. 고혈압 진료지침(2018)

2) 혈압의 측정과 평가

(1) 혈압의 측정

고혈압의 관리에 있어서 혈압의 측정은 가장 기본으로 측정 환경, 측정 부위, 임상적 상황에 따라 차이가 크기 때문에 반복 측정과 표준적인 방법으로 측정해야 한다. 현재 진료실에서는 청진기를 사용하여 혈압을 측정하는 청진법이 표준적인 측정방법이며,

진료실 혈압 측정에 사용하는 혈압계는 수은주혈압계, 보정된 아네로이드 혈압계, 정확성이 검증된 전자혈압계가 있다. 최근에는 수은의 유해성 문제로 검증된 비수은혈압계로 대체하도록 권고하고 있다.

일반적으로 혈압 측정 시 측정 전 최소 5분 동안 안정하며, 조용한 환경에서 측정하고, 혈압 측정 30분 이내에는 흡연, 알코올, 카페인 섭취를 해서는 안 된다. 1~2분 간격을 두고 적어도 2번 이상 혈압을 측정하며, 노인, 당뇨병 환자와 기립성 저혈압이 의심되는 환자는 일어선 후 1분과 3분에 혈압을 측정한다. 기립성 저혈압은 일어선 후 3분 이내 측정한 혈압이 앉은 상태의 혈압에 비해 수축기 혈압이 20 mmHg 또는 이완기 혈압이 10 mmHg 이상 감소할 경우로 정의한다.

수은주혈압계 아네로이드 혈압계 전자혈압계

그림 8-3 | 혈압계의 종류

진료실 밖에서는 가정혈압 또는 활동혈압 모니터링으로 측정할 수 있으며 활동혈압은 낮에 활동할 때와 수면 중의 혈압에 대한 정보를 제공한다. 가정혈압으로서 고혈압은 135/85 mmHg 이상으로 정의하며, 진료실 혈압보다 고혈압 환자의 심뇌혈관질환 발생을 예측하는 데 더 유용하다. 가정혈압은 가면고혈압, 백의고혈압과 저항성 고혈압의 평가에 도움이 되며, 고혈압 약물치료의 적정성, 환자의 순응도와 치료의 적극성을 높일 수 있어 정확한 가정혈압 측정을 위해 모든 환자에게 가정혈압 측정법을 교육할 것을 권고하고 있다.

'백의고혈압'은 진료실에서 측정한 혈압이 140/90 mmHg 이상이고 가정혈압 또는 주간활동혈압이 135/85 mmHg 미만인 경우로 정의하며 진료실과 진료실 밖에서 모두 혈압이 높으면 '지속성 고혈압'이라 한다. 그에 비해 진료실혈압이 140/90 mmHg 미만이고 가정혈압 또는 주간활동 혈압이 고혈압인 경우는 '가면고혈압'으로 정의하며, 진료실 혈압이 정상이나 표적장기 미세 손상이 있거나 심혈관 위험도가 높을 때 권고하고 있다.

(2) 고혈압 평가 시 고려사항

고혈압 환자의 진단 시에는 본태성 혹은 이차성 고혈압의 감별, 심혈관계 질환의 위험요소, 동반된 심혈관계 질환이나 표적장기의 손상, 생활습관 등을 고려하여야 한다. 이차성 고혈압은 전체 고혈압의 5~10% 정도로 유병률이 낮지만, 적절한 치료를 통해 혈압 개선효과와 심혈관계 질환을 예방할 수 있다. 특히 고혈압 환자는 대개 다른 심혈관 위험인자를 동반하므로 혈압 강하만으로는 고혈압 관련 위험을 조절하는 데 충분하지 않으므로 성별, 연령, 조기 심혈관질환의 가족력, 흡연, 이상지질혈증, 공복혈당, 체질량지수, 복부 비만 등 심혈관계 위험인자에 대한 평가를 함께 하도록 한다.

대한고혈압학회에서는 심혈관계 합병증 발생의 지연 및 예방, 심혈관계 합병증 감소와 사망률 감소, 고혈압 환자의 삶의 질 향상을 위하여 다음과 같은 기본검사를 시행하며 적어도 매 1년마다 재검할 것을 권고하고 있다표 8-7.

표 8-7 고혈압환자 평가를 위한 기본검사

① 헤모글로빈과 / 또는 헤마토크리트, 나트륨, 칼륨, 크레아티닌, 계산된 사구체여과율, 요산
② 공복 혈당과 공복 지질 검사(총콜레스테롤, LDL 콜레스테롤, HDL 콜레스테롤, 중성지방)
③ 소변검사
- 일반소변검사: 단백뇨, 혈뇨
- 임의뇨 중 알부민과 크레아티닌 비
④ 12-유도 심전도
⑤ 흉부 X-선 촬영

출처: 대한의학회 · 질병관리청. 일차 의료용 근거기반 고혈압 임상진료지침. 임상진료지침 정보센터(2020)

3) 고혈압의 치료와 관리

고혈압 치료의 목표는 혈압을 조절하여 혈압 상승에 의한 심혈관질환을 예방하고 사망률을 낮추는 것으로 심혈관질환의 위험이 높은 환자일수록 혈압치료에 따른 이득이 크다고 한다. 또한 혈압이 120/80 mmHg 이상인 경우 고혈압의 발생과 심혈관 사고를 예방하기 위해 생활습관 개선과 같은 비약물치료를 시행할 것을 권고하고 있다.

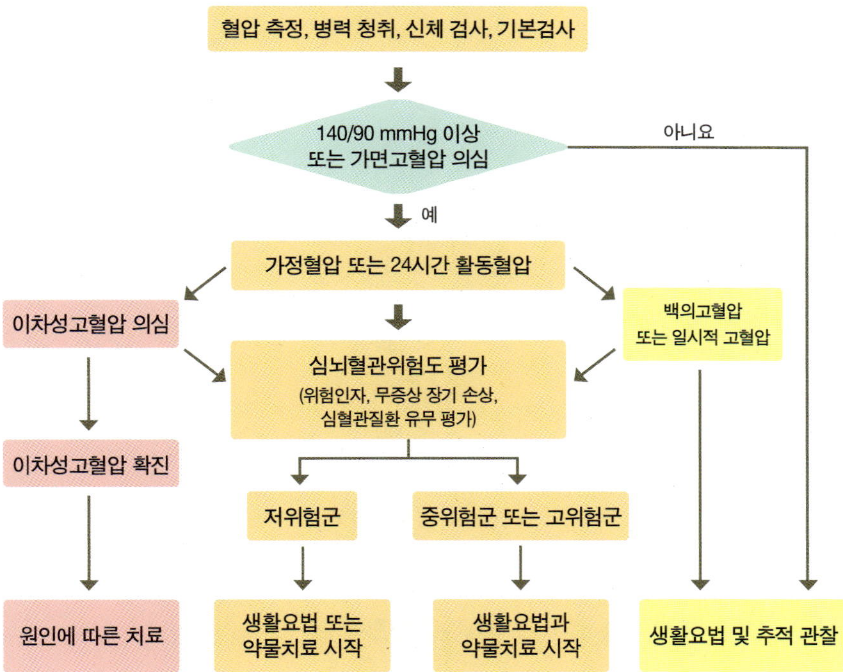

그림 8-4 | 고혈압의 치료계획

출처: 대한고혈압학회 진료지침제정위원회. 고혈압 진료지침(2018)

(1) 고혈압 치료의 목표혈압

심뇌혈관질환의 위험인자, 동반 질환, 고혈압 합병증 유무에 따라 다음과 같이 권고되고 있다.

표 8-8 고혈압 치료의 목표혈압

상황	수축기혈압(mmHg)	이완기혈압(mmHg)
합병증이 없는 고혈압	< 140	< 90
노인 고혈압	< 140	< 90
당뇨병 심혈관질환 없음* 심혈관질환 있음	 < 140 < 130	 < 85 < 80
고위험군	< 130	≤ 80
심혈관질환	< 130	≤ 80
뇌졸중	< 140	< 90
만성콩팥병 알부민뇨 없음 알부민뇨 동반됨	 < 140 < 130	 < 90 < 90

* 50세 이상의 관상동맥질환, 말초혈관질환, 대동맥질환 심부전, 좌심실비대

† 고위험군 노인은 노인 고혈압 기준을 따름

‡ 미세알부민뇨 포함

출처: 대한고혈압학회 진료지침제정위원회. 고혈압 진료지침(2018)

(2) 고혈압 예방과 개선을 위한 생활요법

고혈압 환자의 관리에 있어서 좋은 생활습관은 모든 고혈압 환자에게 중요할 뿐 아니라, 주의혈압 및 고혈압 전 단계 혈압인 사람에게도 고혈압의 예방을 위하여 적극적으로 권장하고 있으며, 고혈압약 한 개 정도의 혈압강하 효과가 있다고 보고되고 있다.

표 8-9 생활요법에 따른 혈압 감소 효과

생활요법	혈압 감소 (수축기/이완기혈압, mmHg)	권고사항
소금 섭취 제한	−5.1 / −2.7	하루 소금 6 g 이하
체중 감량	−1.1 / −0.9	매 체중 1 kg 감소
절주	−3.9 / −2.4	하루 2잔 이하
운동	−4.9 / −3.7	하루 30~50분, 1주일에 5일 이상
식사조절	−11.4 / −5.5	채식 위주의 건강한 식습관*

* 건강한 식습관: 칼로리와 동물성 지방의 섭취를 줄이고 야채, 과일, 생선류, 견과류, 유제품의 섭취를 증가시키는 식이요법

출처: 대한고혈압학회 진료지침제정위원회. 고혈압 진료지침(2018)

따라서 약물요법을 시행하고 있는 고혈압 환자가 생활요법을 병행함으로써 복용 약의 용량 감소와 부작용을 줄일 수 있을 뿐 아니라 다른 심혈관 위험을 동시에 감소시키는 효과도 기대할 수 있다.

4. 당뇨병

2017년 세계당뇨병연맹 보고에 의하면 전 세계 인구 중 4억 2천5백만 명이 당뇨병으로 성인 11명 중 1명이 당뇨병이다. 2018년 대한당뇨병학회에서 발표한 자료에 의하면 우리나라 30세 이상 성인 7명 중 1명(14.4%)이 당뇨병을 가지고 있다. 우리나라에서 당뇨병으로 인한 사망률은 인구 10만 명당 25.6명으로 OECD 36개국 중 8위이며, 지속적으로 당뇨병의 유병률이 증가되고 있다. 또한 30세 이상 성인의 4명 중 1명(25.3%)이 당뇨병 전단계인 공복혈당장애에 해당하며, 8백7십만 명이 당뇨병의 고위험군 상태로 보고되었다. 또한 임신 중 당뇨병 진료환자는 출산 여성의 25.4%로 9년간 5.8배 증가하

여 산모의 산전관리와 가임기 여성의 건강관리가 필요한 상황이다.

1) 당뇨병의 분류

당뇨병은 2000년 미국당뇨병학회와 WHO에서 제시한 임상적 특징에 따라 제1형 당뇨병, 제2형 당뇨병, 임신성당뇨병 및 기타 다른 원인에 의한 당뇨병으로 분류하고 있다. 제1형 당뇨병은 인슐린을 분비하는 췌장의 베타세포가 서서히 파괴되어 결국 인슐린 분비가 없어지는 질환으로 자가면역질환의 한 형태로 나타날 수 있으며 전 연령에 걸쳐 발생한다. 제2형 당뇨병은 인슐린저항성(인슐린의 작용 감소)과 인슐린의 분비량 부족으로 초래되는 질환으로 모든 당뇨병 환자들에게서 반드시 존재하며, 복잡한 병인을 고려하여 관리되어야 한다. 기타 당뇨병 또는 이차성 당뇨병은 어떤 특정한 원인에 의해 당뇨병 상태로 진행하는 경우를 말하며, 일반적으로 유전적 또는 환경적(비만, 노화 등) 조건을 가진 경우가 대부분이다. 임신성당뇨병은 임신 중에 발견된 당뇨병을 말하며 임신기간은 물론, 출산 후 장기적으로 당뇨병 발생을 예방하기 위한 관리가 요구된다.

2) 당뇨병의 진단기준 및 선별검사

(1) 당뇨병 진단 및 분류

정상 혈당은 최소 8시간 이상 음식을 섭취하지 않은 공복상태에서 혈장포도당 100 mg/dL 미만, 75 g 경구당부하 후 2시간 혈장포도당 140 mg/dL 미만으로 하며, 진단기준은 다음과 같다표 8-10.

☰ 표 8-10 당뇨병의 진단기준

① 당화혈색소 6.5% 이상 또는
② 8시간 이상 공복혈장포도당 126 mg/dL 이상 또는
③ 75 g 경구당부하 후 2시간 혈장포도당 200 mg/dL 이상 또는
④ 당뇨병의 전형적 증상(다뇨, 다음, 설명되지 않는 체중감소)이 있으면서 무작위 혈장포도당 200 mg/dL 이상

①, ②, ③의 경우 서로 다른 날 검사를 반복해서 확진해야 하지만 같은 날 동시에 두 가지 이상 기준을 만족한다면 바로 확진할 수 있다.

출처: 대한당뇨병학회. 당뇨병진료지침. 제7판(2021)

경구당부하검사는 검사방법의 번거로움, 많은 시간 소요, 낮은 재현성 등의 문제로 의료기관에서의 활용도는 낮으나 공복혈당장애가 있거나, 공복혈장포도당은 정상이나 당뇨병 위험이 높은 군, 공복혈장포도당이 유용한 진단검사가 되기 어려운 60세 이상, 혈당검사 결과가 모호하거나 산모인 경우, 및 역학연구의 경우에 고려한다. 그 밖에도 경구당부하검사는 당뇨병의 고위험군인 내당능장애를 진단하는 데도 유용하다.

☰ 표 8-11 경구당부하 검사방법

① 검사 전 적어도 3일 동안 평상 시의 활동을 유지하고 하루 150 g 이상의 탄수화물을 섭취한다.
② 검사 전 날 밤부터 10시간 내지 14시간 금식 후 공복혈장포도당 측정을 위한 채혈을 한다.
③ 250~300 mL의 물에 희석한 포도당 75 g이나 150 mL의 상품화된 포도당용액을 5분 이내에 마신다.
④ 포도당을 마신 2시간 후에 포도당부하 후 혈장포도당 측정을 위한 채혈을 한다(포도당 용액을 마시기 시작한 시간을 0분으로 한다).
⑤ 필요한 경우 포도당부하 후 30분, 60분, 90분째 혈장포도당을 측정할 수 있다.

출처: 대한당뇨병학회. 당뇨병진료지침. 제7판(2021)

당화혈색소는 공복혈장포도당 및 식후 2시간 혈당과 좋은 상관관계를 보이며, 장기적인 혈당조절 상태를 보다 정확히 반영하고, 당뇨병성합병증의 위험도를 알 수 있는 좋은 지표로 알려져 있다. 당화혈색소는 공복 여부와 상관없이 검사가 가능하고, 혈당 상태를 판단하는 데 편리하여 널리 사용되며, 혈당측정보다 안정적이라고 한다. 따라

서 2009년 국제전문가위원회international expert committee는 NGSPnational glycohemoglobin standardization program에 의해 인증되고 표준화된 방법diabetes control and complication trial, DCCT reference assay을 사용했을 경우, 당화혈색소 6.5% 이상을 당뇨병의 새로운 진단기준으로 포함시킬 것을 권고하였다.

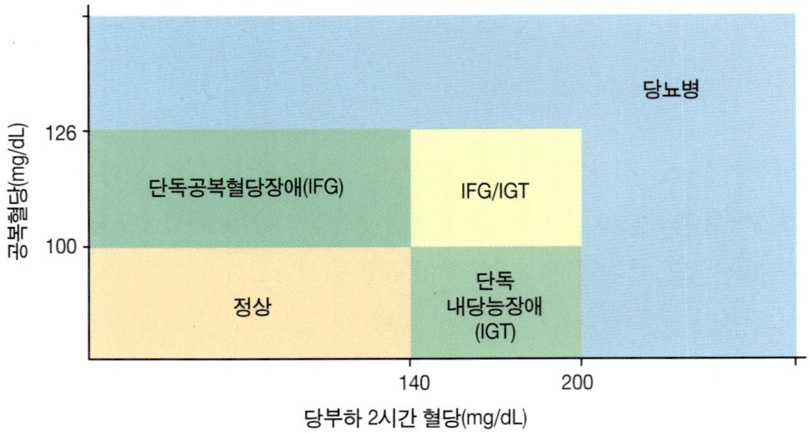

그림 8-5 | 공복혈당과 당부하 후 2시간 혈당을 기준으로 한 당대사 이상의 분류

출처: 대한당뇨병학회. 당뇨병진료지침. 제7판(2021)

당뇨병 전단계, 즉 당뇨병 고위험군은 다음과 같이 정의하고 있다표 8-12.

표 8-12 당뇨병 전단계(당뇨병 고위험군)의 진단기준과 정의

정의	진단기준
공복혈당장애	공복혈장포도당 100~125 mg/dL
내당능장애	75 g 경구당부하 후 2시간 혈장포도당 140~199 mg/dL
당뇨병 전단계 (당뇨병 고위험군)	당화혈색소 5.7~6.4%에 해당하는 경우

출처: 대한당뇨병학회. 당뇨병진료지침. 제7판(2021)

(2) 당뇨병의 선별검사

① 제2형 당뇨병의 선별검사

제2형 당뇨병은 특별한 증상이 없어 합병증이 나타나는 시점까지 환자의 1/3 정도가 진단되지 않고 있는 것으로 추정되고 있다. 따라서 당뇨병 고위험군에서 당뇨병이 진단될 가능성이 높은 대상을 찾아내 조기진단을 목적으로 선별검사를 하는 것이 중요하다.

표 8-13 제2형 당뇨병의 위험인자

- 과체중(체질량지수 23 kg/m^2 이상)
- 직계가족(부모, 형제자매)에게 당뇨병이 있는 경우
- 공복혈당장애나 내당능장애의 과거력
- 임신성당뇨병이나 4 kg 이상의 거대아 출산력
- 고혈압(140/90 mmHg 이상 또는 약제 복용)
- HDL 콜레스테롤 35 mg/dL 미만 또는 중성지방 250 mg/dL 이상
- 인슐린 저항성(다낭난소증후군, 흑색극세포증 등)
- 심혈관질환(뇌졸중, 관상동맥질환 등)
- 약물(글루코코르티코이드, 비정형 항정신병약 등)

출처: 대한당뇨병학회. 당뇨병진료지침. 제7판(2021)

표 8-14 당뇨병 위험도 체크리스트

질문	문항		점수
1. 당신의 나이는?	35세 미만		0점
	35~44세		2점
	45세 이상		3점
2. 당신의 부모형제 중 한 명이라도 당뇨병 환자가 있습니까?	아니오		0점
	예		1점
3. 당신은 현재 혈압약을 복용하고 있거나 혈압이 140/90 mmHg 이상인가요?	아니오		0점
	예		1점
4. 당신의 허리둘레는 얼마인가요?	남자	84 cm 미만	0점
		84~89.9 cm	2점
		90 cm 이상	3점
	여자	77 cm 미만	0점
		77~83.9 cm	2점
		84 cm 이상	3점
5. 당신은 현재 담배를 피나요?	아니오		0점
	예		1점
6. 당신의 음주량은 하루 평균 몇 잔인가요? (술 종류 관계없이)	하루 1잔 미만		0점
	하루 1~4.9잔		1점
	하루 5잔 이상		2점
총점			

※ 결과해석 : 점수가 높을수록 당뇨병 위험이 높아진다. 8~9점은 5~7점보다 당뇨병 발생 위험이 2배, 10점 이상일 경우 3배 이상 높아진다. 총점이 5점 이상일 경우 당뇨병이 있을 위험이 높으므로 혈당검사(공복혈당 또는 식후 혈당)가 권고된다.

출처: 대한당뇨병학회. 당뇨병진료지침. 제7판(2021)

② 임신당뇨병의 선별검사

최근에는 많은 가임기 여성에게서 비만인구가 늘어나고 동시에 진단받지 않은 제2형 당뇨병 환자가 늘고 있어 임신당뇨병의 조기 진단을 통한 적절한 치료가 중요하다. 임신당뇨병은 임신부의 3~14%에서 발생하며 임신성고혈압, 분만 시 손상, 난산, 산모의 제2형 당뇨병 발생위험이 증가한다고 보고되고 있다. 또한 거대아, 신생아 저혈당, 신생아 골절 및 신경손상 등의 주산기합병증의 유발과 장기적으로는 자녀의 비만과 제2형 당뇨병의 위험도 증가시킨다고 한다.

따라서 모든 임신부는 첫 산전 방문 시에 임신 전 당뇨병 유무를 확인하는 것이 필요하며, 임신 전 당뇨병으로 진단받지 않은 임신부는 임신 24~28주에 1단계 접근법과 2단계 접근법 중 한 가지를 사용하여, 임신당뇨병의 선별검사를 받아야 한다.

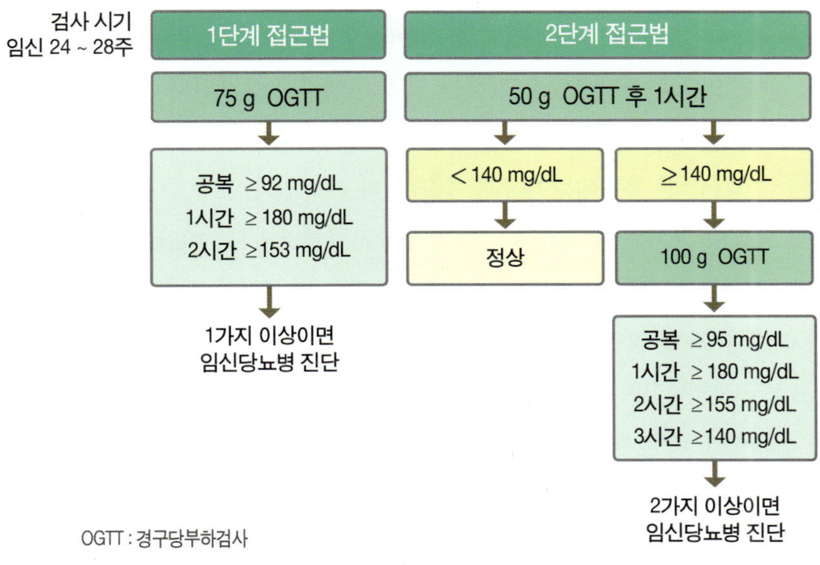

그림 8-6 | 임신당뇨병 진단 알고리즘

출처: 대한당뇨병학회. 당뇨병진료지침. 제7판(2021)

(3) 선별검사를 위한 혈당검사 방법

당뇨병 진단을 위한 혈당검사는 정맥 전혈을 분리한 혈장을 이용하는 것이 기본적 원칙이다. 혈당농도는 채혈하는 혈액의 종류(정맥혈, 동맥혈, 또는 모세혈관혈)에 따라 다르고 금식 여부와 섭취시간에 따라 달라질 수 있다. 일반적으로 혈당의 농도는 동맥혈이 가장 높고 모세혈관혈, 정맥혈 순으로 낮아진다. 또한 검체의 종류, 즉 전혈, 혈장 그리고 혈청에 따라서도 달라진다.

3) 당뇨병의 관리

(1) 혈당조절의 목표

당뇨병 환자는 철저한 혈당조절을 통해 미세혈관 합병증이나 대혈관 합병증의 위험을 낮출 수 있으므로 혈당조절을 잘하는 것이 무엇보다 중요하다. 하지만 당뇨병 유병기간이 15년 미만인 환자에게서는 철저한 혈당조절이 심혈관질환 예방에 도움이 될 수 있으나 15년 이상 된 경우에는 해로울 수도 있다고 하였다.

제2형 당뇨병 환자의 혈당조절의 목표는 당화혈색소 6.5% 미만으로 권고하며, 처음 진단받고 심혈관질환 발생 위험이 크지 않은 경우 적극적인 혈당조절 노력을 하도록 권장하고 있다. 또한 혈당조절의 목표는 환자의 나이, 당뇨병 유병기간, 당뇨병 합병증의 진행 정도, 동반 질환들, 저혈당 위험, 여명기간, 순응도 등에 따라 개별화할 것을 고려한다. 제1형 당뇨병 환자는 DCCTDiabetes Control and Complication Trial 연구 결과를 토대로 당화혈색소 7.0% 미만을 목표로 권고한다.

(2) 혈당조절의 모니터링 및 평가

대한당뇨병학회 당뇨병 진료지침에서는 혈당조절 정도를 판단하고 모니터링하기 위하여 당뇨병 환자의 자가 혈당 측정자료와 당화혈색소를 이용하고 있다.

① 당화혈색소

당화혈색소는 혈당에 따른 혈색소 내의 당화 정도를 측정하는 방법으로, 적혈구 수명기간인 3개월 내외의 혈당 평균치를 반영한다. 따라서 당화혈색소는 2~3개월마다 측정하도록 권장하고 있으나, 혈당 변화가 심할 때, 약제를 변경했을 때, 좀 더 철저한 조절이 필요할 때(예, 임신 시)와 같이 환자의 임상적 상황, 치료방법 등을 고려해 조절할 수 있다.

② 자가 혈당 측정 및 모니터링

당뇨병 환자의 개별적인 치료에 따른 반응이나 치료 후 조절목표에 도달했는지를 알기 위해 자가 혈당 측정은 중요하다. 즉, 자가 혈당 측정은 저혈당을 방지하고, 임상영양요법, 운동요법, 약물요법의 효과를 평가하는 유용한 지표이며 환자 스스로 치료에 대한 반응과 조절목표 도달 여부를 평가하여, 당뇨병을 관리하는 데 도움이 된다. 특히 인슐린 치료를 받는 환자에게서 무증상 저혈당 또는 고혈당을 감시하거나 예방하는 데도 중요하다.

자가혈당측정기는 사용 전 매년 기기의 사용방법이나 정확도를 점검하도록 하며, 자가혈당측정은 매 식사 전후, 취침 전, 새벽, 운동 전후, 저혈당 시에 할 수 있으며, 환자 상태에 따라 측정 시기나 횟수는 개별화할 수 있다

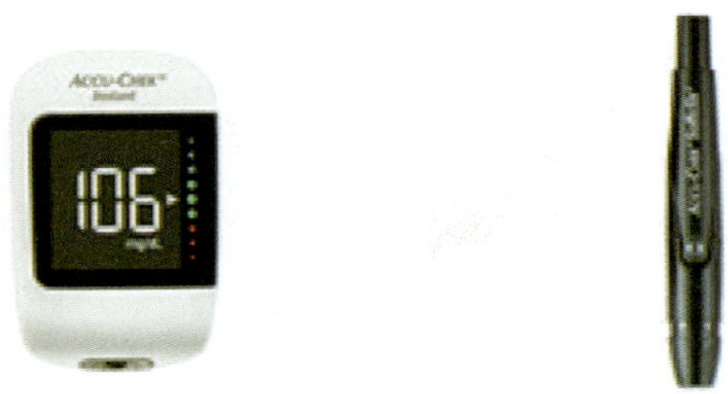

그림 8-7 | 자가혈당측정기의 예

출처: https://accu-chek.co.kr/

③ 지속혈당감시장치

지속혈당감시장치는 환자의 생활습관을 교정할 수 있는 좋은 교육방법이 될 수도 있다. 지속혈당감시장치는 전문가용professional과 실시간real-time형으로 나누는데, 전문가용은 3~6일 정해진 기간 동안 환자가 착용한 후, 주치의가 그 결과를 치료와 교육에 반영한다. 환자는 혈당감시장치를 착용하는 동안 혈당 결과를 볼 수 없으며 평소의 패턴대로 생활하고 그 결과에 따라 추후 생활습관 교정에 반영한다. 그러나 실시간 지속혈당감시장치에는 저혈당과 고혈당의 알람 기능을 가지고 있어서 환자가 실시간으로 혈당을 확인하고 추세를 볼 수 있으며, 저혈당 또는 고혈당에 따라 환자 스스로 조치를 취할 수 있도록 해준다.

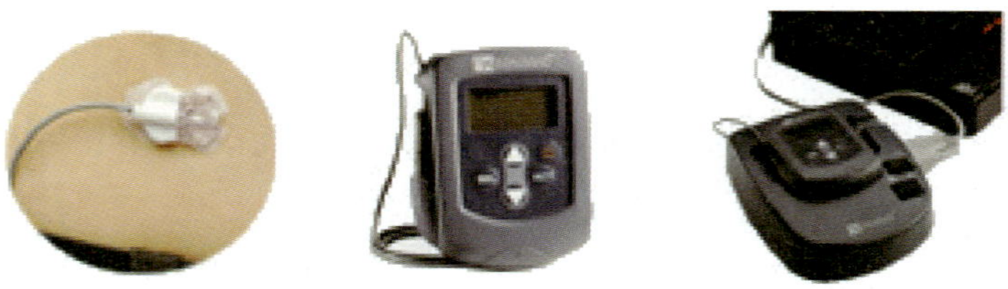

포도당 센서　　모니터　　컴스테이션

그림 8-8 | 지속혈당감식장치의 예

출처: 대한당뇨병학회. 교육위원회. http://www.diabetes.or.kr/

4) 당뇨병의 임상영양요법

임상영양요법은 당뇨병의 예방 및 관리, 그리고 자가관리 교육의 필수적인 요소이다. 당뇨병 또는 당뇨병 고위험 환자는 임상영양사를 통해 개별화된 임상영양요법을 받도록 권고하고 있다. 임상영양사에 의한 임상영양요법 교육은 당화혈색소를 1.0~2.0% 감소시킬 수 있다고 한다. 일회적인 임상영양교육보다 추후 관리를 통한 반복교육은 혈당 개선과 함께 혈압, 체중의 유의한 개선효과가 있다고 한다. 제1형 당뇨병 환자에게는 탄수화물계산법 등을 이용한 집중적인 인슐린 치료교육을 제공해야 한다. 제2형 당뇨병에서는 식사조절을 통한 체중감량으로 혈당조절뿐만 아니라 지질 수치 및 혈압 감소 등 여러 임상적 이득들도 얻을 수 있다.

5. 대사증후군

대사증후군은 1988년 Reaven에 의해 인슐린저항성과 고혈압, 이상지질혈증, 내당능장애 및 복부비만의 개념이 처음 제시된 것을 바탕으로 1999년 세계보건기구WHO에서 처음으로 정의를 제시하였다. 대사증후군의 중심에는 인슐린저항성이 있으며, 초창기 인슐린저항성증후군insulin resistance syndrome이라고 명명하고, 그 이후 X 증후군syndrome X 또는 이상대사증후군dysmetabolic syndrome 등으로 불렸다.

우리나라의 경우 국민건강영양조사결과 2013~2015년 19세 이상 성인의 대사증후군 유병률은 20.3%였고, 30세 이상은 27%, 65세 이상은 37.7%였다. 남성은 연령이 증가할수록 대사증후군 유병률이 증가하다 70대에 감소세를 보이는 반면에 여성은 연령이 증가할수록 유병률이 높아지는데 혈중 여성 호르몬 감소가 유병률 패턴에 영향을 미치는 것으로 분석되었다.

1) 대사증후군의 진단기준

대사증후군은 그 자체가 심혈관질환으로 인한 이환율과 사망률을 증가시키며, 여러 대사질환과 심혈관질환의 위험성에 대한 높은 예측률을 가지고 있어 진단기준은 매우 중요성을 갖고 있다. 세계보건기구WHO에서 대사증후군의 진단기준을 처음으로 정의한 이후 여러 단체와 학회에서 차례로 진단기준을 제시하였다표 8-15.

표 8-15 각 유관학회별 대사증후군 진단기준

구성요소	NCEP ATP	IDF	EGIR	WHO	AACE
필수요소		허리둘레 남자 ≥ 90 cm 여자 ≥ 85 cm	인슐린 저항 또는 공복 고인슐린혈증 25th percent	인슐린 저항 ≥ 25th percent 공복혈당 ≥ 110 mm/dL; 식후 2시간 혈당 ≥ 140 mg/dL	인슐린 저항 고위험군 또는 BMI ≥ 25 kg/m^2 또는 복부비만 (남자 ≥90 cm, 여자 ≥85 cm)
검사이상 개수	다음 중 3개 이상	다음 중 2개 이상	다음 중 2개 이상	다음 중 2개 이상	다음 중 2개 이상
복부비만	허리둘레 남자 ≥ 102 cm 여자 ≥ 88 cm		허리둘레 남자 ≥ 94 cm 여자 ≥ 80 cm	허리둘레/ 엉덩이둘레 비 남성 ≥ 0.9 여성 ≥ 0.85 또는 BMI ≥ 30 kg/m^2	
혈압	수축기 ≥ 130 mmHg 또는 이완기 ≥ 85 mmHg 또는 고혈압 치료를 위해 약물 투여 중인 상태	수축기 ≥ 130 mmHg 또는 이완기 ≥ 85 mmHg 또는 고혈압 치료를 위해 약물 투여 중인 상태	수축기 ≥ 140 mmHg 또는 이완기 ≥ 90 mmHg 또는 고혈압 치료를 위해 약물 투여 중인 상태	수축기 ≥ 140 mmHg 또는 이완기 ≥ 90 mmHg	수축기 ≥ 130 mmHg 또는 이완기 ≥ 85 mmHg
혈당	≥ 100 mg/dL 또는 혈당조절을 위해 약물 투여 중인 상태	≥ 100 mg/dL 또는 진단된 당뇨병	110–125 mg/dL		≥ 110 mg/dL 또는 식후 2시간 혈당 ≥ 140 mg/dL
고밀도지질 단백질 콜레스테롤	남성 < 40 mg/dL, 여성 < 50 mg/dL, 또는 HDLC 상승을 위해 약물 투여 중인 상태	남성 < 40 mg/dL, 여성 < 50 mg/dL, 또는 HDLC 상승을 위해 약물 투여 중인 상태	< 40 mg/dL	남성 < 35 mg/dL, 여성 < 40 mg/dL	남성 < 40 mg/dL, 여성 < 50 mg/dL

구성요소	NCEP ATP	IDF	EGIR	WHO	AACE
중성지방	≥ 150 mg/dL, 또는 중성지방을 낮추기 위해 약물 투여 중인 상태	≥ 150 mg/dL, 또는 중성지방을 낮추기 위해 약물 투여 중인 상태	≥ 180 mg/dL, 또는 이상지질혈증 치료를 위해 약물 투여 중인 상태	≥ 150 mg/dL	≥ 150 mg/dL
기타				미세알부민뇨 (소변 알부민 배출 ≥ 20 g/min 또는 알부민/크레아티닌 비 ≥ 20 mg/g)	

NCEP, National Cholesterol Education Program; IDF, International Diabetes Federation; EGIR, European Group for the Study of Insulin Resistance; WHO, World Health Organization; AACE, American Association of Clinical Endocrinologists; BMI, body mass index.

출처: 심재용 외. 대한민국 성인에서 대사증후군의 예방 및 치료. Korean J Fam Pract. 2015;5(3):375–420

2009년 국제당뇨병연맹IDF, 미국심장협회/국립심폐혈연구소AHA/NHLBI 및 국제비만연구협회IASO 등은 복부비만에 대해서 민족별, 국가별로 달리 정의하였으며, 합의된 아시아인의 복부비만 기준은 남성 90 cm 및 여성 80 cm 이상이다. 그러나 대한비만학회는 대한민국 성인의 복부비만을 위한 허리둘레 절단점을 남성 90 cm 및 여성 85 cm으로 정의하였다. 우리나라 대사증후군 진단기준은 5가지 위험인자 중 3개 기준에 해당되었을 때 대사증후군으로 진단하며 표 8-16과 같다.

표 8-16 한국인 대사증후군 진단기준

위험인자	진단기준
1. 복부비만	허리둘레
남자	≥ 90 cm
여자	≥ 85 cm
2. 중성지방	≥ 150 mg/dL 이상지질혈증 치료제를 복용 중인 경우
3. HDL–콜레스테롤	

위험인자	진단기준
남자	< 40 mg/dL 또는 이상지질혈증 치료제를 복용 중인 경우
여자	< 50 mg/dL 또는 이상지질혈증 치료제를 복용 중인 경우
4. 혈압	≥ 130/85 mmHg 또는 고혈압 치료제를 복용 중인 경우
5. 공복혈당	≥ 100 mmHg 또는 당뇨병 치료제를 복용 중인 경우

* 위 기준 중 3개 이상에 해당될 때 대사증후군으로 진단할 수 있음
출처: 대한의학회 · 보건복지부. 일차 의료용 당뇨병 임상진료지침. 임상진료지침 정보센터(2018)

2) 대사증후군의 예방과 치료

대사증후군 치료의 궁극적 목표는 당뇨병과 심혈관질환을 예방하는 것이다. 따라서 대사증후군의 구성요소인 고혈압과 이상지질혈증 및 인슐린 저항성이나 고혈당 등을 개선하는 것이 중요하며, 이와 같은 요소들을 치료하는 데 있어서 생활습관 개선은 반드시 동반되어야 한다. 대사증후군의 예방과 치료를 위한 식사원칙은 다음과 같다그림 8-9.

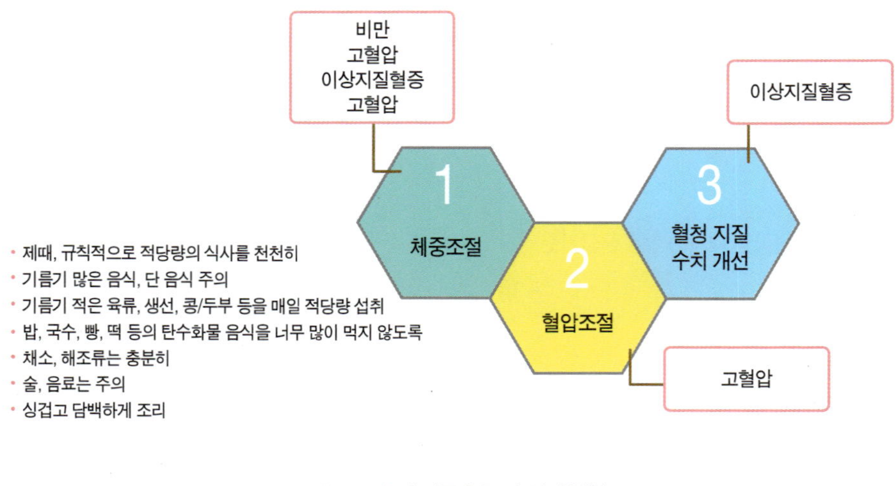

그림 8-9 | 대사증후군의 식사원칙

출처: 서울시 대사증후군관리사업지원단. 대사증후군오락프로젝트. http://www.5check.or.kr

CHAPTER

9

입원환자의 영양판정

1. 병원영양불량의 정의 및 분류 | 2. 영양검색 및 도구 | 3. 영양관리 과정을 통한 입원환자의 영양판정 | 4. 입원환자 영양판정을 위한 자료수집과 영양처방

C H A P T E R

9

의료기관의 입원환자를 대상으로 영양불량 위험환자를 선별하고 질병별 영양판정을 할 수 있다.

학습목표

- 병원영양불량의 유형과 특징을 구분할 수 있다.
- 영양관리과정의 단계별 특징을 설명할 수 있다.
- 영양불량을 선별하기 위한 도구를 이용하여 영양불량을 진단할 수 있다.
- 신체계측 조사, 생화학적 조사, 임상조사, 및 식사섭취 조사방법을 이용하여 영양불량을 판정할 수 있다.
- 다양한 스트레스(질병 또는 외상)가 에너지와 단백질 소모량 및 요구량에 미치는 영향을 비교할 수 있다.

1. 병원영양불량의 정의 및 분류

2014년 기준 전 세계 성인 중 약 4억 6천만 명이 영양부족이며, 반면에 19억이 과체중 또는 비만으로 알려져 있다. 또한 2016년 기준 약 1억 5천만 명의 5세 이하 어린이가 성장부전으로 고통받고 있는 반면, 약 4천만 명의 어린이는 과체중이다. 특히 저개발국과 중진국의 5세 이하의 어린이 사망원인 중 약 45%가 영양부족과 연관되지만 이들 국가에서 과체중과 비만율의 상승이 동시에 일어나고 있다는 문제점도 있다.

세계보건기구world health organization, WHO에서는 영양불량malnutrition을 섭취한 에너지 및 영양소의 결핍, 과다, 또는 불균형과 관련되며 다음과 같이 3가지 상태로 간주하고 있다.

- 영양부족(undernutrition): 소모성(낮은 키-체중비), 신체발육 지연(낮은 연령 대비 키) 및 체중저하(낮은 연령 대비 체중)
- 미량영양소 관련 영양불량(micronutrient-related malnutrition): 미량영양소 결핍(주요한 무기질과 비타민 결핍) 또는 과다
- 체중과다(overweight)와 비만(obesity)과 식사와 관련된 비전염성질환(심장질환, 뇌졸중, 당뇨병 및 일부 암 등)

이와 같이 전 세계의 모든 국가에서는 영양불량 형태 중 하나 또는 그 이상의 형태로 영향을 받으며, 영양불량과 영양부족은 체구성, 신체기능 및 건강에 매우 부정적인 영향을 미치는 것으로 병원 입원환자에게서는 매우 흔하다.

1) 병원영양불량과 영양중재의 중요성

영양불량malnutrition이란 영양부족에서부터 영양과잉까지 영양의 불균형 상태를 통

칭하는 것으로 정의하지만, 병원에서의 일차적 관심은 영양결핍undernutrition 상태로, 인체 조직의 유지 보수에 필요한 열량, 단백질, 필수 영양소들의 공급이 적절하지 못한 상태를 말한다. 1970년대 초 Butterworth 교수의 〈The skeleton in the hospital closet〉이라는 글을 통해 심각한 영양실조가 대도시 병원 속에 만연하며, 병원의 영양불량이 심각하다는 사실이 알려지게 되었다. 입원환자의 영양불량은 근육의 소모, 면역 저하 및 감염위험의 증가, 재원 · 입원일수와 치료비 상승, 및 높은 치사율 등과 관련되어 있음이 보고되었다그림 9-1.

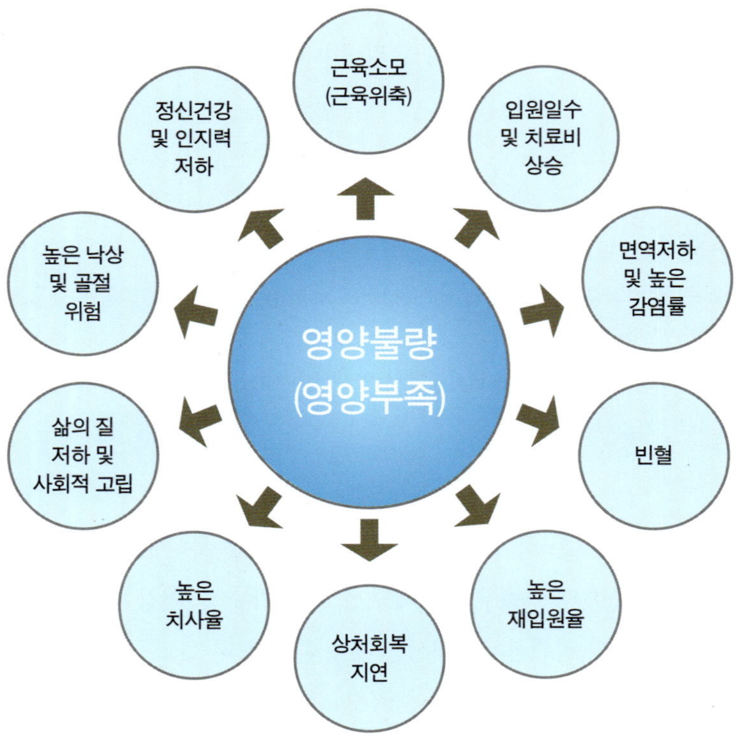

그림 9-1 | 영양불량이 건강 및 질병에 미치는 영향

출처: Nieman, David C. Nutritional Assessment: Assessment of the hospitalized patient. 7th Edition. McGraw-Hill, Education. 2019. The McGraw-Hill Companies

여러 연구를 통하여 급성기 입원환자의 13~78%가 영양불량으로 보고되었으며, 병원에서의 영양불량 유병률은 의학적 발전에도 불구하고 1970년대나 현재나 큰 차이가 없는 것으로 보고되었다. 이와 같은 결과는 입원한 환자에 대한 영양불량 상태의 과소평가와 기관별 영양불량 검색방법 및 병원에서 이용할 수 있는 자원 범위의 차이에 의한 것이다. 실제 일부 의료기관에서는 입원환자에 대한 영양불량 위험 평가가 소홀하게 진행되고 있으며, 이로 인해 입원 당시 영양불량이 아닌 환자의 1/3 정도가 입원기간 동안 영양불량으로 진행될 수 있다고 한다.

2) 영양불량의 분류

영양불량은 질병으로 분류되어 국제질병분류체계international classification of diseases clinical modification, ICD-10-CM와 한국질병분류체계를 통하여 영양불량의 특성에 따른 진단명과 증상에 대해서 확인할 수 있다(제6장 임상조사 참조). 단백질-열량 영양불량protein-calorie malnutrition, PCM은 단백질-에너지 영양불량protein-energy malnutrition, PEM으로도 알려져 있으며, 대부분이 콰시오카 또는 마라스무스의 유형이다. 콰시오카는 단백질 결핍이 주요 원인이며 비교적 정상적인 체중, 완전한 골격근 조직, 혈청 단백질의 농도의 감소 및 부족이 대표적 특징이며, 그에 비해 마라스무스는 에너지 결핍이 주요 원인으로 현저한 체중감소, 골격근 및 체지방조직의 감소 등이 있으나, 혈청 단백질 농도는 비교적 변하지 않은 상태이다표 9-1.

이와 같은 콰시오카나 마라스무스의 형태의 영양불량은 선진국에서 흔하게 관찰되기 어려우나 선진국 의료기관에서는 고관절 골절, 암, 후천성면역결핍증, 투석, 그리고 청소년 류머티스 관절염 등과 같이 특정 질병을 앓고 있는 환자의 경우 30~40%의 PEM이 발생되는 것으로 보고되고 있다. 즉 입원환자는 일반인에 비하여 과대사hypermetabolism 상태로 2배 또는 그 이상의 에너지와 단백질을 요구하며, 콰시오카, 마라스무스, 또는 만성적인 에너지 결핍과 동시에 급성 또는 만성적 단백질 결핍에 의한 마라스무스성 콰시오카를 초래할 수 있다.

표 9-1 콰시오카와 마라스무스의 특징

변수	콰시오카	마라스무스
골격근	뚜렷한 손실은 없음	뚜렷한 손실
혈청단백질	현저하게 감소된 상태	비교적 정상
지방조직	보존된 상태	뚜렷한 손실
체중	비교적 정상	뚜렷한 손실
부종	오목부종(pitting edema)이 흔함	없는 상태
선행요인	심한 단백질 부족과 충분한 에너지 공급	기아상태 (단백질과 총에너지 부족)

출처: Nieman, David C. Nutritional Assessment: Clinical assesment of nutrition status. 7th Edition. McGraw-Hill, Education. 2019. The McGraw-Hill Companies

따라서 입원환자의 PEM의 원인을 평가할 때는 1차적인 요인, 즉 부적절한 음식 섭취에 기인하는 것인지, 아니면 질병에 의한 식사섭취 부족, 부적절한 영양소 흡수, 이용, 및 영양소 이용률 증가에 의한 2차적 요인에 의한 것인지에 대한 정확한 영양상태 평가가 필요하다.

최근 들어 다양한 의료 환경에 있어서 급성과 만성 염증 상태가 영양불량의 주요 원인이라는 과학적 근거가 제시되면서 영양불량에 대한 새로운 패러다임이 제시되고 있다. 미국영양사협회the academy of nutrition and dietetics, A·N·D와 미국정맥경장영양학회american society for parenteral and enteral nutrition, ASPEN에서는 염증inflammation 유무 및 병인을 근거로 영양불량의 분류를 새롭게 정의하였으며, 유럽정맥경장영양학회european society for parenteral and enteral nutrition, ESPEN 역시 질병과 염증 유무 등 병태생리에 따라 분류 정의하였다.

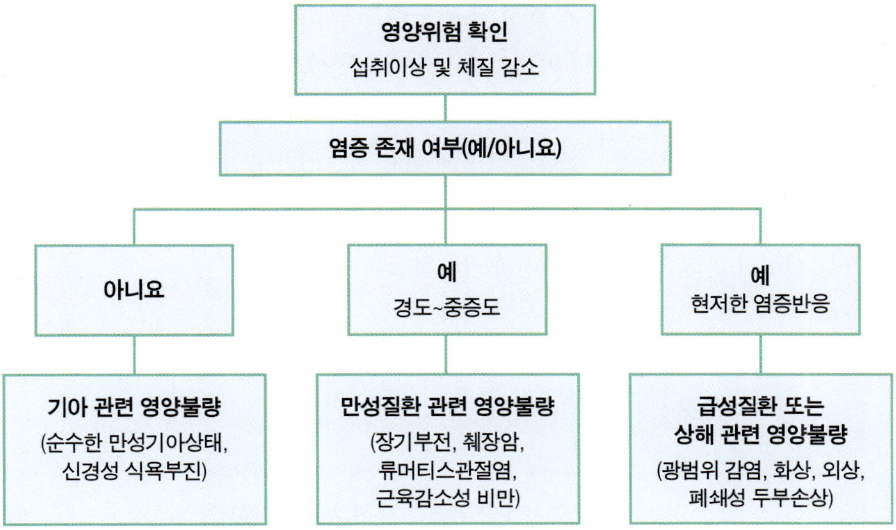

그림 9-2 | 병인 기반의 영양불량의 분류(AND/ASPEN, 2009)

출처: White JV1, Guenter P, Jensen G, Malone A, Schofield M. Consensus statement: Academy of Nutrition and Dietetics and American Society for Parenteral and Enteral Nutrition: characteristics recommended for the identification and documentation of adult malnutrition (undernutrition). JPEN J Parenter Enteral Nutr. 2012 May;36(3):275–83

2. 영양검색 및 도구

1) 영양검색의 의의 및 체계

모든 입원환자는 입원 후 단기간에 영양검색을 하여 영양불량위험에 처해 있는 경우 추가적인 영양상태 평가를 통하여 적절한 영양중재가 이루어진다. 2016년까지 미국병원인증합동위원회the joint commission on accreditation of healthcare organizations, JCAHO에서는 입원 후 24시간 안에 영양검색nutrition screening을 의무화하였으나, 현재는 각 의료기관별 영양검색 방법과 평가도구를 정의하고 질병치료 절차의 한 영역으로 정의하고 있다. 우리나라의 경우 의료의 질과 환자 안전 수준을 제고함으로써 국민 건강의 유지·증진에 기여하기 위하여 설립된 「의료기관평가인증원」에서도 입원환자의 요구에 맞는 서비스를 제공하는 동시에 치료계획 수립을 위해 의학적 초기평가 및 간호평가를 24시간 이내에 실시하도록 하였다. 영양초기평가 역시 의료기관별 규정에 따라 영양사에 의해 시행하도록 기준이 제시되어 있으며, 대다수의 의료기관에서는 48시간 이내 영양초기평가를 실시하고 그 결과를 의료진과 공유하도록 하고 있다.

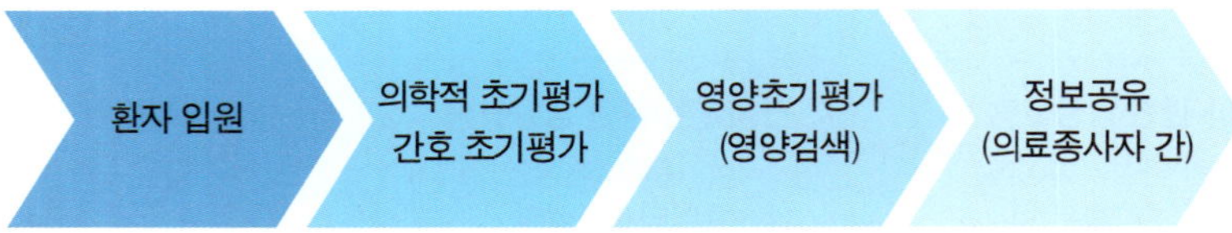

그림 9-3 | 병원에서의 영양불량환자 선별을 위한 체계의 예

일반적으로 의료기관에서의 영양초기평가는 키, 몸무게, 체중감소, 및 연하곤란 등에 의한 영양상태를 평가하고 진단된 영양불량 관련 영양문제 해결을 위해 영양중재와 모니터링을 하도록 하고 있다. 영양중재를 통한 적절한 영양공급은 체중 증가, 재원일수 감소, 및 재입원율의 감소 등과 매우 밀접한 관계가 있으며, 병원영양불량 및 관련 합병증을 예방하기 위한 효과적인 전략으로 알려져 있다.

미국영양사협회와 미국정맥경장영양학회에서는 입원환자의 영양불량을 진단하기 위해 다음과 같은 6가지 특징 중 2가지 또는 그 이상의 사항에 대해서 입원 초기부터 입원기간 동안 확인 · 평가하도록 하고 있다.

- 불충분한 에너지 섭취
- 체중 감소
- 근육량 감소
- 피하지방 감소
- 체중 감소를 가릴 수 있는 국소적, 전신적 수분 축적 상태
- 악력(hand-grip strength)을 이용한 감소된 기능 상태

2) 영양검색의 도구와 활용

병원에 입원하는 모든 환자의 영양상태 평가를 한다는 것은 현실적으로 매우 어려운 실정이므로 의료기관의 인력 및 다양한 조건을 고려해야 한다. 따라서 의료기관별로 제도적 영양검색 시스템을 준비하여 영양문제 또는 영양불량 위험이 있는 환자를 선별한 후 영양적 위험 또는 영양불량 위험 가능성이 높다고 판별된 환자를 대상으로 영양사에 의해 보다 심도 있는 영양상태 평가가 이루어지고 있다.

영양검색은 영양불량이 있거나 위험이 있는 대상을 선별하는 것으로 아주 전문적이고 수준 높은 영양지식을 필요로 하지 않으므로 의사, 간호사, 기타 의료보조인력 등에 의해 실시될 수도 있다. 또한 모든 환자에게 입원 후 신속한 영양지원이 이루어지기 위해 다음과 같은 조건을 갖춘 영양검색 도구를 개발하여 활용하면 효율적인 영양검색을 실시할 수 있다. 우선 영양검색 도구는 의료기관별 입원 시 일상적으로 행해지는 검사와 사전조사 자료만으로도 영양과 관련된 문제를 검색하는 데 충분하도록 계획되어야 한다. 두 번째는 신속하면서도 정확하게 영양위험도 환자를 선별할 수 있어야 한다. 마지막으로 비용이 저렴하고 최소한의 전문지식을 가지고도 쉽게 관리할 수 있도록 사용하기에 간단하고 용이해야 한다.

(1) 성인을 위한 영양검색도구

① Mini Nutritional Assessment(MNA-SF)

MNA는 가정건강관리, 요양시설, 및 병원에 있는 노인의 영양불량 위험과 영양부족을 검색하는 검증된 도구로 약 10분 이내로 수행할 수 있다. MNA-SF 형식은 불충분한 식사섭취, 체중 변화, 근육량 변화, 기능성, 정신적 스트레스, 신경정신적 문제 등과 관련하여 6가지 문항으로 구성되어 있다(부록 1).

② Nutritional Risk Screening 2002(NRS 2002)

NRS 2002는 의료기관에서 영양부족과 영양불량 위험을 선별하기 위한 목적으로 개발된 것으로 체질량지수BMI, 3개월간의 의도하지 않은 체중 감소, 지난 1주간의 식사 섭취 감소상태, 및 질병의 중증도 여부와 관련된 문항으로 구성되어 있다. 유용성 측면을 평가해 볼 때 이 검색도구는 새롭게 입원한 환자 750명 중 99% 정도 검색 가능하며, 약 20% 정도의 영양위험환자가 선별되었다(부록 2).

③ Malnutrition Universal Screening Tool(MUST)

MUST는 지역사회에서 영양상태와 기능상태의 손상과의 상관관계를 바탕으로 개발된 영양불량 선별도구로 영국과 유럽 등에서 널리 사용되고 있다. 많은 연구결과에서 손상된 기능은 체중 손실 정도와 기간, 초기 영양상태의 결과에 의한 것으로 설명하고 있다(부록 3). 최근 들어 이 도구는 지역사회 외에 병원과 건강관리시설 등에서 사용이 확산되고 있다.

④ Short Nutritional Assessment Questionnaire(SNAQ)

SNAQ은 네덜란드의 의료기관에서 가장 널리 사용되는 검증된 성인용 영양검색 도구이다. 체중 변화, 식욕감퇴, 및 경구보충제 또는 경관급식 사용 여부 등 단 3가지의 질문으로 구성되어 매우 신속하고 쉽게 영양불량위험환자를 선별할 수 있다(부록 4).

⑤ Subjective Global Assessment(SGA) & Scored patient-Generated Subjective Global Assessment(PG-SGA)

SGA는 환자력과 신체진단 자료를 바탕으로 영양상태를 평가하는 방법이다. 이 방법은 기존의 생화학적 평가와 신체계측 등 객관적인 자료에 의한 방법들이 비영양적 요소에 영향을 받는다는 의문점을 해결하기 위해 의료전문인이 환자력, 즉 체중 변화, 식사 섭취 변화, 위장관 증상, 기능적 장애 및 영양요구량에 영향을 미치는 질병의 유무 등 5가지 요소와 피하지방 변화, 부종, 복수 및 근육 소모 상태 등에 대한 신체검사의 4가지 요소를 기본으로 주관적으로 종합평가하는 것이다. 환자의 영양상태는 A(영양상태 양호), B(보통 정도의 영양불량), C(심한 영양불량) 로 3등급으로 나누어 평가하게 된다(부록 5-1, 5-2).

SGA는 타당성과 유용성이 입증된 방법이나 단기간의 입원기간 동안 미세한 영양상태 변화에 대해 인지할 수 있는 민감도는 부족하고 경도 영양불량의 경우 잘못 평가될 수 있다. 따라서 SGA를 보다 객관화할 수 있도록 개발된 방법이 PG-SGA로, 미국영양사협회의 경우 여러 연구를 통하여 암환자 영양상태 평가의 공인된 방법으로 사용하고 있다. PG-SGA는 크게 2개의 영역으로 나누어져 있으며, 처음 4개의 문항으로 구성된 조사문항은 환자 스스로 확인하여 답하도록 되어 있으며, 두 번째 영역은 전문 의료진에 의하여 심각한 질병의 유무, 대사적 스트레스를 고려한 영양요구량의 정도 평가, 체지방 및 근육량의 상태 등을 평가한다. 평가는 각각의 영역 결과를 고려하여 영양상태를 평가하며 각 문항의 점수를 총합한 결과에 따라 영양치료의 행위가 제시된다(부록 6).

표 9-2 성인 영양불량 검색을 위한 영양검색 도구의 특징

영양불량지표	MNA-SF	SGA	NRS2002	MUST	SNAQ
불충분한 에너지 섭취	지난 3개월간 식사섭취량의 감소	식사섭취 변화	지난 1주간 식사섭취 감소 여부		지난달 식욕 감소 여부
체중감량	지난 3개월 동안 체중 감소 (> 3 kg 이상은 영양불량상태임)	지난 2주와 6개월 동안의 체중 변화	지난 3개월 동안의 체중 감소	지난 3~6개월 동안 의도하지 않은 체중 감소비율(%)	의도하지 않은 체중 감소 여부 지난 6개월 > 6 kg 지난 3개월 > 3 kg
BMI	< 19 kg/m²: 영양불량상태		< 20 kg/m²: 영양불량상태	< 18.5 kg/m²: 영양불량상태	
근육량 손실	종아리둘레 (cm)	근육소모상태 (관자놀이, 쇄골, 어깨, 갈비, 사두근, 종아리, 무릎, 손)			
피하지방 손실		눈아래, 삼두근과 이두근			

영양불량지표	MNA-SF	SGA	NRS2002	MUST	SNAQ
체액 축적 상태		부종과 복수			
위장관증후군		메스꺼움, 구토, 설사, 식욕부진의 빈도와 기간	중증 질병 또는 집중치료 여부	급성질병, 5일 이상 영양섭취를 하지 못함	지난달 영양 보충액 또는 경관급식 이용 여부
감소된 기능력	기동성(침상 또는 걷지 못함)	기능장애, 보행과 정상적인 활동의 어려움; 침상/의자생활			
정신적 스트레스	지난 3개월 동안 스트레스 또는 급성 질환				
신경정신적 문제	치매 또는 우울증				

출처: MNA-SF: http://www.mna-elderly.com/; SGA: http://subjectiveglobalassessment.com/; NRS 2002: http://espen.info/documents/screening.pdf; MUST: http://www.bapen.org.uk/screening-and-must/must-calculator; SNAQ:http://www.fightmalnutrition.eu/fight-malnutrition/screening-tools/snaq-tools-in-english/

(2) 소아를 위한 영양검색 도구

검증된 소아용 영양불량 위험 검색도구의 대표적인 예로는 the pediatric Subjective global nutrition assessment(SGNA), screening tool for the assessment of malnutrition in pediatrics(STAMP), screening tool risk on nutritional status and growth(STRONGkids), and paediatric yorkhill malnutrition score(PYMS) 등이 있으며, 대부분이 매우 복잡한 편이다. 2016년에 매우 신속하고 간단하며 검증된 소아영양 검색도구인 pediatric nutrition screening tool(PNST)이 개발되었으며, 예민도는 SGNA와 유사하다. PNST는 4개의 간단한 질문과 답변('예' 또는 '아니오')으로 하며, 영양위험 선별을 위한 기준점은 긍정적인 반응으로 한다.

표 9-3 PNST(pediatric nutrition screening too)의 조사문항

1	아이가 최근 들어 의도하지 않게 체중감량이 있었는가?
2	아이가 지난 몇 개월 동안 체중이 많이 늘지 않았는가?
3	지난 몇 주 동안 아이가 적게 먹거나 수유량이 적었는가?
4	아이의 체중이 확실하게 저체중 또는 상당히 과체중인가?

출처: White M, Lawson K, Ramsey R, Dennis N, Hutchinson Z, Soh XY, Matsuyama M, Doolan A, Todd A, Elliott A, Bell K, Littlewood R(2016). Simple nutrition screening tool for pediatric inpatients. Journal of Parenteral and Enteral Nutrition 40:392 - 398

3. 영양관리과정을 통한 입원환자의 영양판정

1) 영양관리과정의 개요

영양관리과정NCP이란 1장에서 언급되었듯이 영양사와 영양전문가들이 기존의 임상영양치료medical nutrition therapy, MNT의 문제점을 인식하고 과학적 근거를 기반으로 한 양질의 영양관리high-quality nutrition care를 제공하기 위해 미국영양사협회에서 개발한 임상영양치료과정의 모델이다. NCP는 전문적인 영양서비스를 제공하는 과정을 표준화하는 것으로 표준화란 적절한 시간, 적절한 방법, 자격을 갖춘 적격자에 의해서 적절한 행위를 수행하여 가능한 한 최상의 결과를 얻을 수 있도록 하는 질병관리 방안이다.

2) 영양관리과정의 단계와 입원환자의 영양판정

NCP는 영양판정nutrition assessment, 영양진단nutrition diagnosis, 영양중재nutrition intervention, 그리고 모니터링 및 평가monitoring and evaluation 등 4단계 과정으로 이루어졌

다. 입원환자의 경우 영양초기평가를 통해 선별된 영양불량 위험이 높은 환자 또는 영양중재가 필요한 환자를 대상으로 임상영양사 또는 영양전문가로부터 영양불량 및 질병 개선을 위한 영양관리과정NCP의 첫 단계인 영양판정이 실시된다.

영양판정 과정은 환자를 대상으로 수집된 영양문제와 관련된 자료를 과학적 근거를 기반으로 객관적인 기준치와 비교하여 분석하는 과정이다. 영양판정 과정에서 수집하는 자료는 크게 5개의 영역과 각 영역별 세부지표로 구분하고 있다표 9-5. 특히 영양문제의 원인은 매우 다양하므로 수집해야 할 자료의 결정, 영양판정의 도구 선택, 및 수집된 자료의 평가 등에 대해서 비판적인 사고critical thinking가 필수적이다. 이러한 비판적 사고를 통한 자료수집과 평가결과는 다음 단계인 영양진단, 영양중재, 그리고 영양관리와 건강관리 목표에 도달했는지에 대한 모니터링과 평가과정의 관련 지표로 활용된다.

표 9-4 영양판정의 5개 영역과 세부지표의 예

영역	세부지표
식품/영양소와 관련된 식사력	• 현재 식사 상태, 영양교육 경험 여부 • 식품과 영양소 섭취 • 약물과 약용식물 · 보충제 사용 여부 • 지식/신념/태도 • 행동 • 식품과 영양 관련 자원 이용에 영향을 주는 요인 • 신체활동 및 기능 • 영양적 측면에서의 삶의 질 등
신체계측	• 키, 체중, 체중 변화력 • 체질량지수, 성장률/백분위수 등
생화학적 자료, 의학적 검사와 처치	• 생화학적 자료(전해질, 혈당, 지질, 알부민 등) • 의학적 검사(위 배출 속도, 안정 시 대사율 등)
영양 관련 신체검사 자료	• 활력증후(혈압, 체온 등) • 신체 관찰 시의 소견 • 근육과 지방 소모, 부종 • 삼킴기능, 식욕부진 등

영역	세부지표
환자(고객) 과거력	• 개인력(성별, 나이 등) • 의료, 건강, 가족력 • 사회력 등

출처: 김원경(2013). 임상영양사를 위한 질환별 FOCUS XⅧ. 영양관리과정(Nutrition Care Process, NCP)의 이해. 국민영양 36(8): 16)

(1) 식품/영양소와 관련된 식사력

식사섭취자료 수집의 최종 목표는 식품을 통한 영양소 섭취량 파악과 대상자의 영양소 섭취 적절성을 평가하고자 하는 것으로 조사한 자료정보의 정확도(또는 타당성)와 신뢰성은 조사자(임상영양사)의 경험과 기술, 응답자의 협조와 정확한 대답에 달려 있다(제2장 식사섭취 조사 참조).

식품/영양소와 관련된 식사력 평가를 위해 활용할 수 있는 식사조사 방법으로는 24시간회상법, 식사기록법, 식품섭취빈도법, 직접관찰법 등을 활용할 수 있다. 활용 목적에 따라 객관적이고 적절한 평가기준을 선택하여 조사한 자료와 비교하는 것은 매우 중요하다. 즉 환자의 정확한 섭취 상태를 평가하는 데 있어서 주어진 특수한 환경을 주의 깊게 고려해야 하는데 예를 들어 건강한 일반인을 대상으로 설정된 한국인 영양소 섭취기준은 질병을 갖고 있는 환자(개인)의 식사섭취 상태를 평가하는 데 부적합할 수 있다. 또한 환자의 조건, 즉 급성 또는 만성질환의 여부, 입원기간 등에 따라 식사섭취 조사 시점에 차이가 있을 수 있다. 예를 들어 사고로 인한 급성기 환자의 경우 현재 시점의 섭취 상태를 평가하는 것이 바람직하며, 만성질환자와 장기요양 입원환자의 경우 평소 섭취 상태를 평가하는 것이 적절하다.

식품/영양소와 관련된 식사력 조사는 식사 섭취 상태에 영향을 미칠 수 있는 여러 요인을 함께 조사하도록 한다표 9-5.

표 9-5 식품/영양소와 관련된 식사력 조사 시 고려사항

• 식사 및 영양섭취와 관련된 문제점	• 병원식 및 병원식 이외의 식품 섭취 상태
• 알레르기 식품의 유무	• 건강기능식품 및 영양보충제 사용 여부
• 저작 및 연하 곤란 여부	• 활동량이나 운동에 관한 정보
• 구토, 설사, 변비 등 위장관 기능장애	• 음주와 흡연에 관한 정보
• 식욕 및 최근 입맛의 변화	• 식사요법에 관한 지식정보
• 식품의 기호도, 식습관 변화(외식 빈도)	• 가족구성이나 경제적 상태(식품 구매 능력)

(2) 신체계측

신체계측의 평가결과는 영양중재 혹은 지속되는 질병, 스트레스로 인하여 일어난 변화를 관찰하기 위하는 것이다. 입원환자의 경우 일반인들과 동일하게 키, 체중, 체중의 변화, 신체부위의 둘레 및 두께, 체지방량 등 기본항목 이외에 특별한 상황에서의 측정방법이 추가될 수 있다(제4장 신체계측 조사 참조).

① 누운 환자의 피부두겹두께 측정

누워 있는 환자의 경우 삼두근과 견갑골 하부의 피부두겹두께를 측정하는 방법은 일

• 왼쪽으로 돌아누운 상태에서 오른쪽 팔을 45° 각도로 몸 앞으로 놓는다.
• 몸체를 일직선으로 한 후 어깨는 척추와 측정 검사대에 직각으로 한다.
• 측정 부위의 팔은 손바닥을 아래로 하여 옆 허리선에 올려놓고, 다리는 엉덩이와 무릎에서 약간 구부린 상태를 유지한다.

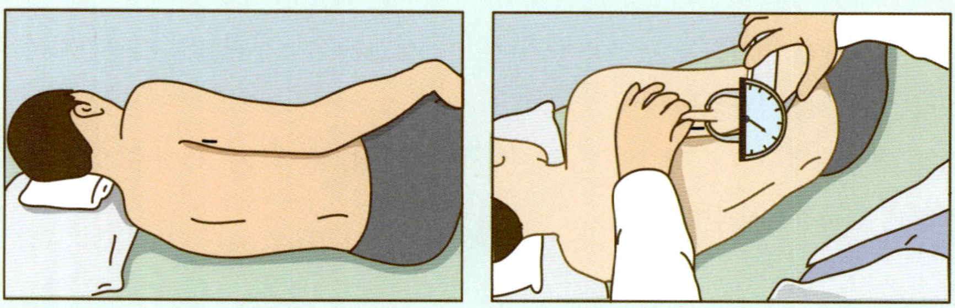

그림 9-4 | 누운 환자의 피부두겹두께 측정자세

반 환자의 측정방법과 동일하다. 단, 누워 있는 환자의 경우는 다음과 같은 방법으로 누운 상태에서 측정한다.

② 입원환자의 키 측정

환자가 신장기를 이용하여 키를 측정할 수 없는 경우 무릎높이 또는 팔길이를 측정하여 키를 추정하는 방법을 이용할 수 있다.

- **팔길이를 측정하는 방법**
  - 환자의 양팔을 몸에 90° 각도로 펴서 양손의 중지 끝 사이의 거리를 측정하는 방법(arm span)
  - 많이 쓰는 팔의 길이를 동일한 식으로 측정하고, 이에 2를 곱하여 추정하는 방법(half-arm span)

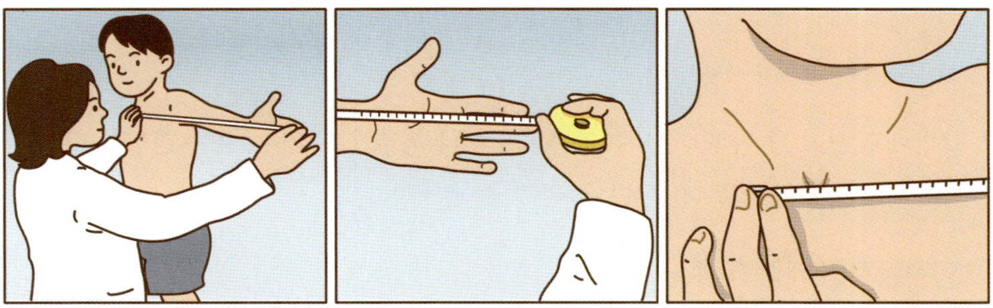

그림 9-5 | 팔 길이(half-arm span) 측정방법의 예

- **무릎높이knee-height를 측정하는 방법**
  - 환자가 누워 있는 상태에서 왼쪽 다리를 구부려 무릎의 각도가 90° 가 되게 한다.
  - 캘리퍼의 한쪽 날(고정날)을 발꿈치에 대고 다른 쪽 날(유동날)은 무릎 슬개골의 가장 꼭대기에 놓는다.

- 캘리퍼의 눈금자와 경골이 평행이 되도록 한 후 2~3회 반복하여 5 mm 단위까지 측정한다.
- 환자의 나이와 인종, 측정한 무릎높이 값을 적용한 특별한 공식을 이용하여 환자의 키를 산출한다. 그러나 우리나라 사람을 대상으로 적용할 수 있는 공식이 없어 사용하는 데 있어서 제한점은 있다.

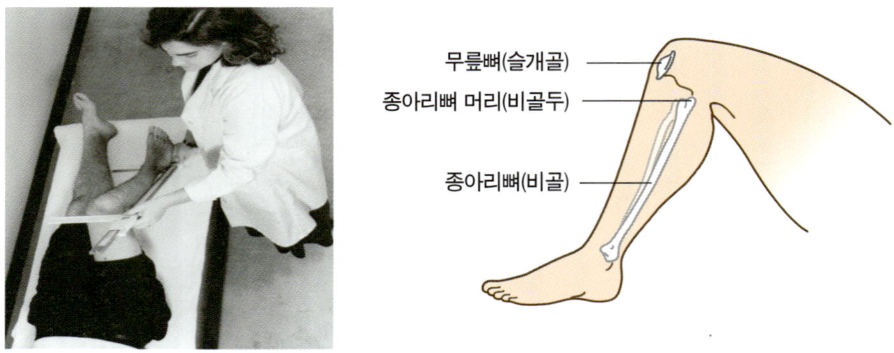

그림 9-6 | 무릎높이(knee-height) 측정방법의 예

그밖에도 환자 중 똑바로 설 수 없는 사람이나 척추가 휜 경우, 또는 관절염 및 마비 등으로 똑바로 설 수 없는 경우에는 누운 키를 측정한다.

③ 입원환자의 체중 측정

체중은 입원환자의 영양판정에 있어서 매우 유용한 지표로 대부분의 환자는 측정 가능하나, 환자의 의학적 상태에 따라 체중측정이 불가능하거나 어려울 수 있다. 이처럼 직접적인 환자의 체중 측정이 어려운 경우 무릎높이, 상완둘레, 종아리둘레 및 견갑골의 피부두겹두께 등의 측정값을 이용한 방정식으로 추정하는 방법을 이용할 수 있는데, 휠체어를 이용한 의자저울chair scale이나 침상을 이용한 침상저울bed scale을 사용하여 측정한다.

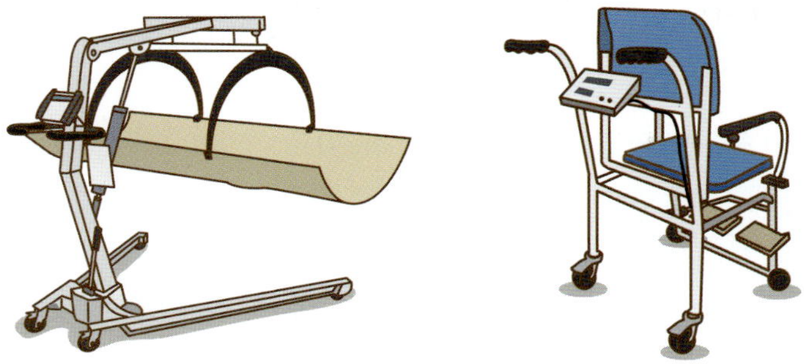

그림 9-7 | 서서 체중을 잴 수 없는 경우 체중측정방법

병원에서 일정 기간 동안 체중의 변화는 매우 중요한 영양상태 평가지표이며 환자의 체중을 측정할 때에는 체중에 영향을 미치는 요인인 부종, 탈수 및 절단을 고려하여야 한다. 체중 측정 시 신체 일부가 손실되었다면 그 비율만큼 고려하여 체중을 평가하여야 한다. 예를 들어 현재 체중이 70 kg인 발을 절단한 당뇨병환자의 조정체중은 다음과 같이 산출할 수 있다.

$$\text{발이 절단된 환자의 조정체중: } \frac{70\ \text{kg}}{1-0.015} = 71.1\ \text{kg}$$

표 9-6 총 체중 대비 신체부위별 비율

신체 손실 부위	비율(%)	신체 손실 부위	비율(%)
손	0.7	발	1.5
아래 팔과 손	2.3	아래 다리와 발	5.9
팔 전체	5.0	다리 전체	16

출처: Osterkamp LK. 1995. Current perspective on assessment of human body proportions of relevance to amputees. Journal of the American Dietetic Association 95:215–218

또한 환자의 체중 감소는 근육조직의 손실 및 탈수 등으로 인한 이화상태로 영양불량위험도와 합병증에 영향을 미칠 수 있으므로 기간별 평소 체중과 현재의 실제 체중을 비교 평가하여 체중변화력을 관찰하는 것은 매우 유용하다.

표 9-7 기간별 체중 변화와 입원환자의 영양불량 진단기준

구분	급성질환 /외상 관련 영양불량	만성질환 관련 영양불량	사회/환경적 상황 관련 영양불량
중증 영양불량	> 2% / 주 > 5% / 1개월 > 7.5% / 3개월	> 5% / 1개월 > 7.5% / 3개월 > 10% / 6개월 > 20% / 1년	> 5% / 1개월 > 7.5% / 3개월 > 10% / 6개월 > 20% / 1년
중등도 영양불량	1~2% / 주 5% / 1개월 7.5% / 3개월	5% / 1개월 7.5% / 3개월 10% / 6개월 20% / 1년	5%/ 1개월 7.5%/ 3개월 10% / 6개월 20% / 1년

출처: Malone A, Hamilton C. The Academy of Nutrition and Dietetics/the American Society for Parenteral and Enteral Nutrition consensus malnutrition characteristics: application in practice. Nutr Clin Pract. 2013 Dec;28(6):639-50

④ 상완근육 측정

상완근육둘레MAMC는 비교적 쉽게 측정 계산될 수 있으며, 측정결과 결과 값이 낮은 경우 영양불량 정도가 심한 것으로 보고되었다. 상완근육면적MAMA 역시 제지방량fat free mass을 평가하는 데 이용되며, 상완근육둘레와 마찬가지로 상완둘레와 삼두근 피부두겹두께 측정 값으로 산출할 수 있다. 상완근육둘레와 상완근육면적은 성인의 영양 위험을 예측하기 위해 영양검색에서 선호되는 방법이며, 특히 신체의 일부분이 손실된 환자의 경우 유용한 영양판정지표이다.

(3) 생화학적 자료 및 의학적 검사와 처치

질병을 갖고 있는 환자의 경우 생화학적 자료와 의학적 검사는 질병의 진단과 심각도, 합병증 유무를 평가하는 데 매우 유용한 영양판정지표이다. 혈액화학검사에는 질병의 진단과 관리에 유용한 다양한 혈장 또는 혈청이 포함되며, 자동분석기를 통한 검

사에서는 단백질과 무기질 농도, 전해질, 혈당, 혈중 지질 등 대사물과 효소 등 다양한 성분의 결과와 비교치가 함께 제공된다. 생화학적 지표는 질병에 따라 검사항목에 차이가 있을 수 있으므로 질병 진단과 목적에 따라 선별하여 검사가 이루어진다(제5장 생화학적 조사 참조).

의학적 검사에는 위 배출속도와 같은 위장관 기능검사와 안정 시 대사율 등의 자료를 수집한다. 특히 안정 시 대사율은 환자의 영양필요량을 결정하는 데 중요한 요소이지만 질병, 외상 및 스트레스에 의해 다양한 안정 시 대사율을 나타내므로 질병이 있는 환자의 경우 일반적인 방법의 이용은 적절하지 못할 수 있으며 의학적 환경에 적합한 에너지소비량을 측정하거나 예측방법을 이용해야 한다.

(4) 영양 관련 신체검사 자료

입원환자의 신체검사 목적은 환자의 증상이나 징후에 따라 나타나는 영양결핍이나 특정한 영양소의 결핍에 의해 일어나는 증상을 평가하는 것으로 관찰, 촉진, 타진, 청진 등이 이루어진다. 영양 관련 신체검사 자료는 병태 생리적 상태와 관련 있는 신체검사, 면담 또는 의무기록 등에서 자료를 수집한다. 대표적인 사항으로 혈압, 체온, 맥박 등의 활력증후, 근육과 지방 소모상태 및 부종 여부, 삼킴장애 및 식욕부진, 신경학적 변화와 인지력, 호흡능력 등이 있다.

(5) 환자(고객) 과거력

환자의 질병 관련 영양문제를 찾아내기 위해서는 환자의 연령과 성별, 흡연력, 신체적 장애 여부와 같은 일반적 정보, 영양상태에 영향을 줄 수 있는 환자의 질병상태와 내과적/외과적 치료, 대체의학 경험 여부, 주거상황, 의학적 지원, 직업, 종교 등과 같은 사회 경제적 요인 등의 정보를 수집하여 종합적으로 영양판정을 해야 한다. 일반적으로 이와 같은 내용은 환자 및 보호자와의 면담, 의무기록, 건강관리자 또는 기관 등을 통해서 자료를 수집할 수 있다.

4. 입원환자 영양판정을 위한 자료수집과 영양처방

영양판정의 마지막 단계는 에너지와 단백질 필요량을 결정하고 환자가 실제 섭취한 영양량과 비교 또는 영양목표를 정하는 것이다.

1) 에너지 필요추정량 산정

일반적으로 건강한 사람들의 1일 에너지소비량은 안정 시 에너지소비량resting energy expenditure, REE이 전체 에너지소비량의 65~75%, 활동에너지소비량이 15~20%와 음식물에 의한 발열효과가 7~10% 정도 차지하고 있다. 입원환자의 영양요구량은 크게 2가지 방법으로 결정하는데 에너지소비량을 측정하는 방법과 다양한 가이드라인을 이용하여 예측하는 방법을 이용한다.

(1) 에너지소비량 측정법

에너지소비량을 측정하는 방법에는 특별히 설계된 방에서 24시간 동안 인체 열 방출량을 측정하는 직접열량계측정법과 인체가 흡수하는 산소량과 이산화탄소 생산량을 측정하여 에너지소비량을 결정하는 간접열량측정법 등이 있다. 그러나 직접열량계측정법을 위한 시설과 기구비용은 엄청나게 비싸며, 접근성이 매우 어려우므로 간접열량측정법을 이용한 측정방법이 가장 이상적인 표준방법gold standard으로 권장되나, 이 방법 역시 가능한 조건에서만 측정 가능하다.

의료환경에서 예측공식을 이용하는 방법은 문제점이 있는데 그 이유는 질병, 외상, 및 스트레스 등이 안정 시 대사율에 영향을 미칠 수 있기 때문이다. 많은 에너지필요량을 예측하는 공식 중 해리스 베네딕트Harris and Benedict 공식과 세계보건기구WHO에서 제시하는 공식을 이용할 수 있다표 9-8.

표 9-8 건강한 사람을 대상으로 한 안정 시 대사량 추정 공식의 예

구분	공식	
	Harris and Benedict	
남성	REE*= 66.5 + 13.7 × 실제 체중(kg) + 5.0 × 신장(cm) − 6.8 × 연령(세)	
여성	REE = 655.1 + 9.6 × 실제 체중(kg) + 1.8 × 신장(cm) − 4.7 × 연령(세)	
	세계보건기구(WHO)	
남성	3~9세	22.5 × 체중(kg) + 499 ± 63
	10~17세	12.2 × 체중(kg) + 746 ± 117
	18~29세	14.7 × 체중(kg) + 496 ± 121
	30~60세	8.7 × 체중(kg) + 829 ± 108
	> 60세	10.5 × 체중(kg) + 596 ± 108
여성	3~9세	22.7 × 체중(kg) + 495 ± 62
	10~17세	17.5 × 체중(kg) + 651 ± 100
	18~29세	15.3 × 체중(kg) + 679 ± 151
	30~60세	11.6 × 체중(kg) + 879 ± 164
	> 60세	13.5 × 체중(kg) + 487 ± 148

* REE: resting energy expenditure

출처: Nieman, David C. Nutritional Assessment: Assessment of the hospitalized patient. 7th Edition. McGraw−Hill, Education. 2019. The McGraw−Hill Companies

그러나 많은 연구 결과 헤리스 베네딕트Harris and Benedict 공식에 의한 영양불량 환자의 안정 시 대사율은 약 22% 정도 낮게 평가되는 경향이 보도되었다. 안정 시 대사량에 영향을 미치는 주요 요인은 제지방량으로, 만약 측정된 제지방량을 알고 있다면 표 9-8 공식을 이용하여 비교적 정확한 에너지소비량을 예측할 수 있다.

건강한 사람을 대상으로 하는 경우 산출된 안정 시 대사량REE에 활동계수physical activity coefficient, PA를 곱하여 1일 에너지필요량을 결정할 수 있지만 환자의 경우 질병으로 인한 스트레스 요인을 고려해서 상해계수Injury factor, IF를 적용해야 한다.

1일 에너지필요량 산정방법

- 스트레스가 없는 환자 : REE × 활동계수(PA)
- 스트레스가 있는 환자 : REE × 활동계수(PA) × 상해계수(IF)

* REE: resting energy expenditure

그림 9-8에서와 같이 환자의 상태에 따라 안정 시 에너지소비량REE에 미치는 영향은 매우 다양하며 화상환자의 경우 인체에 가장 많은 상해계수가 적용된다.

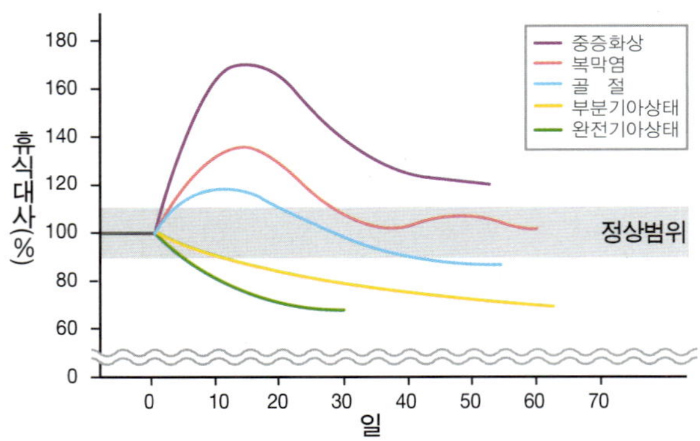

그림 9-8 | 질병별 안정 시 에너지소비량의 변화와 패턴

출처: Long CL, Schaffel N, et al. 1979. Metabolic response to injury and illness: Estimation of energy and protein needs from indirect calorimetry and nitrogen balance. Journal of Parenteral and EnteralNutrition 3:452–456

표 9-9 환자 영양필요량 결정을 위한 활동계수와 상해계수

활동계수(19세 이상)[1]		상해계수[2]	
비활동적	1.0	가벼운 수술	1.0~1.1
		큰 수술	1.1~1.3
		경도 감염	1.0~1.2
저활동적	1.11~1.12	중등도 감염	1.2~1.4
		중증 감염	1.4~1.8
		골격 또는 타박상	1.2~1.4
활동적	1.25~1.27	골격 또는 두부손상(스테로이드 치료)	1.6~1.8
		화상 정도 < 20% 체표면적	1.2~1.5

활동계수(19세 이상)[1]		상해계수[2]	
매우 활동적	1.45~1.48	화상 정도 20~40% 체표면적 화상 정도 > 40% 체표면적	1.5~1.8 1.8~2.0

1) Panel on Macronutrients, Panel on the Definition of Dietary Fiber, Subcommittee on Upper Reference Levels of Nutrients, Subcommittee on Interpretation and Uses of Dietary Reference Intakes, Standing Committee on the Scientific Evaluation of Dietary Reference Intakes. 2002. Dietary reference intakes for energy, carbohydrate,fiber, fat, fatty acids, cholesterol, protein, and amino acids. Washington, DC: National Academies Press

2) Long CL. 1984. The energy and protein requirements of the critically ill patient. In Wright RA, Heymsfield SB, eds. Nutritional assessment. Boston: Blackwell Scientific Publications.

2) 단백질 필요량 산정

일반적으로 임산부나 수유부가 아닌 건강한 성인의 단백질 필요량은 체중 1 kg당 0.8 g을 기준으로 산정하나, 외상이나 화상 등과 같이 질병의 심각도와 기간에 따라 단백질의 소모량에 차이를 보인다. 표 9-10은 다양한 스트레스 수준과 조건에 따른 단백질량을 제시한 것으로 질병의 심각도에 따라 환자의 단백질 요구량을 추정할 수 있다.

표 9-10 스트레스 정도에 따른 체중 1 kg당 단백질 권장량(최고 단백질 분해속도 기준)

스트레스 수준	질병 및 상태	단백질(g/kg/일)
정상	건강한 상태	0.8
경도	경도 수술 및 감염 상태	0.8~1.2
중등도	큰수술, 중등도 감염 및 골격외상 상태	1.2~1.8
중증	심한 감염 상태, 복합외상, 중증외상, 중증 화상	1.6~2.2

출처: Ireton–Jones CS, Hasse JM. 1992. Comprehensive nutritional assessment: The dietitian's contribution to the team effort. Nutrition 8:75–81; Long CL. 1984.The energy and protein requirements of the critically ill patient. In Wright RA, Heymsfield SB, eds. Nutritional assessment. Boston: Blackwell Scientific Publications; Waymack JP, Herndon DN. 1992. Nutritional support of the burned patient. World Journal of Surgery 16:80–86; Mentegut WJ, Lowry SF. 1993. Nutrition in burn patients. Seminars in Nephrology 13:400–408

C H A P T E R

실습

1. 식품의 목측량 | 2. 식사섭취량 조사 | 3. 식사섭취조사 분석 및 평가 | 4. 신체계측 및 평가 | 5. 생화학적 조사 및 분석 | 6. 생애주기별 영양판정 | 7. 만성질환의 영양판정 | 8. 입원환자의 영양판정

실습 1. 식품의 목측량

- **실습목표** 음식 1회 분량을 목측하고, 실제량과 비교할 수 있다.
- **실습내용**

① 음식 1회 분량을 각각 목측해본 후 그 양을 측정한다.

② 목측한 측정량과 실제량에 얼마나 차이가 있는지 비교해본다.

- **준비물** 음식 1인 분량, 기록지, 저울, 필기도구 등

곡류(300 kcal)					과일류(50 kcal)				
번호	식품명	목측량	실제량	1인 1회 분량	번호	식품명	목측량	실제량	1인 1회 분량
1	쌀			90	23	딸기			150
	밥			210	24	포도			100
2	건국수			90	25	오렌지			100
3	흰떡(떡볶기용)			150	26	사과			100
4	식빵			35*	27	감			100
5	시리얼			30*	28	키위			100
6	감자			140*	29	바나나			100
7	밤			60*	30	참외			150
고기 · 생선 · 계란 · 콩류(100 kcal)					우유 및 유제품류(125 kcal)				
8	햄			30	31	액상요구르트			150
9	건멸치			15	32	호상요구르트			100
10	달걀			60	33	우유			200
11	메추리알			60	34	치즈			20*
12	검정콩			20	유지 · 당류(45 kcal)				
13	두부			80	35	마요네즈			5
14	땅콩			10*	36	버터			5
	육류/생선(생)			60					
채소류(15 kcal)					37	설탕			10
15	풋고추			70	38	커피믹스			12
16	오이			70	가공식품류				
17	무			70	39				

18	당근	70	40
19	토마토	70	41
20	팽이버섯	30	42
21	건미역	2	43
22	배추김치	40	44

• **실습평가 및 고찰**

① 1인 분량의 목측량과 실제 측정량에 얼마나 차이가 있는가?

② 목측량과 실제 측정량에 차이가 있는 이유에 대해 토의해보자.

실습 2. 식사섭취량 조사

• **실습목표** 다양한 식사섭취량 조사방법을 이용하여 식사섭취 상태를 조사할 수 있다.

• **실습내용**

① 식사섭취량 조사방법 종류와 내용, 장단점에 대해 확인한다.

② 각 식사섭취량 조사방법을 이용하여 식사량을 기록한다.

③ 빠짐없이 기록되었는지 비교 · 검토한다.

• **준비물** 식사기록법 양식, 식사계량 목측 도구, 필기도구 등

2-1. 식사기록법을 이용한 식사섭취량 조사

• **실습방법**

① 주중 2일, 주말 1일을 포함한 총 3일치 식사섭취량을 직접 기록한다.

② 식사시간, 음식명과 재료명, 섭취량, 식사장소를 기록한다.

③ 정확한 기록을 위해 식사 후에 바로 기록을 한다.

식사	시간	음식명	식품명	섭취량(목측량)	식사 장소
(예시) 아침	07:30	현미밥 미역국 쇠불고기 시금치나물 김치	쌀, 현미 미역 국멸치 쇠고기 양파 버섯 시금치 참깨 배추김치	1공기 1대접 탁구공 1개 크기 숟가락 1/2개 숟가락 1/2개 종이컵 2/3 정도 참깨 약간 5쪽	집
아침					
간식					
점심					
간식					
저녁					

2-2. 24시간 회상법을 이용한 식사섭취량 조사

• 실습방법

① 섭취량을 조사할 대상자를 선정한다.

② 24시간 회상법을 사용하여 어제 하루 동안 섭취한 음식명과 섭취량을 조사한다.

③ 빠짐없이 기록하기 위해서는 아침 기상부터 저녁 취침까지 하루 일과를 물어보며 섭취했던 음식을 조사한다.

식사	시간	음식명	섭취량(목측량)	재료명	식사 장소
아침					
점심					
간식					
저녁					

• **실습평가 및 고찰**

① 식사기록법과 24시간 회상법의 각각의 장단점은 무엇인가?

② 주중과 주말의 조사결과를 비교해 보고 식사량에 차이가 있는 이유는 무엇인가?

③ 정확한 식사량을 확인하기 위해서 주의할 사항은 무엇인지 토의해보자.

실습 3. 식사섭취조사 분석 및 평가

• **실습목표** 조사한 식사섭취량 내용을 섭취 평가 방법에 적용하여 분석할 수 있다.

• **실습내용**

① CAN 프로그램을 사용하여 식사섭취조사를 평가한다.

② 섭취식품의 가짓수Dietary variety score, DVS를 사용하여 식사섭취조사 다양성을 평가한다.

③ 성인 영양지수를 사용하여 식사섭취를 평가한다.

3-1. CAN 프로그램 활용한 식사섭취조사 평가

• **준비물** 영양분석평가 전문 프로그램(CAN, 한국영양학회), 식사기록지

• **실습방법**

① 실습 2에서 작성한 식사기록지 자료를 CAN 프로그램에 입력한다.

② 결과표를 출력하여 자신의 식사습관을 다음 항목에 맞추어 평가해본다.

- 한국인 영양소 섭취기준 대비 본인의 가장 문제점인 영양소 3개
- 열량 영양소 구성 평가
- 식품군별 영양소 중 식사군별 가짓수 평가
- 식사군 기여율 평가
- 기간별 영양소 섭취 평가

- **실습평가 및 고찰**

① 위의 결과표를 활용하여 본인의 식사섭취의 문제점을 찾아보자.

② 식사섭취 평가를 통해 앞으로 식사계획에 대해 생각해보자.

3-2. DVS를 활용한 식사섭취 다양성 평가

- **준비물** 섭취식품의 가짓수Dietary variety score, DVS 양식, 필기도구

- **실습방법**

① 실습 2에서 작성한 식사기록지 자료를 DVS 양식에 입력한다.

② 아래 진단방법을 보고 평가한다.

영양소	식품류	식품	배점		득점	
			균형식	식품	균형식	식품
단백질	고기류 생선류	닭고기, 돼지고기, 쇠고기, 토끼고기, 오리고기, 염소고기, 소시지, 햄, 생선, 민물고기, 굴, 조개, 어묵	10	5		
	알류	달걀, 오리알, 메추리알		5		
	콩류	콩, 두부, 비지, 두류, 된장, 청국장		4		
칼슘	우유류	우유, 양유, 분유, 치즈, 요구르트	10	5		
	뼈째먹는 생선	멸치, 뱅어포, 잔새우, 미꾸라지, 양미리, 사골		4		
비타민 무기질	녹황색 채소류, 해조류	시금치, 당근, 깻잎, 고추, 갓, 미나리, 상추, 쑥갓, 무청, 아욱, 근대, 열무, 미역, 김, 다시마, 파래	10	5		
	담색 채소류, 버섯류	무, 배추, 양배추, 오이, 호박, 파, 양파, 우엉, 콩나물, 가지, 고구마줄기, 도라지, 버섯		2		
	과일류	사과, 감, 배, 복숭아, 귤, 포도, 살구, 자두, 참외, 토마토, 수박, 딸기, 대추		4		

영양소	식품류	식품	배점		득점	
			균형식	식품	균형식	식품
당질	쌀	쌀, 찹쌀	10	3		
	잡곡류	보리쌀, 밀가루, 옥수수, 조, 수수, 국수, 빵, 떡, 엿, 라면		3		
	감자류	감자, 고구마, 당면, 토란, 도토리		3		
지방	기름류	참기름, 들기름, 콩기름, 채종유, 쇼트닝, 마요네즈, 마가린, 버터	10	4		
	종실류	참깨, 들깨, 호도, 잣, 땅콩		3		
		합 계	50	50		
			100			

〈진단방법〉

가) 득점란에 섭취한 식품이 있을 때 ○표를 한다(중복해서 섭취한 경우 1번만 표시한다).

나) 배점란의 균형식 점수는 영양소별로 ○표가 한 개 이상 있을 때 해당 점수를 득점한다.

다) 배점란의 식품 점수는 식품별로 ○표가 있을 때 해당 점수를 득점한다.

라) 합계란에는 균형식 점수와 식품 점수를 합하여 기록한다.

마) 1일 점수는 세 끼니의 점수를 평균한 값이 되고, 이를 평가기준과 비교하여 1일 식단의 식품 섭취 다양성을 평가한다.

〈평가기준〉

- 75점 이상: 매우 우수
- 50~74 점: 부분 개선 필요
- 49점 이하: 많이 개선 필요

• 실습평가 및 고찰

① CAN 프로그램과 DVS 평가표 차이점에 대해 설명해보자.

② DVS를 통해 알 수 있는 식사섭취 평가는 무엇인지 설명해보자.

3-3. 영양지수를 활용한 식사섭취 평가

- **준비물** 성인영양지수 양식, 필기도구
- **실습방법**

① 성인영양지수를 보고 해당하는 사항에 체크한다.

② 모두 작성 후에 성인영양지수 평가표에 입력 후 확인한다.

질문 문항	답변 항목	답변
01. 귀하는 한 번 식사할 때 김치를 제외한 채소류를 몇 가지나 드십니까?	① 먹지 않는다. ② 1가지 ③ 2가지 ④ 3가지 ⑤ 4가지 이상	
02. 귀하는 과일을 얼마나 자주 드십니까?	① 2주일에 1번 이하 ② 일주일에 1~3번 ③ 일주일에 4~6번 ④ 하루에 1번 ⑤ 하루에 2번 이상	
03. 귀하는 우유 또는 유제품을 얼마나 자주 드십니까?	① 2주일에 1번 이하 ② 일주일에 1~3번 ③ 일주일에 4~6번 ④ 하루에 1번 ⑤ 하루에 2번 이상	
04. 귀하는 콩이나 콩제품을 얼마나 자주 드십니까?	① 2주일에 1번 이하 ② 일주일에 1~3번 ③ 일주일에 4~6번 ④ 하루에 1번 ⑤ 하루에 2번 이상	
05. 귀하는 달걀을 얼마나 자주 드십니까?	① 2주일에 1번 이하 ② 일주일에 1~3번 ③ 일주일에 4~6번 ④ 하루에 1번 ⑤ 하루에 2번 이상	
06. 귀하는 생선이나 조개류를 얼마나 자주 드십니까?	① 2주일에 1번 이하 ② 일주일에 1~3번 ③ 일주일에 4~6번 ④ 하루에 1번 ⑤ 하루에 2번 이상	
07. 귀하는 견과류를 얼마나 자주 드십니까?	① 거의 먹지 않는다. ② 2주일에 1번 ③ 일주일에 1~3번 ④ 일주일에 4~6번 ⑤ 하루에 1번 이상	
08. 귀하는 라면류를 얼마나 자주 드십니까?	① 거의 먹지 않는다. ② 2주일에 1번 ③ 일주일에 1~3번 ④ 일주일에 4~6번 ⑤ 하루에 1번 ⑥ 하루에 2번 이상	
09. 귀하는 패스트푸드를 얼마나 자주 드십니까?	① 거의 먹지 않는다. ② 2주일에 1번 ③ 일주일에 1~3번 ④ 일주일에 4~6번 ⑤ 하루에 1번 ⑥ 하루에 2번 이상	

질문 문항	답변 항목	답변
10. 귀하는 과자(초콜릿, 사탕 포함) 또는 달거나 기름진 빵(케이크, 도넛, 단팥빵 등)을 얼마나 자주 드십니까?	① 2주일에 1번 이하 ② 일주일에 1~3번 ③ 일주일에 4~6번 ④ 하루에 1번 ⑤ 하루에 2번 이상	
11. 귀하는 가당 음료를 얼마나 자주 마십니까?	① 2주일에 1번 이하 ② 일주일에 1~3번 ③ 일주일에 4~6번 ④ 하루에 1~2번 ⑤ 하루에 3번 이상	
12. 귀하는 하루에 물을 얼마나 자주 마십니까?	① 거의 마시지 않는다. ② 하루에 1~2번 ③ 하루에 3~5번 ④ 하루에 6~7번 ⑤ 하루에 8번 이상	
13. 귀하는 아침식사를 얼마나 자주 하나요?	① 일주일에 1번 미만 ② 일주일에 1~2번 ③ 일주일에 3~4번 ④ 일주일에 5~6회 ⑤ 매일	
14. 귀하는 외식이나 배달음식을 얼마나 자주 드십니까?	① 거의 먹지 않는다. ② 2주일에 1번 ③ 일주일에 1~3번 ④ 일주일에 4~6번 ⑤ 하루에 1번 ⑥ 하루에 2번 이상	
15. 귀하는 저녁식사 후 야식을 얼마나 자주 하십니까?	① 거의 먹지 않는다. ② 한 달에 1번 ③ 2주일에 1번 ④ 일주일에 1~2번 ⑤ 일주일에 3~4번 ⑥ 일주일에 5번 이상	
16. 귀하는 평소에 편식을 얼마나 하십니까?	① 전혀 하지 않는다. ② 하지 않는 편이다. ③ 보통이다. ④ 하는 편이다. ⑤ 매우 많이 한다.	
17. 귀하는 평소에 건강에 좋은 식생활을 하려고 얼마나 노력하십니까?	① 전혀 노력하지 않는다. ② 노력하지 않는 편이다. ③ 보통이다. ④ 노력하는 편이다. ⑤ 매우 노력한다.	
18. 귀하는 외식 시 또는 가공식품을 구입할 때 영양표시를 얼마나 확인하십니까?	① 전혀 확인하지 않는다. ② 확인하지 않는 편이다. ③ 보통이다. ④ 확인하는 편이다. ⑤ 항상 확인한다	
19. 귀하는 음식을 먹기 전에 손을 씻으십니까?	① 전혀 씻지 않는다. ② 씻지 않는 편이다. ③ 보통이다. ④ 씻는 편이다. ⑤ 항상 씻는다.	
20. 귀하는 하루에 30분 이상 숨이 찰 정도의 운동을 얼마나 자주 하십니까?	① 거의 하지 않는다. ② 일주일에 1~2번 ③ 일주일에 3~4번 ④ 일주일에 5~6회 ⑤ 매일	
21. 귀하는 본인이 얼마나 건강하다고 생각하십니까?	① 전혀 건강하지 않다. ② 건강하지 않은 편이다. ③ 보통이다. ④ 건강한 편이다. ⑤ 매우 건강하다.	

• **실습평가 및 고찰**

① 성인 영양지수 결과표를 활용하여 본인의 식사섭취의 문제점을 찾아보자.

② 균형, 다양, 절제, 식행동 중에 가장 문제되는 요인은 무엇인지 찾아보자.

실습 4. 신체계측 및 평가

4-1. 신체계측 및 신체구성 성분 측정을 통한 영양판정

• **실습목표** 체위와 부위별 피부두겹두께를 측정하고 신체계측치를 통해 영양상태를 판정할 수 있다.

• **실습내용**

① 신장과 체중을 정확하게 측정한다.

② 신체부위별 피부두겹두께를 정확하게 측정한다.

③ 각 체위를 2회 측정하여 평균값을 사용한다.

④ 총 체지방량과 제지방량을 산출하여 영양상태를 판정한다.

• **준비물** 신장계, 체중계, 줄자, 캘리퍼, 계산기

• **실습하기**

측정 내용		1차 측정치	2차 측정치	평균
신장(cm)				
체중(cm)				
피부두겹두께(mm)	삼두근			
	이두근			
	견갑골하부			
	가슴			
	장골상부			
	복부			
	허벅지			

측정 내용		피부두겹두께(mm)		생체전기저항법
체지방량(%)				
지방량(kg)				
제지방량(kg)				
이상체중(kg)				
		1차 측정치	2차 측정치	평균
둘레측정 (mm)	상완둘레			
	장딴지둘레			
	허벅지둘레			
	엉덩이둘레			
	허리둘레			
	팔목둘레			
W/H ratio				
BMI				

- **실습평가 및 고찰**

① 신장과 체중을 정확하게 측정할 수 있는가?

② 신체부위별 피부두겹두께를 정확하게 측정할 수 있는가?

③ 신체계측 측정치를 활용하여 영양상태를 판정할 수 있는가?

④ 측정도구에 따른 신체구성 성분 측정값을 비교할 수 있는가?

4-2. 생체전기저항측정을 통한 영양판정

- **실습목표** 생체전기저항측정기를 사용할 수 있고 신체조성을 평가할 수 있다.
- **실습내용**

① 생체전기저항측정기를 올바르게 측정한다.

② 측정값을 이해하고 비만 정도를 평가한다.

③ 측정값을 분석하고 영양상태를 판정한다.

- **준비물** 생체전기저항측정기

• 실습하기

조사대상자		
이름 :	성별 :	연령 :
신장 :	체중 :	측정날짜:
체성분분석		
체수분		
단백질		
무기질		
체지방		
골격근 – 지방		
체중		
골격근량		
체지방량		
비만진단		
BMI		
체지방률		
복부지방률		
종합 영양상태 분석 및 판정		

• **실습평가 및 고찰**

① 생체전기저항측정기를 올바르게 측정할 수 있는가?
② 측정값을 이해하고 비만 정도를 평가할 수 있는가?
③ 측정값을 분석하고 영양상태를 판정할 수 있는가?

4-3. 생체전기저항측정을 통한 측정값 분석 및 영양판정

• **실습목표** 생체전기저항측정을 통한 측정값을 분석하고 영양판정을 실시할 수 있다.

• **실습내용**

① 생체전기저항측정을 통한 측정값을 확인한다.
② 측정값을 이해하고 비만 정도를 평가한다.
③ 측정값을 분석하고 영양상태를 판정한다.

• **준비물** 생체전기저항측정 결과지

• **실습하기(결과지 부착)**

• **실습평가 및 고찰**

① 측정값을 이해하고 비만 정도를 평가할 수 있는가?
② 측정값을 분석하고 영양상태를 판정할 수 있는가?
③ 생체전기저항측정을 통한 측정값을 영양판정에 제대로 활용할 수 있는가?

실습 5. 생화학적 조사 및 분석

5–1. 혈액 내 혈당, 지질 검사

• **실습목표** 혈액 성분 중 혈당과 지질(중성지방, 콜레스테롤), 젖산을 측정하여 영양 상태를 평가한다.

• **실습내용**

① 손끝을 소독된 검사 needle을 찔러 소량의 혈액을 취한다.

② 손끝에서 채취한 혈액을 검사 시트지에 댄다.

③ 검사 시트지를 분석기에 넣고 작동하여 결과를 얻는다.

• **준비물** 혈액분석기, 검사 needle, 소독액, 소독솜

5–2. 헤모글로빈과 헤마토크리트 검사

• **실습목표** 헤모글로빈과 헤마토크리트를 측정하여 철분의 영양상태를 판정한다.

• **실습내용**

① 손끝을 소독된 검사 바늘로 찔러 혈액을 취한다.

② 손 끝의 혈액을 검사시트지에 댄다.

③ 결과 수치를 기준치와 비교하여 철결핍성 빈혈 여부를 판정하고 개선을 위한 방법을 논의한다.

• **준비물** 혈액분석기, 검사 needle, 소독액, 소독솜

5–3. 소변검사

• **실습목표** 휴대용 소변분석기를 이용하여 영양상태를 판정한다.

- **실습내용**

① 소변 검사 시트지에 소변을 소량 묻힌다.

② 검사 시트지를 분석기에 넣는다.

③ 검사 결과를 기준치와 비교하여 영양상태를 판정한다.

- **준비물** 소변검사기

- **실습 수행하기**

성분		기준치	측정치	판정	비고
포도당					
중성지방					
콜레스테롤	총 콜레스테롤				
	HDL- 콜레스테롤				
	LDL- 콜레스테롤				
젖산					
종합평가					

- **실습평가 및 고찰**

① 조사대상자의 혈액성분치로 영양상태를 평가할 수 있는가?

② 조사대상자는 영양상태 판정 결과로 고려해 볼 때, 위험도가 높은 질병은 무엇인가?

③ 위험도가 높은 질병을 예방하기 위한 영양적인 방법은 어떤 것이 있는가?

5-4. 혈액분석 사례 결과를 통해 영양상태 평가하기

- 조사대상자의 기본사항
  - 연령 : 22세, 여성
  - 키 : 163 cm
  - 체중 : 60 kg
  - 혈압 : 119/81 mmHg

혈액성분 결과지

종류	질환	검사항목	결과치	정상치
혈액검사	빈혈	혈색소(g/dL)	13.1	남 13.0 ~ 16.5 여 12.0 ~ 15.5
	당뇨병	공복혈당(mg/dL)	124	100 미만
	이상지질	총콜레스테롤(mg/dL)	260	200 미만
		고밀도콜레스테롤(mg/dL)	56	60 이상
		저밀도콜레스테롤(mg/dL)	190	150 미만
		중성지방(mg/dL)	140	130 미만
	신장질환	혈청크레아티닌(mg/dL)	0.8	1.5 이하
		신사구체여과율(mL/min/1.73 m^2)	81	60 이상
	간장질환	AST(SGOT)(IU/L)	35	40 이하
		ALT(SGPT)(IU/L)	30	35 이하
		γ-GP T(IU/L)	32	남 63 이하 여 35 이하

실습평가 및 고찰

① 조사대상자의 결과지로 영양상태를 평가할 수 있는가?

② 조사대상자는 영양상태 판정결과로 고려해 볼 때, 위험도가 높은 질병은 무엇인가?

③ 위험도가 높은 질병을 예방하기 위한 영양관리 방법은 무엇인가?

실습 6. 생애주기별 영양판정

6-1. 유아 및 아동의 영양판정

- **실습목표** 성장발육곡선을 이용하여 영양판정을 할 수 있다.
- **실습내용** 영 · 유아의 체중과 신장 자료를 활용하여 성장 정도를 비교 판정할 수 있다.
- **준비물** 성장발육곡선
- **실습하기**

1. 생후 20개월 된 영아의 체중이 8 kg이고, 신장이 78 cm이다. 성장곡선을 이용하여 성장을 판정한 결과는 어떠한가?

2. A영아가 6개월이었을 때와 12개월이었을 때의 체중과 신장은 다음과 같다면 발육곡선과 비교하면 어떠한가?

구분	3개월	6개월	12개월
체중(kg)	6.4	7.4	8.4
신장(cm)	63	68	73

- **실습평가 및 고찰**

① 영 · 유아의 체중과 신장 증가의 중요성을 이해하는가?

② 성장발육곡선을 비교하여 판정할 수 있는가?

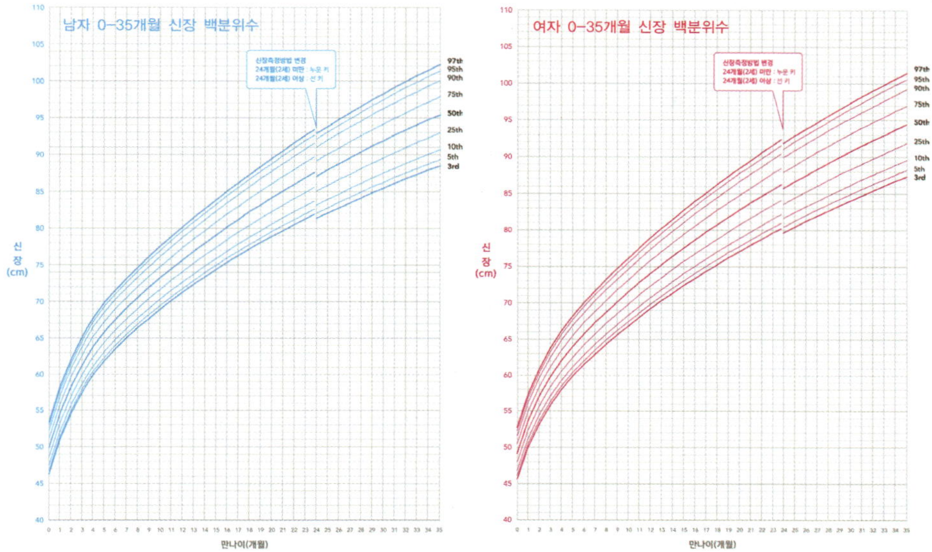

연령별 신장 백분위수 성장곡선, 3세 미만(0~35개월)

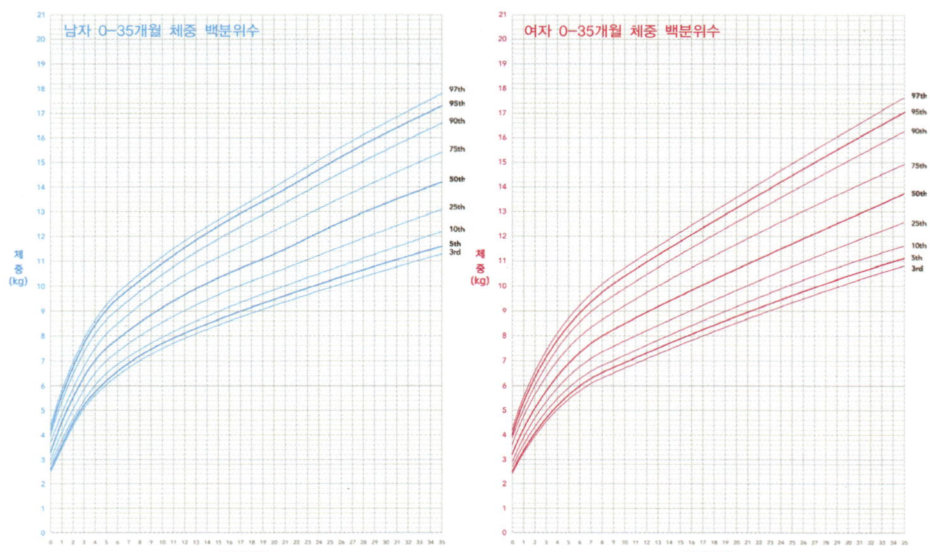

연령별 체중 백분위수 성장곡선, 3세 미만(0~35개월)

6-2. 청소년의 영양판정

• **실습목표** 청소년의 표준체중과 비만 정도를 판정할 수 있다.

• **실습내용** 표준체중을 계산하여 청소년의 비만도를 분석하고 판정한다.

• **실습하기**

1. 14세 남학생의 신장은 158 cm이고 체중은 54 kg이다. BMI와 비만도를 구하여 영양판정하세요.

2. 17세 여학생의 신장은 164 cm, 체중은 72 kg, 허리둘레 92 cm, 엉덩이둘레 106 cm이다. 아래 내용을 판정하세요.
   ① Broca법을 이용한 표준체중
   ② 비만도
   ③ BMI 계산
   ④ 허리-엉덩이 둘레비
   ⑤ 종합적인 영양상태 판정

• **실습평가 및 고찰**

① 표준체중을 구할 수 있는가?

② 청소년의 비만도를 분석하고 판정할 수 있는가?

6-3. 임산부의 영양판정

- **실습목표** 임산부의 영양관리를 계획할 수 있다.
- **실습내용** 임산부의 사례를 통해 영양판정을 실시한다.
- **실습하기**

1. 신장 165 cm, 38세인 A씨는 임신 26주로 임신 전 체중이 52 kg이고 현재 체중은 72 kg이다. 최근 1주일 내 체중이 5 kg 증가하였고 부종이 있으며 가끔 머리가 아프고 시야가 흐려지는 증상을 보인다. 아래 내용을 판정하세요.

① 임산부에게 의심되는 질환 :

② 의심되는 질환을 정확히 진단하기 위해 검사해야 할 생화학적 조사 항목 :

③ 현재 체중 증가 정도에 대한 판정과 적정 체중증가량 :

④ 식습관조사에서 중점적으로 조사할 영양소 :

2. 임산부에게 바람직한 식생활 조언을 어떤 것이 있는가?

- **실습평가 및 고찰**

① 임산부의 영양의 중요성을 인지하고 있는가?

② 임산부의 영양관리를 계획할 수 있는가?

6-4. 고령자의 영양판정

- **실습목표** 고령자의 영양문제와 관련된 주요 지표를 알 수 있다.
- **실습내용** 고령자의 식생활 사례를 통해 영양판정을 실시한다.
- **실습하기**

1. 고령자의 영양문제와 관련된 주요 지표는 무엇인가?

2. 고령자의 식사조사에 따른 주의사항은 무엇인가?

- **실습평가 및 고찰**

① 고령자의 영양문제를 파악하고 있는가?

② 고령자의 영양문제와 관련된 주요 지표를 알 수 있는가?

실습 7. 만성질환의 영양판정

- **실습목표** 수집한 환자의 정보 및 자료를 근거로 영양판정을 할 수 있다.
- **실습내용**

  ① 제시된 환자의 사례를 읽고 영양판정에 필요한 정보를 검색하여 나열한다.

  ② 대사증후군 진단기준항목과 관련된 환자의 해당 자료를 비교한다.

  ③ 진단기준 항목별 환자의 해당 자료에 대해서 영양판정을 한다.

  ④ 항목별 판정결과를 근거하여 대사증후군 진단 및 종합판정을 한다.

  ⑤ 종합판정 결과에 대해서 토의를 한다.
- **준비물** 대사증후군 진단기준, 환자 건강검진 결과 및 정보,
  대사증후군 진단 및 종합판정표
- **실습 수행하기**

1) 대사증후군 진단기준

위험인자	진단기준
1. 복부비만	허리둘레
남자	≥ 90 cm
여자	≥ 85 cm
2. 중성지방	≥ 150 mg/dL 또는 이상지질혈증 치료제를 복용 중인 경우
3. HDL콜레스테롤	
남자	< 40 mg/dL 또는 이상지질혈증 치료제를 복용 중인 경우
여자	< 50 mg/dL 또는 이상지질혈증 치료제를 복용 중인 경우
4. 혈압	≥ 130/85 mg/dL 또는 고혈압 치료제를 복용 중인 경우
5. 공복혈당	≥ 100 mg/dL 또는 당뇨병 치료제를 복용 중인 경우

* 위 기준 중 3개 이상에 해당될 때 대사증후군으로 진단할 수 있음

출처: 대한의학회 · 보건복지부. 일차 의료용 당뇨병 임상진료지침. 임상진료지침 정보센터. 2018

2) 사례

45세 직장인 P씨는 평소 건강에 자신감을 갖고 살아 왔으나, 직장인 검진결과 전문적인 건강관리가 필요함을 권유받고 지역 보건소에서 건강관리 및 상담을 받고자 방문하였으며, 초기 수집된 자료결과는 다음과 같다.

<table>
<tr><th>조사항목</th><th colspan="2">내용</th></tr>
<tr><td>병력
및 일반사항</td><td colspan="2">1. 성별 및 나이: 남자/45
2. 직업: 사무직
3. 병력: 특별한 사항은 없음
4. 가족력: 부(고혈압)/모(이상지질혈증)</td></tr>
<tr><td>생활습관
및 식습관</td><td colspan="2">5. 음주 및 흡연: 맥주 500cc/일, 1갑 이상/일
6. 운동 및 활동력: 출퇴근 대중교통을 이용해서 10분 정도 걷는 것 이외에 특별한 운동을 하지 않음
7. 식습관: 기름진 육류 자주 섭취/생선 주 3회 이상 섭취/ 음주 후 국수와 라면을 자주 섭취하는 편임/ 채소와 과일은 거의 섭취하지 않음/ 믹스커피 1일 4잔 이상/ 기타 탄산음료 1일 1잔
8. 1일 평균 에너지섭취량: 2,680 kcal(탄수화물 : 단백질 : 지방 = 58 : 14 : 28(%))
9. 식태도 및 인지도: 건강에 의한 심각성을 인식하지 못한 상태이며, 금연, 금주 및 식습관에 대한 개선의지 전혀 없음</td></tr>
<tr><td>신체계측</td><td>10. 신장: 176 cm
11. 체중: 84.5 kg
12. 체질량(BMI): 27.3 kg/m²</td><td>13. 체지방률 35.1 %
14. 허리둘레 103 cm</td></tr>
<tr><td>생화학지표</td><td>15. 혈압: 139/87 mmHg
16. 총 콜레스테롤: 263 mg/dL
17. 중성지방: 185 mg/dL</td><td>18. HDL-콜레스테롤: 53 mg/dL
19. LDL-콜레스테롤: 167 mg/dL
20. 공복혈당: 105 mg/dL</td></tr>
</table>

3) 대사증후군 진단 및 종합판정표

진단기준 항목(위험인자)	진단기준	P씨의 검사수치	판정*
종합판정			

* 진단기준에 부합되면 'ㅇ', 해당되지 않으면 '×'로 표시함

• 실습평가 및 고찰

실습 8. 입원환자의 영양판정

- **실습목표** : 영양 검색 도구를 선택하여 영양불량위험 정도를 판정할 수 있다.
- **실습내용**
  ① 제시된 환자의 사례를 읽고 주관적 종합평가(SGA) 방법을 이용하여 관련된 환자별 주관적, 객관적 정보 및 자료를 확인하다.
  ② 주관적 종합평가(SGA) 방법 판정기준에 따라 영양불량 위험 정도를 판정한다.
  ③ 판정 결과를 검토하고 영양불량 위험 정도 결과에 대해서 토의를 한다.
- **준비물** : 환자 사례, 주관적 종합평가(SGA) 평가지
- **실습 수행하기**

1) 사례

【사례 1】

평소 특별한 만성질환이 없는 80세 남성은 입원 10일 전부터 복통과 구토, 설사증상을 동반한 게실염으로 입원하였다. 입원 후 3일 동안 금식을 한 후 식사를 개시하였으나 식욕부진이 지속되어 현재까지 유동식과 영양보충식을 섭취하고 있는 상태이다. 현재 구토 증세는 없으며 설사증상은 매우 서서히 호전되고 있으나, 아직까지 지속되고 있는 상태이다. 2주전 68 kg에서 현재 65 kg로 체중이 감소하였으며, 어깨의 피하지방과 근육이 약간 감소되어 있는 것이 관찰되었다.

【사례 2】

응급실을 통해 입원한 여성 환자로 반복되는 경련으로 대화가 불가능하여 보호자를 통해서 환자의 정보를 알아냈다. 1년 전에는 체중이 56 kg이었으나, 직장을 이직한 이후 식욕부진 증상이 시작되었으며, 식사량이 점진적으로 줄어들어 입원 4일 전부터는 식사를 거의 못한 상태라고 한다. 현재는 체중이 40 kg로 추정되고, 임상검사 시 환자는 어깨, 삼두근, 손 등 지방과 근육이 거의 없는 상태였으며, 머리카락은 힘이 없고 입술과 피부는 매우 건조한 상태였다.

【사례 3】

2년 전 고지혈증을 진단받은 45세 남자는 고지혈증 진단받은 후 건강을 위해 규칙적인 운동과 영양관리를 통해서 체중을 10 kg 정도 감량하였으며 평소 건강관리를 위해서 노력하는 사람이다. 평소 식욕과 소화기 문제는 없었으나 5일 전부터 열감이 있었으며, 2일 전부터 갑자기 고열(38.2도)이 나기 시작하면서부터 식욕을 잃고 하루 종일 물과 흰죽 1공기 정도 섭취하다가 증상이 호전되지 않아 병원을 방문하였다. 현재 외견상 고열에 의해서 얼굴이 약간 부은 상태이나, 외견상 신체적인 변화(체지방과 체단백)는 없었으며, 평소체중 72 kg에서 70 kg로 감소된 상태이다.

2) 주관적 종합평가(SGA) 평가 연습지 [사례 1]

I. 환자력

1. 체중 변화

☐ 최대 체중 ____________ ☐ 6개월 전 체중 ____________

☐ 최근 체중 ____________

%체중 변화 = (6개월 전 체중 − 최근 체중)/ 6개월 전 체중 × 100

☐ 지난 6개월간의 체중 감소량 ____________

☐ 지난 6개월간의 체중 감소 비율 ____________

☐ 지난 2주간의 변화: ☐ 증가 _______ ☐ 변화 없음 ☐ 감소 _______

2. 식사섭취상태

☐ 변화 없음

☐ 변화 있음: ☐ 기간 : _______주

☐ 변화 형태: ☐ 섭취량이 증가함 ____________

☐ 반고형식 ____________

☐ 전유동식 또는 경구영양보충제 ____________

☐ 맑은 유동식 또는 최소 정맥영양공급 ____________

☐ 금식 ____________

☐ 지난 2주간 식사섭취상태: ☐ 적절함 ☐ 부적절하나 개선되는 상태

☐ 개선되지 않는 상태 또는 부적절함

3. 위장증상(2주 이상 지속된 경우만)

☐ 없음 ☐ 오심 ☐ 구토 ☐ 설사 ☐ 식욕부진

4. 신체기능력

☐ 기능장애 없음

☐ 기능장애 있음: ☐ 기간 ____________

☐ 형태 : ☐ 정상은 아니나 기능은 함

☐ 외래통원

☐ 침상에만 누워만 있음

5. 대사량 변화
☐ 스트레스 없음 ☐ 낮은 스트레스 ☐ 중정도 스트레스 ☐ 심한 스트레스

II. 신체진단
(각 문항별 정상이면 0, 경증이면 +1, 중정도이면 +2, 중증이면 +3으로 기입)
☐ 피하지방 손실(어깨, 삼두근, 가슴, 손) ________
☐ 근육 소모(삼각근, 대퇴사각근) ________
☐ 발목 부종 ______________ ☐ 복수 ______________

등급 판정

☐ A = 영양상태 양호
☐ B = 중정도의 영양불량 또는 영양불량이 의심됨
☐ C = 심한 영양불량

출처 : Detsky AS, McLaughln JR, Baker JP, Johnston N, Whittaker S, Mendelson RA, Jeejeebhoy KN. What is subjective global assessment of nutrition status? Journal of Parental and Enternal Nutrition 11:8, 1987

2) 주관적 종합평가(SGA) 평가 연습지 [사례 2]

I. 환자력
1. 체중 변화
☐ 최대 체중 ____________ ☐ 6개월 전 체중 ____________
☐ 최근 체중 ____________

%체중 변화 = (6개월 전 체중 − 최근 체중)/ 6개월 전 체중 × 100

☐ 지난 6개월간의 체중 감소량 ____________
☐ 지난 6개월간의 체중 감소 비율 ____________
☐ 지난 2주간의 변화: ☐ 증가 ________ ☐ 변화 없음 ☐ 감소 ________

2. 식사섭취상태
☐ 변화 없음
☐ 변화 있음: ☐ 기간 : ________주
☐ 변화 형태: ☐ 섭취량이 증가함 ____________
☐ 반고형식 ____________
☐ 전유동식 또는 경구영양보충제 ____________
☐ 맑은 유동식 또는 최소 정맥영양공급 ____________
☐ 금식 ____________

☐ 지난 2주간 식사섭취상태: ☐ 적절함 ☐ 부적절하나 개선되는 상태
☐ 개선되지 않는 상태 또는 부적절함

3. 위장증상(2주 이상 지속된 경우만)
☐ 없음 ☐ 오심 ☐ 구토 ☐ 설사 ☐ 식욕부진

4. 신체기능력
 □ 기능장애 없음
 □ 기능장애 있음: □ 기간 ___________
  □ 형태 : □ 정상은 아니나 기능은 함
   □ 외래통원
   □ 침상에만 누워만 있음

5. 대사량 변화
 □ 스트레스 없음 □ 낮은 스트레스 □ 중정도 스트레스 □ 심한 스트레스

II. 신체진단
(각 문항별 정상이면 0, 경증이면 +1, 중정도이면 +2, 중증이면 +3으로 기입)
 □ 피하지방 손실(어깨, 삼두근, 가슴, 손) _______
 □ 근육 소모(삼각근, 대퇴사각근) _______
 □ 발목 부종 _______________ □ 복수 _______________

등급 판정
□ A = 영양상태 양호
□ B = 중정도의 영양불량 또는 영양불량이 의심됨
□ C = 심한 영양불량

2) 주관적 종합평가(SGA) 평가 연습지 [사례 3]

I. 환자력
1. 체중 변화
 □ 최대 체중 ___________ □ 6개월 전 체중 ___________
 □ 최근 체중 ___________

 %체중 변화 = (6개월 전 체중 − 최근 체중)/ 6개월 전 체중 × 100

 □ 지난 6개월간의 체중 감소량 ___________
 □ 지난 6개월간의 체중 감소 비율 ___________
 □ 지난 2주간의 변화: □ 증가 _______ □ 변화 없음 □ 감소 _______

2. 식사섭취상태
 □ 변화 없음
 □ 변화 있음: □ 기간 : _______주
 □ 변화 형태: □ 섭취량이 증가함 ___________
  □ 반고형식 ___________
  □ 전유동식 또는 경구영양보충제 ___________
  □ 맑은 유동식 또는 최소 정맥영양 공급 ___________
  □ 금식 ___________

 □ 지난 2주간 식사섭취상태: □ 적절함 □ 부적절하나 개선되는 상태
  □ 개선되지 않는 상태 또는 부적절함

3. 위장증상(2주 이상 지속된 경우만)
☐ 없음 ☐ 오심 ☐ 구토 ☐ 설사 ☐ 식욕부진

4. 신체기능력
☐ 기능장애 없음
☐ 기능장애 있음: ☐ 기간 ____________
☐ 형태 : ☐ 정상은 아니나 기능은 함
☐ 외래통원
☐ 침상에만 누워만 있음

5. 대사량 변화
☐ 스트레스 없음 ☐ 낮은 스트레스 ☐ 중정도 스트레스 ☐ 심한 스트레스

II. 신체진단
(각 문항별 정상이면 0, 경증이면 +1, 중정도이면 +2, 중증이면 +3으로 기입)
☐ 피하지방 손실(어깨, 삼두근, 가슴, 손) ________
☐ 근육 소모(삼각근, 대퇴사각근) ________
☐ 발목 부종 _______________ ☐ 복수 _______________

등급 판정
☐ A = 영양상태 양호
☐ B = 중정도의 영양불량 또는 영양불량이 의심됨
☐ C = 심한 영양불량

SGA(Subjective Global Assessment) 평가기준

영역	항목	판정기준 및 고려사항
환자력	체중 변화	• 최근 6개월간의 체중 변화가 5% 이하 감소되었다면 문제가 없으나, 5~10% 감소되었다면 잠재적 위험상태로 평가하며, 10% 이상이면 영양불량의 위험상태로 평가한다. • 지난 6개월간의 체중감소가 5~10%일지라도 최근에 체중이 증가되고 있는 상태라면 판정 시 고려하여야 한다.
	식사섭취상태	• 변화된 식사상태의 지속기관과 변화된 내용을 조사하여 평상 시(6개월~12개월) 식사패턴이나 섭취상태와 비교하여 평가한다.
	위장증상	• 2주 이상 지속되는 위장증상을 조사하며, 단지 수일간만 지속된 설사나 구토는 유의적인 것으로 여기지 않는다.
	신체기능력	• 환자의 일상적인 수행능력을 조사하여 기능장애 여부를 확인하며, 만약 어떤 기능장애가 있다면 장애기간 및 그 유형을 조사한다.
	대사량 변화	• 환자의 에너지대사량 변화에 영향을 미치는 질병 또는 스트레스 여부와 정도를 확인한다.

영역	항목	판정기준 및 고려사항
신체진단	피하지방 손실	• 어깨, 상완, 가슴, 손의 네 부위를 검사한다. 피하지방의 손실은 정상, 약간 손실, 보통 손실, 심한 손실로 나타낸다. 다만 손의 경우 영양불량이 아닌데도 노인들에게서는 피하지방 감소가 나타날 수 있다.
	근육 소모	• 근육 손실은 어깨의 삼각근과 대퇴부의 사각근을 조사하며, 어깨의 피하지방 손실 및 삼각근의 소모는 사각형 모양의 어깨로 나타나게 한다. • 근육 소모는 정상, 약간 소모, 보통 소모, 심한 소모로 평가한다.
	부종과 복수	• 발목 또는 천골 부위의 부종 여부를 확인하며, 조사결과에 따라 부종 없음, 경미한 부종, 중등도 부종, 심한 부종으로 평가한다. • 복수의 유무 및 정도를 평가한다.
등급판정	A	지난 6개월간의 체중 손실이 5~10%일지라도 최근 체중이 증가하고 있는 경우
	B	5%의 체중 감소, 식사섭취량 감소, 경미 또는 중등도의 피하지방 손실과 근육 소모가 있는 경우
	C	지속적으로 체중 감소율이 10% 이상이고, 식사섭취가 빈약하고, 피하지방과 근육 소모가 심한 경우

• 실습평가 및 고찰

C H A P T E R

부록

1. 2020 한국인 영양소 섭취기준 | 2. 소아청소년 성장도표(2017년) | 3. 영양섭취평가 | 4. 영양불량 검색을 위한 영양판정 도구

1. 2020 한국인 영양소 섭취기준

	남자(19~29세)				여자(19~29세)				임신부[2]	수유부[2]
	EAR[10]	RNI[11]	AI[12]	UL[13]	EAR	RNI	AI	UL		
에너지(kcal)	2,600[1]				2,000[1]				+0[3] +340 +450	+340
단백질(g)	50	65			45	55			+15[3] +30	+25
탄수화물(g)	100	130			100	130			+45	+80
식이섬유(g)			30				20		+5	+5
리놀레산(g)			13.0				10.0		+0	+0
알파-리놀렌산(g)			1.6				1.2		+0	+0
EPA+DHA(mg)			210				150		+0	+0
수분(mL)[4]			2,600				2,100		+200	+700
비타민 A(μg RAE)	570	800		3,000	460	650		3,000	+70	+490
비타민 D(μg)			10	100			10	100	+0	+0
비타민 E(mg α-TE)			12	540			12	540	+0	+3
비타민 K(μg)			75				65		+0	+0
비타민 C(mg)	75	100		2,000	75	100		2,000	+10	+40
티아민(mg)	1.0	1.2			0.9	1.1			+0.4	+0.4
리보플라빈(mg)	1.3	1.5			1.0	1.2			+0.4	+0.5
니아신(mg NE)[5]	12	16		35/1,000[6]	11	14		35/1,000[6]	+4	+3
비타민 B_6(mg)	1.3	1.5		100	1.2	1.4		100	+0.8	+0.8
엽산(μg DFE)[7]	320	400		1,000	320	400		1,000	+220	+150
비타민 B_{12}(μg)	2.0	2.4			2.0	2.4			+0.2	+0.4
판토텐산(mg)			5				5		+1	+2
비오틴(μg)			30				30		+0	+5
칼슘(mg)	650	800		2,500	550	700		2,500	+0	+0
인(mg)	580	700		3,500	580	700		3,500	+0	+0
나트륨(mg)			1,500	2,300[8]			1,500	2,300[8]	1,500	1,500
염소(mg)			2,300				2,300		2,300	2,300
칼륨(mg)			3,500				3,500		+0	+400
마그네슘(mg)	300	360		350[9]	230	280		350[9]	+40	+0
철(mg)	8	10		45	11	14		45	+10	+0
아연(mg)	9	10		35	7	8		35	+2.5	+5.0
구리(μg)	650	850		10,000	500	650		10,000	+130	+480
불소(mg)			3.4	10.0			2.8	10.0	+0	+0
망간(mg)			4.0	11.0			3.5	11.0	+0	+0
요오드(μg)	95	150		2,400	95	150		2,400	+90	+190
셀레늄(μg)	50	60		400	50	60		400	+4	+10
몰리브덴(μg)	25	30		600	20	25		500	+0	+3
크롬(μg)			30				20		+5	+20

1) 에너지 필요추정량
2) 임신부/수유부의 경우 비가임기 여성의 권장섭취량 또는 충분섭취량에 부가되는 양
3) 임신부 에너지 1, 2, 3 분기별 부가량, 단백질 2, 3 분기별 부가량
4) 총 수분 섭취량
5) 1 mg NE(니아신 당량) = 1 mg 니아신 = 60 mg 트립토판
6) 니코틴산/니코틴아미드
7) Dietary Folate Equivalents
8) 만성질환위험 감소 섭취량
9) 식품 외 급원의 마그네슘에만 해당
10) EAR: 평균필요량
11) RNI: 권장섭취량
12) AI: 충분섭취량
13) UL: 상한섭취량

출처: 보건복지부 · 한국영양학회. 2020 한국인영양소섭취기준

2. 소아청소년 성장도표(2017년)

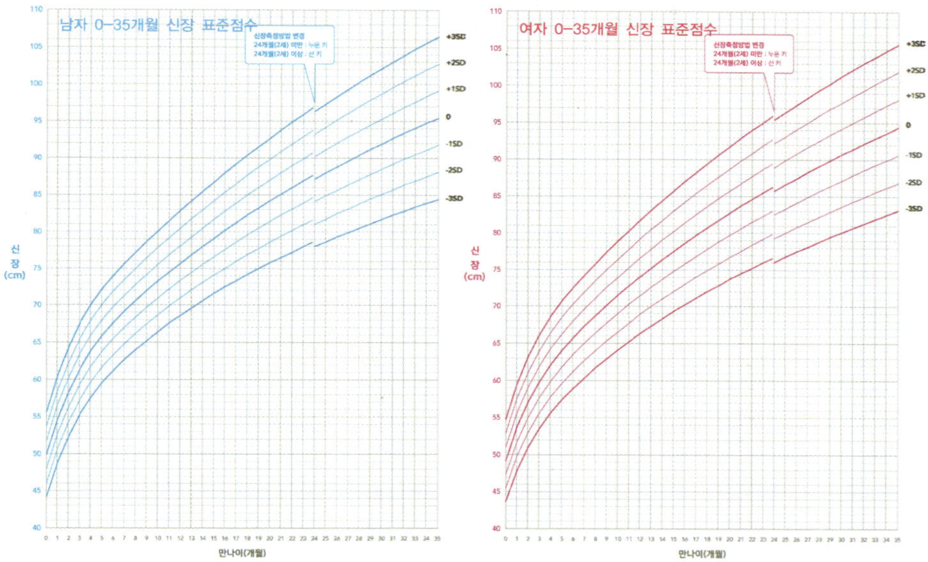

연령별 신장 표준점수 성장곡선(3세 미만: 0~35개월)

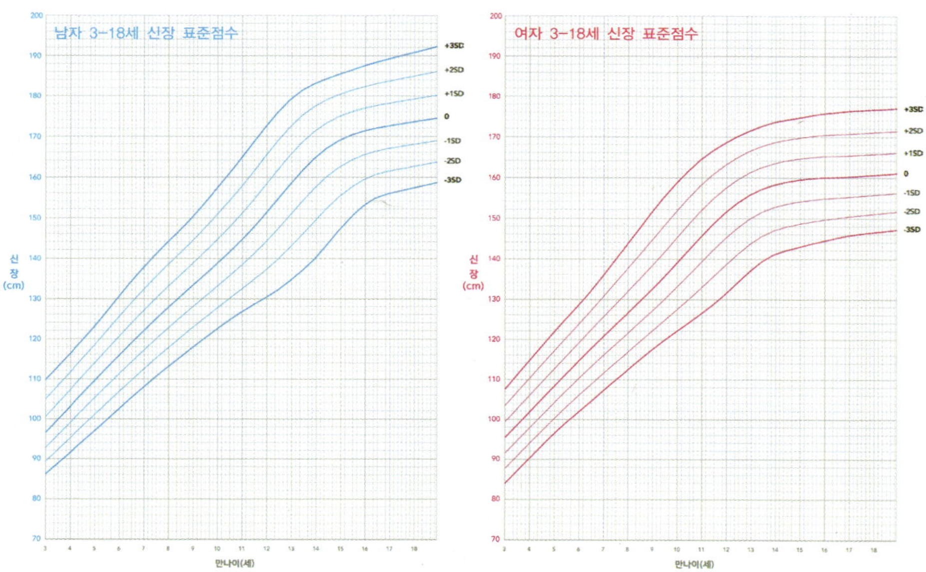

연령별 신장 표준점수 성장곡선(3~18세)

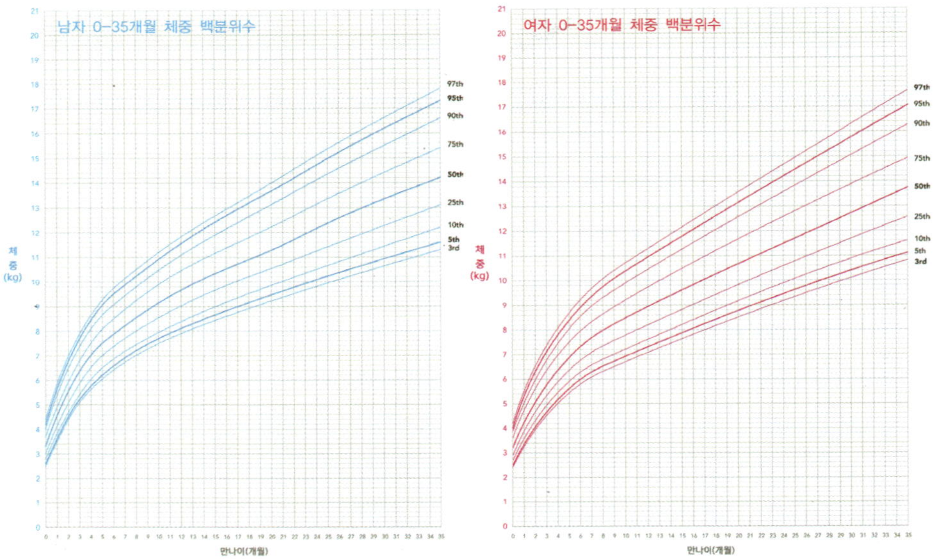

연령별 체중 백분위수 성장곡선(3세 미만: 0~35개월)

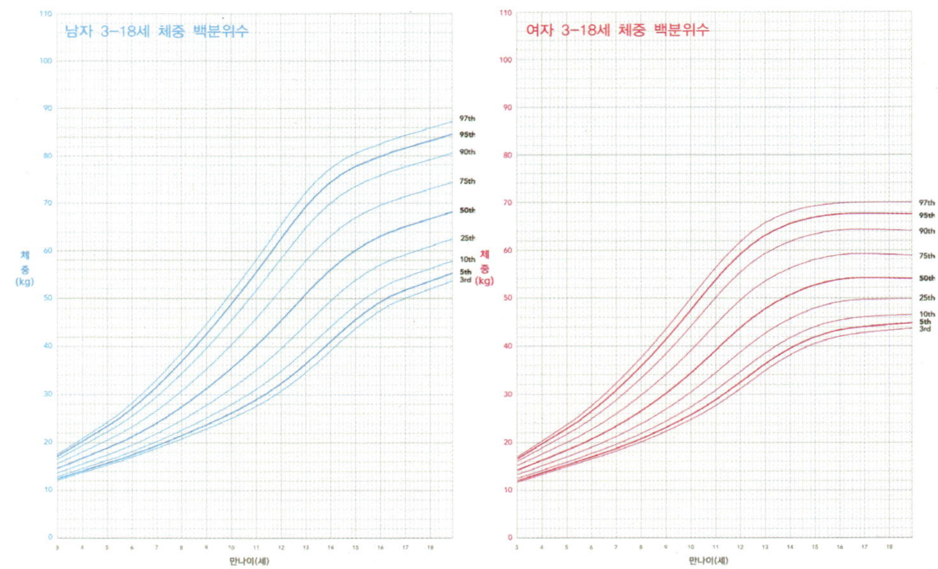

연령별 체중 백분위수 성장곡선(3~18세)

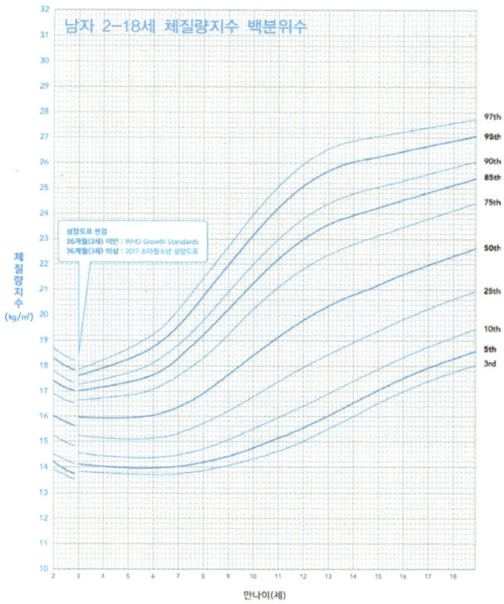

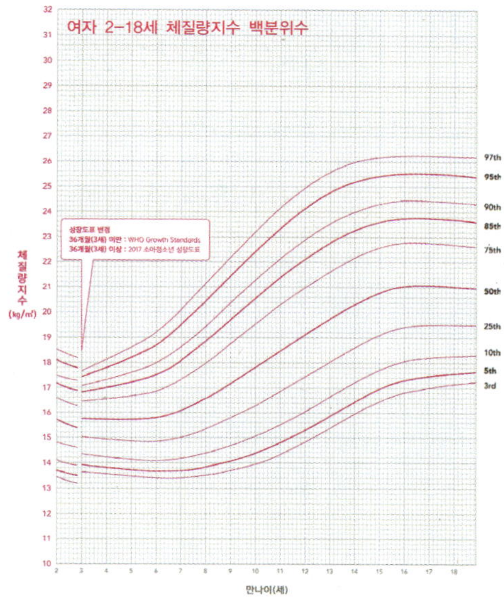

연령별 체질량지수 백분위수 성장곡선(2~18세)

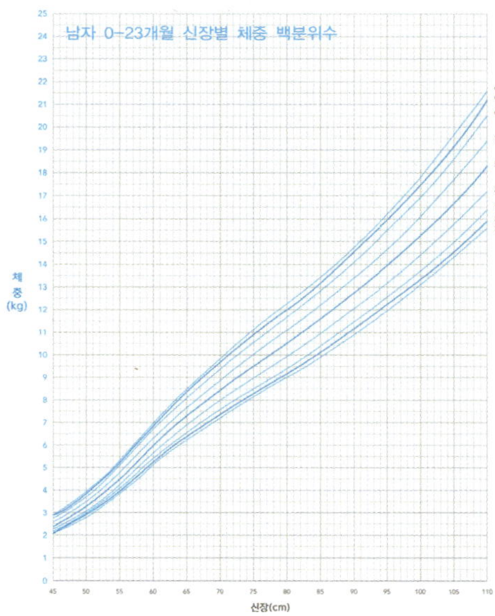

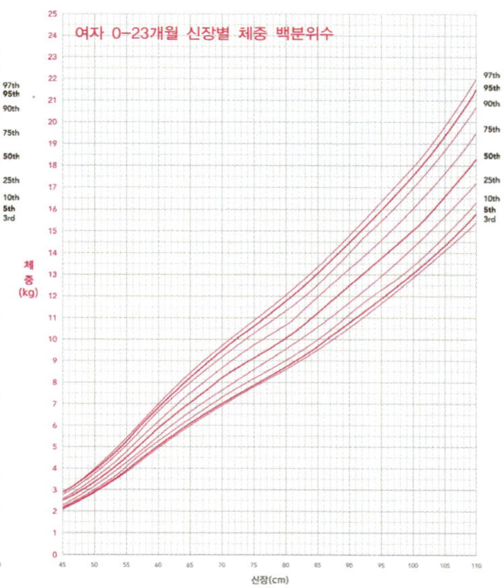

신장별 체중 백분위수 성장곡선(2세 미만: 0~23개월)

3. 영양섭취 평가

3-1. 미취학 어린이 영양지수

미취학 어린이(만 3~5세)용 영양지수 조사지

본 조사는 귀 자녀의 영양상태와 식행동을 간단하게 평가하기 위한 영양지수 계산에 사용될 것입니다. 귀 자녀가 가정에서는 물론, 어린이집/유치원에서 먹고 있는 것도 포함해서 답해 주시기 바랍니다.

1. 귀하의 자녀는 한 번 식사할 때 **채소류 반찬(김치 포함)**을 몇 가지나 먹나요?

※ 채소류 반찬에는 오이, 당근, 시금치나물, 콩나물무침, 배추김치 등이 포함됩니다.

① 1가지 이하
② 2가지
③ 3가지
④ 4가지 이상

2. 귀하의 자녀는 **과일**을 얼마나 자주 먹나요?

※ 한 번에 해당하는 양은 다음을 참고해주세요.
– 귤 1/2개, 사과 1/4개, 포도 1/4송이 참외 1/4개, 단감 1/4 조각

① 먹지 않는다(일주일에 1번도 먹지 않음).
② 일주일에 1번
③ 일주일에 3~4번
④ 하루에 1번
⑤ 하루에 2번 이상

3. 귀하의 자녀는 **흰 우유**를 얼마나 자주 마시나요?

※ 한 번에 해당하는 양은 1/2컵(1/2팩, 100 mL)입니다.

① 먹지 않는다(일주일에 1번도 먹지 않음).
② 일주일에 1번
③ 일주일에 3~4번
④ 하루에 1~2번
⑤ 하루에 3번
⑥ 하루에 4번 이상

4. 귀하의 자녀는 **콩이나 두부(두유 포함)**를 얼마나 자주 먹나요?

※ 밥에 들어있는 콩도 해당됩니다.
※ 한 번에 해당하는 양은 다음을 참고해주세요.
– 두유 1/2컵 두부부침 1조각

① 먹지 않는다.
② 한 달에 1번
③ 2주일에 1번
④ 일주일에 1번
⑤ 일주일에 3~4번
⑥ 하루에 1번 이상

5. 귀하의 자녀는 **육류(쇠고기, 돼지고기 닭고기, 오리고기 등)**를 얼마나 자주 먹나요?

※ 한 번에 해당하는 양은 다음을 참고해주세요.
– 쇠고기 1/2접시(30 g), 돼지고기 1/2접시(30 g), 닭고기 작은 1조각

① 먹지 않는다.
② 한 달에 1번
③ 2주일에 1번
④ 일주일에 1번
⑤ 일주일에 3~4번
⑥ 하루에 4번 이상

6. 귀하의 자녀는 **생선**을 얼마나 자주 먹나요?

※ 각종 생선 및 새우, 오징어, 조개 등의 해물류가 해당됩니다.
※ 한 번에 해당하는 양은 다음을 참고해주세요.
– 생선 1/2토막(30 g), 오징어 4조각

① 먹지 않는다.
② 한 달에 1번
③ 2주일에 1번
④ 일주일에 1번
⑤ 일주일에 3~4번
⑥ 하루에 1번 이상

7. 귀하의 자녀는 **햄, 소시지 등의 가공육류**를 얼마나 자주 먹나요?

① 먹지 않는다.
② 한 달에 1번
③ 2주일에 1번
④ 일주일에 1번
⑤ 일주일에 3~4번
⑥ 하루에 1번 이상

8. 귀하의 자녀는 **피자나 햄버거**를 얼마나 자주 먹나요?

① 먹지 않는다.
② 한 달에 1번
③ 2주일에 1번
④ 일주일에 1번
⑤ 일주일에 3~4번 이상

9. 귀하의 자녀는 **과자(초콜릿, 사탕 포함) 또는 달거나 기름진 빵(케이크, 도넛, 단팥빵 등)**을 얼마나 자주 먹나요?

① 먹지 않는다(일주일에 1번도 먹지 않음).
② 일주일에 1번
③ 일주일에 3~4번
④ 하루에 1번
⑤ 하루에 2번 이상

10. 귀하의 자녀는 가공 음료를 얼마나 자주 마시나요?

※ 탄산음료(콜라, 사이다, 등), 착향음료, 당이 들어 있는 캐릭터 음료 등을 말합니다.

① 먹지 않는다.
② 한 달에 1번
③ 2주일에 1번
④ 일주일에 1번
⑤ 일주일에 3~4번
⑥ 하루에 1번 이상

11. 귀하의 자녀는 **아침 식사**를 얼마나 자주 하나요?

※ 빵, 선식, 죽, 시리얼(예: 콘푸레이크, 후르츠푸레이크) 등을 먹은 경우는 식사를 한 것으로 합니다.
※ 단 우유, 주스, 과일만 먹은 경우는 식사를 하지 않는 것으로 합니다.
※ 어린이집/유치원의 오전 간식은 아침 식사로 간주하지 않습니다.

① 먹지 않는다.
② 일주일에 1~2번
③ 일주일에 3~4번
④ 일주일에 5~6번
⑤ 매일

12. 귀하의 자녀는 **돌아다니지 않고 식탁(밥상)에 앉아서** 먹나요?

① 전혀 그렇지 않다.
② 그렇지 않다.
③ 보통이다.
④ 그렇다.
⑤ 매우 그렇다.

13. 귀댁에서는 자녀가 **바른 식생활**을 하도록 도와주시나요?

① 전혀 그렇지 않다.
② 그렇지 않다.
③ 보통이다.
④ 그렇다.
⑤ 매우 그렇다.

14. 귀하의 자녀는 **음식을 먹기 전에 손을 씻나요**?

① 전혀 그렇지 않다.
② 그렇지 않다.
③ 보통이다.
④ 그렇다.
⑤ 매우 그렇다.

15. 귀하의 자녀가 **TV, 스마트폰, 아이패드 컴퓨터** 등을 보는 시간을 합하면 하루에 얼마나 되나요?

① 하지 않는다.
② 30분
③ 1시간
④ 2시간
⑤ 3시간 이상

16. 귀하의 자녀는 **운동**을 얼마나 자주 하나요?

※ 체육시간, 하원 후 운동교실(어린이집/유치원, 학원) 포함

① 하지 않는다.
② 일주일에 1~2번
③ 일주일에 3~4번
④ 일주일에 5~6번
⑤ 매일

다음 문항은 영양지수 계산 외에도 귀 자녀의 식생활 상담에 필요 한 내용이니 답해 주시기 바랍니다.

D1 귀 자녀의 식생활을 책임지는 사람은 누구입니까?

① 어머니
② 아버지
③ 할머니 또는 할아버지
④ 베이비시터
⑤ 기타(적을 것 : ________)

D2 귀 자녀의 성별은?

① 남자
② 여자

D3 귀 자녀의 출생연도와 월은?

________년 ______월

D4 귀 자녀의 키는?

________cm

D5 귀 자녀의 몸무게는?

________kg

3-2. 학령기 아동 영양지수

학령기 어린이용 영양지수 조사지

본 조사는 어린이 여러분의 영양상태와 식행동을 간단하게 평가하기 위한 영양지수 계산에 사용될 것입니다. 가정에서는 물론, 학교급식에서 먹고 있는 것도 포함해서 답해 주기 바랍니다.

1. 한 번 식사할 때 **채소류 반찬(김치 포함)**을 몇 가지나 먹나요?

※ 채소류 반찬에는 오이, 당근, 시금치나물, 콩나물무침, 배추김치 등이 포함됩니다.

① 1가지 이하
② 2가지
③ 3가지
④ 4가지
⑤ 5가지 이상

2. **과일**을 얼마나 자주 먹나요?

※ 한 번에 해당하는 양은 다음을 참고해주세요.
– 귤 1개, 사과 1/2개, 포도 1/3송이, 참외 1/2개, 단감 1/2개

① 먹지 않는다(일주일에 1번도 먹지 않음).
② 일주일에 1번
③ 일주일에 3~4번
④ 하루에 1번
⑤ 하루에 2번 이상

3. **흰 우유**를 얼마나 자주 마시나요?

※ 한 번에 해당하는 양은 1컵(200 mL)입니다.

① 먹지 않는다(일주일에 1번도 먹지 않음).
② 일주일에 1번
③ 일주일에 3~4번
④ 하루에 1
⑤ 하루에 2번 이상

4. **콩이나 두부(두유 포함)**를 얼마나 자주 먹나요?

※ 밥에 들어있는 콩도 해당됩니다.
※ 한 번에 해당하는 양은 다음을 참고해주세요.
– 두유 1컵, 두부부침 2조각

① 먹지 않는다.
② 한 달에 1번
③ 2주일에 1번
④ 일주일에 1번
⑤ 일주일에 3~4번
⑥ 하루에 1번 이상

5. 육류(쇠고기, 돼지고기 닭고기, 오리고기 등)를 얼마나 자주 먹나요?

※ 한 번에 해당하는 양은 다음을 참고해주세요.
– 쇠고기 1접시(60 g), 돼지고기 1접시(60 g), 닭고기 1조각(60 g)

① 먹지 않는다.
② 한 달에 1번
③ 2주일에 1번
④ 일주일에 1번
⑤ 일주일에 3~4번
⑥ 하루에 1번 이상

6. 생선을 얼마나 자주 먹나요?

※ 각종 생선 및 새우, 오징어, 조개 등의 해물류가 해당됩니다.
※ 한 번 섭취할 때 분량(1인 1회 분량)
– 생선 1토막(60 g), 오징어 8조각

① 먹지 않는다.
② 한 달에 1번
③ 2주일에 1번
④ 일주일에 1번
⑤ 일주일에 3~4번
⑥ 하루에 1번 이상

7. 햄, 소시지 등의 가공육류를 얼마나 자주 먹나요?

① 먹지 않는다.
② 한 달에 1번
③ 2주일에 1번
④ 일주일에 1번
⑤ 일주일에 3~4번
⑥ 하루에 1번 이상

8. 라면(컵라면 포함)을 얼마나 자주 먹나요?

① 먹지 않는다.
② 한 달에 1번
③ 2주일에 1번
④ 일주일에 1번
⑤ 일주일에 3~4번
⑥ 하루에 1번 이상

9. 과자(초콜릿, 사탕 포함) 또는 달거나 기름진 빵(케이크, 도넛, 단팥빵 등)을 얼마나 자주 먹나요?

① 먹지 않는다(일주일에 1번도 먹지 않음).
② 일주일에 1번
③ 일주일에 3~4번
④ 하루에 1번
⑤ 하루에 2번 이상

10. 가공 음료를 얼마나 자주 마시나요?

※ 탄산음료(콜라, 사이다, 등), 착향음료, 이온음료 등을 말합니다.

① 먹지 않는다.
② 한 달에 1번
③ 2주일에 1번
④ 일주일에 1번
⑤ 일주일에 3~4번
⑥ 하루에 1번 이상

11. 카페인 음료(커피, 에너지 드링크 등)를 얼마나 자주 마시나요?

① 먹지 않는다.
② 한 달에 1번
③ 2주일에 1번
④ 일주일에 1번
⑤ 일주일에 3~4번
⑥ 하루에 1번 이상

12. 아침 식사를 얼마나 자주 하나요?

※ 빵, 선식, 죽, 시리얼(예: 콘푸레이크, 후르츠푸레이크) 등을 먹은 경우는 식사를 한 것으로 합니다.
※ 단 우유, 주스, 과일만 먹은 경우는 식사를 하지 않는 것으로 합니다.

① 먹지 않는다.
② 일주일에 1~2번
③ 일주일에 3~4번
④ 일주일에 5~6번
⑤ 매일

13. 식사할 때 돌아다니지 않고 식탁(밥상)에 앉아서 먹나요?

① 전혀 그렇지 않다.
② 그렇지 않다.
③ 보통이다.
④ 그렇다.
⑤ 매우 그렇다.

14. 평일에 얼마나 자주 가족과 함께 식사하나요?

① 함께 먹지 않는다.
② 일주일에 1번
③ 일주일에 3~4번
④ 하루에 1번
⑤ 하루에 2번 이상

15. 식사할 때 반찬을 골고루 먹나요?

① 전혀 그렇지 않다.
② 그렇지 않다.
③ 보통이다.
④ 그렇다.
⑤ 매우 그렇다.

16. 특별히 먹지 않는 식품이 있나요?

※ 단순히 싫어서, 혹은 알레르기나 아토피, 종교적 이유, 채식주의 등의 이유로 섭취하지 않는 식품이 있는 경우 해당됩니다.

① 전혀 없다.
② 없다.
③ 보통이다.
④ 많다.
⑤ 매우 많다.

17. 편의점, 분식점, 문방구, 학교 매점 등에서 음식을 얼마나 자주 사 먹나요?

① 사 먹지 않는다(2주일에 1번도 먹지 않음).
② 2주일에 1번
③ 일주일에 1번
④ 일주일에 3~4번
⑤ 매일

18. 가공식품을 살 때 영양성분 표시를 확인하나요?

※ 가공식품은 과자, 빵, 음료, 피자, 햄버거, 소시지 등이 해당됩니다.

① 전혀 그렇지 않다.
② 그렇지 않다.
③ 보통이다.
④ 그렇다.
⑤ 매우 그렇다.

19. 음식을 먹기 전에 손을 씻나요?

① 전혀 그렇지 않다. ② 그렇지 않다.
③ 보통이다. ④ 그렇다.
⑤ 매우 그렇다.

20. TV, 스마트폰, 아이패드, 컴퓨터 등의 사용 시간을 합하면 하루에 얼마나 되나요?

① 1시간 미만 ② 1시간
③ 2시간 ④ 3시간
⑤ 4시간 이상

21. 운동을 얼마나 자주 하나요?

※ 체육시간, 방과후 운동교실(학교, 학원) 포함

① 하지 않는다. ② 일주일에 1~2번
③ 일주일에 3~4번 ④ 일주일에 5~6번
⑤ 매일

22. 자신의 체형이 어떻다고 생각하나요?

① 매우 마른 편이다. ② 마른 편이다.
③ 보통이다. ④ 살이 찐 편이다.
⑤ 매우 살이 찐 편이다.

다음 문항은 영양지수 계산 외에도 어린이 여러분의 식생활 상담에 필요한 내용이니 답해 주시기 바랍니다.

D1 성별은?

① 남자 ② 여자

D2 출생연도와 월은?

__________년 ________월

D3 키는?

__________cm

D4 몸무게는?

__________kg

3-3. 청소년 영양지수

청소년(만 12~18세)용 영양지수 조사지

본 조사는 청소년 여러분의 영양상태와 식행동을 간단하게 평가하기 위한 영양지수 계산에 사용될 것입니다. 가정에서는 물론, 학교급식에서 먹고 있는 것도 포함해서 답해 주기 바랍니다.

1. 한 번 식사할 때 **채소류 반찬(김치 포함)**을 몇 가지나 먹나요?

※ 채소류 반찬에는 오이, 당근, 시금치나물, 콩나물무침, 배추김치 등이 포함됩니다.

① 1가지 이하
② 2가지
③ 3가지
④ 4가지
⑤ 5가지 이상

2. **과일**을 얼마나 자주 먹나요?

※ 한 번에 해당하는 양은 다음을 참고해주세요.
– 귤 1개, 사과 1/2개, 포도 1/3송이, 참외 1/2개, 단감 1/2개

① 먹지 않는다(일주일에 1번도 먹지 않음).
② 일주일에 1번
③ 일주일에 3~4번
④ 하루에 1번
⑤ 하루에 2번 이상

3. **흰 우유**를 얼마나 자주 마시나요?

※ 한 번에 해당하는 양은 1컵(200 mL)

① 먹지 않는다(일주일에 1번도 먹지 않음).
② 일주일에 1번
③ 일주일에 3~4번
④ 하루에 1
⑤ 하루에 2번 이상

4. **콩이나 두부(두유 포함)**를 얼마나 자주 먹나요?

※ 밥에 들어있는 콩도 해당됩니다.
※ 한 번에 해당하는 양은 다음을 참고해주세요.
– 두유 1컵, 두부부침 2조각

① 먹지 않는다.
② 한 달에 1번
③ 2주일에 1번
④ 일주일에 1번
⑤ 일주일에 3~4번
⑥ 하루에 1번 이상

5. 생선을 얼마나 자주 먹나요?

※ 각종 생선 및 새우, 오징어, 조개 등의 해물류가 해당됩니다.
※ 한 번 섭취할 때 분량(1인 1회 분량)
– 생선 1토막(60 g), 오징어 8조각

① 먹지 않는다.
② 한 달에 1번
③ 2주일에 1번
④ 일주일에 1번
⑤ 일주일에 3~4번
⑥ 하루에 1번 이상

6. 라면(컵라면 포함)을 얼마나 자주 먹나요?

① 먹지 않는다.
② 한 달에 1번
③ 2주일에 1번
④ 일주일에 1번
⑤ 일주일에 3~4번
⑥ 하루에 1번 이상

7. 과자(초콜릿, 사탕 포함) 또는 달거나 기름진 빵(케이크, 도넛, 단팥빵 등)을 얼마나 자주 먹나요?

① 먹지 않는다(일주일에 1번도 먹지 않음).
② 일주일에 1번
③ 일주일에 3~4번
④ 하루에 1번
⑤ 하루에 2번 이상

8. 가공 음료를 얼마나 자주 마시나요?

※ 탄산음료(콜라, 사이다, 등), 착향음료, 이온음료 등을 말합니다.

① 먹지 않는다.
② 한 달에 1번
③ 2주일에 1번
④ 일주일에 1번
⑤ 일주일에 3~4번
⑥ 하루에 1번 이상

9. 카페인 음료(커피, 에너지 드링크 등)를 얼마나 자주 마시나요?

① 먹지 않는다.
② 한 달에 1번
③ 2주일에 1번
④ 일주일에 1번
⑤ 일주일에 3~4번
⑥ 하루에 1번 이상

10. 아침 식사를 얼마나 자주 하나요?

※ 빵, 선식, 죽, 시리얼(예: 콘푸레이크, 후르츠푸레이크) 등을 먹은 경우는 식사를 한 것으로 합니다.
※ 단 우유, 주스, 과일만 먹은 경우는 식사를 하지 않는 것으로 합니다.

① 먹지 않는다.
② 일주일에 1~2번
③ 일주일에 3~4번
④ 일주일에 5~6번
⑤ 매일

11. 저녁식사 후 <u>밤에 야식(간식이나 식사)</u>을 얼마나 자주 하나요?

① 하지 않는다(2주일에 1번도 먹지 않음).
② 일주일에 1번
③ 일주일에 1번
④ 일주일에 3~4번
⑤ 매일

12. 식사할 때 <u>식탁(밥상)에서</u> 먹나요?

① 전혀 그렇지 않다.
② 그렇지 않다.
③ 보통이다.
④ 그렇다.
⑤ 매우 그렇다.

13. 식사할 때 <u>반찬을 골고루</u> 먹나요?

① 전혀 그렇지 않다.
② 그렇지 않다.
③ 보통이다.
④ 그렇다.
⑤ 매우 그렇다.

14. 특별히 먹지 않는 식품이 있나요?

※ 단순히 싫어서, 혹은 알레르기나 아토피, 종교적 이유, 채식주의 등의 이유로 섭취하지 않는 식품이 있는 경우 해당됩니다.

① 전혀 없다.
② 없다.
③ 보통이다.
④ 많다.
⑤ 매우 많다.

15. <u>편의점, 분식점, 문방구, 학교 매점</u> 등에서 음식을 얼마나 자주 사 먹나요?

① 사 먹지 않는다(2주일에 1번도 먹지 않음).
② 2주일에 1번
③ 일주일에 1번
④ 일주일에 3~4번
⑤ 매일

16. <u>가공식품을 살 때 영양성분표시</u>를 확인하나요?

※ 가공식품은 과자, 빵, 음료, 피자, 햄버거, 소시지 등이 해당됩니다.

① 전혀 그렇지 않다.
② 그렇지 않다.
③ 보통이다.
④ 그렇다.
⑤ 매우 그렇다.

17. **음식을 먹기 전에 손을 씻나요?**

① 전혀 그렇지 않다. ② 그렇지 않다. ③ 보통이다. ④ 그렇다. ⑤ 매우 그렇다.

18. **TV, 스마트폰, 아이패드, 컴퓨터 등의 사용 시간**을 합하면 하루에 얼마나 되나요?

① 1시간 미만 ② 1시간 ③ 2시간 ④ 3시간 ⑤ 4시간 이상

19. **운동**을 얼마나 자주 하나요?

※ 체육시간, 방과후 운동교실(학교, 학원) 포함

① 하지 않는다. ② 일주일에 1~2번 ③ 일주일에 3~4번 ④ 일주일에 5~6번 ⑤ 매일

20. **자신의 체형**이 어떻다고 생각하나요?

① 매우 마른 편이다. ② 마른 편이다. ③ 보통이다. ④ 살이 찐 편이다. ⑤ 매우 살이 찐 편이다.

21. 최근 3개월 중, **살을 빼려고 굶은 적**이 있나요?

① 있다. ② 없다.

다음 문항은 영양지수 계산 외에도 여러분의 식생활 상담에 필요한 내용이니 답해 주시기 바랍니다.

D1 성별은?

① 남자 ② 여자

D2 출생연도와 월은?

__________년 _______월

D3 키는?

__________cm

D4 몸무게는?

__________kg

3-4. 성인 영양지수

성인(만 19~64세)용 영양지수 조사지

본 조사는 귀하의 영양상태와 식행동을 간단하게 평가하기 위한 영양지수 계산에 사용될 것입니다. 가정에서는 물론, 급식이나 외식에서 먹고 있는 것도 포함해서 답해 주시기 바랍니다.

1. 귀하는 <u>한 번 식사할 때 김치를 제외한 채소류</u>를 몇 가지나 드십니까?

※ 시금치나물, 콩나물, 미역나물, 쌈채소, 김구이, 시래기국 등 나물이나 국, 찌개를 통해 섭취한 채소류는 모두 포함합니다.
※ 한 번 섭취할 때 분량은 다음을 참고해주세요.
- 나물류(시금치나물, 콩나물 등) 작은 1접시, 상추 5장, 김구이 전지 1장(자른 것: 6장)
- 국이나 찌개 1대접

① 먹지 않는다.
② 1가지
③ 2가지
④ 3가지
⑤ 4가지 이상

2. 귀하는 <u>과일</u>을 얼마나 자주 드십니까?

※ 과일을 직접 갈아 먹는 것도 포함됩니다.
※ 한 번에 해당하는 양은 다음을 참고해주세요.
- 사과 1/2개, 귤(중) 1개, 참외 1/2개
- 포도 1/3 송이, 수박 1조각(10 cm 길이 부채꼴 모양)
- 생과일주스 1/2컵

① 2주일에 1번 이하
② 일주일에 1~3번
③ 일주일에 4~6번
④ 하루에 1번
⑤ 하루에 2번 이상

3. 귀하는 <u>우유 또는 유제품</u>을 얼마나 자주 드십니까?

※ 한 번에 해방하는 양은 다음을 참고해주세요.
- 우유 1컵(1팩 200 ml), 슬라이스 치즈 1장
- 마시는 요구르트 1병, 떠먹는 요구르트(요플레 등) 1개

① 2주일에 1번 이하
② 일주일에 1~3번
③ 일주일에 4~6번
④ 하루에 1번
⑤ 하루에 2번 이상

4. 귀하는 <u>콩이나 콩제품</u>을 얼마나 자주 드십니까?

※ 콩제품에는 두부, 두유, 된장, 청국장, 콩비지 등이 해당하며 밥에 들어있는 콩도 해당됩니다.
※ 한 번 섭취할 때 분량은 다음을 참고해주세요.
- 두부, 포장두부 1/4모, 판두부 1/6모, 두유 1컵, 콩조림 작은 1접시

① 2주일에 1번 이하
② 일주일에 1~3번
③ 일주일에 4~6번
④ 하루에 1번
⑤ 하루에 2번 이상

5. 귀하는 **계란**을 얼마나 자주 드십니까?

※ 계란이나 메추리알 등이 해당합니다.
※ 한 번에 해당하는 양은 다음을 참고해주세요.
- 계란 1개, 메추리알 5개

① 2주일에 1번 이하
② 일주일에 1~3번
③ 일주일에 4~6번
④ 하루에 1번
⑤ 하루에 2번 이상

6. 귀하는 **생선이나 조개류**를 얼마나 자주 드십니까?

※ 각종 생선, 조개류 이외에 오징어, 새우, 멍게 등의 해산물이 해당합니다.
※ 한 번에 해당하는 양은 다음을 참고해주세요.
- 생선 작은 1토막, 새우(중간 크기) 5마리
- 건새우볶음, 오징어채볶음 작은 1접시

① 2주일에 1번 이하
② 일주일에 1~3번
③ 일주일에 4~6번
④ 하루에 1번
⑤ 하루에 2번 이상

7. 귀하는 **견과류**를 얼마나 자주 드십니까?

※ 잣, 땅콩, 아몬드, 호두 등이 해당합니다.
※ 한 번에 해당하는 양은 다음을 참고해주세요.
- 땅콩조림 작은 1접시, 하루견과 1봉지(25 g)
- 아몬드 15알 정도, 땅콩 20알 정도

① 거의 먹지 않는다.
② 2주일에 1번
③ 일주일에 1~3번
④ 일주일에 4~6번
⑤ 하루에 1번

8. 귀하는 **라면류**를 얼마나 자주 드십니까?

※ 봉지라면, 컵라면, 인스턴트 국수 등이 해당합니다.
※ 한 번에 해당하는 양은 다음을 참고해주세요
- 봉지라면 1개, 컵라면 큰 것 1개, 컵라면 작은 것 2개

① 거의 먹지 않는다.
② 2주일에 1번
③ 일주일에 1~3번
④ 일주일에 4~6번
⑤ 하루에 1번
⑥ 하루에 2번 이상

9. 귀하는 **패스트푸드**를 얼마나 자주 드십니까?

※ 한 번에 해당하는 양은 다음을 참고해주세요.
- 피자 1조각, 햄버거 1개

① 거의 먹지 않는다.
② 2주일에 1번
③ 일주일에 1~3번
④ 일주일에 4~6번
⑤ 하루에 1번
⑥ 하루에 2번 이상

10. 귀하는 **과자(초콜릿, 사탕 포함) 또는 달거나 기름진 빵(케이크, 도넛, 단팥빵 등)**을 얼마나 자주 드십니까?

※ 한 번에 해당하는 양은 다음을 참고해주세요.
- 과자, 스낵, 비스킷 1 작은 봉지(12 cm × 10 cm), 초콜릿 4쪽(30 g), 사탕 2개
- 케이크(파운드케이크) 1조각, 도넛 1개, 패스추리 1개, 단팥빵, 소보로빵 1개

① 2주일에 1번 이하
② 일주일에 1~3번
③ 일주일에 4~6번
④ 하루에 1번
⑤ 하루에 2번 이상

11. 귀하는 **가당음료**를 얼마나 자주 마십니까?

※ 가당 음료: 당을 첨가한 모든 음료를 말하며, 단매실차, 유자차, 믹스커피, 콜라 등 탄산음료 등이 포함됩니다.
※ 한 번에 해당하는 양은 종이컵 한 잔입니다.

① 2주일에 1번 이하
② 일주일에 1~3번
③ 일주일에 4~6번
④ 하루에 1번
⑤ 하루에 3번 이상

12. 귀하는 하루에 **물**을 얼마나 자주 마십니까?

※ 생수를 포함하여 보리차, 둥굴레차, 녹차, 달지 않은 잎차 등을 끓여서 마시는 것도 해당합니다.
※ 한 번에 해당하는 양은 종이컵 한 잔입니다.

① 거의 마시지 않는다.
② 하루에 1~2번
③ 하루에 3~5번
④ 하루에 6~7번
⑤ 하루에 8번 이상

13. 귀하는 최근 일주일 동안 **아침 식사**를 얼마나 자주 했나요?

※ 빵, 선식, 죽, 시리얼(예: 콘푸레이크, 후르츠푸레이크) 등을 먹은 경우는 식사를 한 것으로 합니다.
※ 단 우유, 주스, 과일만 먹은 경우는 식사를 하지 않는 것으로 합니다.

① 일주일에 1번 미만 ② 일주일에 1~2번
③ 일주일에 3~4번 ④ 일주일에 5~6번
⑤ 매일

14. 귀하는 **외식이나 배달음식**을 얼마나 자주 드십니까?

※ 매식(배달음식, 포장음식 포함), 급식, 종교단체 제공음식 등 가정 이외의 장소에서 조리한 음식이 해당합니다.

① 거의 먹지 않는다. ② 2주일에 1번
③ 일주일에 1~3번 ④ 일주일에 4~6번
⑤ 하루에 1번 ⑥ 하루에 2번 이상

15. 귀하는 저녁식사 후 **야식**을 얼마나 자주 하십니까?

① 거의 먹지 않는다.
② 한 달에 1번
③ 2주일에 1번
④ 일주일에 1~2번
⑤ 일주일에 3~4번
⑥ 일주일에 5번 이상

16. 귀하는 하루에 **편식**을 얼마나 하십니까?

※ 단순히 싫어서, 혹은 알레르기나 아토피, 종교적 이유, 채식주의 등의 이유로 섭취하지 않은 식품이 있는 경우 해당됩니다.

① 전혀 하지 않는다.
② 하지 않는 편이다.
③ 보통이다.
④ 하는 편이다.
⑤ 매우 많이 한다.

17. 귀하는 평소에 **건강에 좋은 식생활**을 하려고 얼마나 노력하십니까?

① 전혀 노력하지 않는다.
② 노력하지 않는 편이다.
③ 보통이다.
④ 노력하는 편이다.
⑤ 매우 노력한다.

18. 귀하는 외식 시 또는 가공식품을 구입할 때 **영양표시를 얼마나 확인**하십니까?

① 전혀 하지 않는다.
② 하지 않는 편이다.
③ 보통이다.
④ 하는 편이다.
⑤ 매우 많이 한다.

19. 귀하는 음식을 먹기 전에 **손을 씻으십니까**?

① 전혀 씻지 않는다.
② 씻지 않는 편이다.
③ 보통이다.
④ 씻는 편이다.
⑤ 항상 씻는다.

20. 귀하는 **30분 이상 숨이 찰 정도의 운동**을 얼마나 자주 하십니까?

※ 수영, 달리기, 등산, 줄넘기, 배드민턴, 탁구 등의 체육활동이 해당합니다.

① 거의 하지 않는다.
② 일주일에 1~2번
③ 일주일에 3~4번
④ 일주일에 5~6번
⑤ 매일

21. 귀하는 본인이 얼마나 **건강하다고** 생각하십니까?

① 전혀 건강하지 않다.
② 건강하지 않은 편이다.
③ 보통이다.
④ 건강한 편이다.
⑤ 매우 건강하다.

22. 최근 1년 동안 귀하의 **식생활 형편**은 어떠했습니까?

① 경제적으로 어려워서 자주 먹을 것이 부족했다.
② 경제적으로 어려워서 가끔 먹을 것이 부족했다.
③ 충분한 양의 음식은 먹었으나 다양한 종류의 음식을 먹지는 못했다.
④ 원하는 만큼 충분한 양과 다양한 종류의 음식을 먹었다.

23. 최근 1년 동안 **영양교육 또는 영양상담**을 받은 적이 있습니까?

※ 보건소, 구청, 주민센터, 학교, 병원, 직장 등에서 받은 영양교육이나 영양상담이 해당합니다.

① 있다. ② 없다.

다음 문항은 영양지수 계산 외에도 여러분의 식생활 상담에 필요한 내용이니 답해 주시기 바랍니다.

D1 성별은?

① 남자 ② 여자

D2 출생연도와 월은?

________년 ______월

D3 키는?

________cm

D4 몸무게는?

________kg

D5 현재 함께 살고 계시는 가족 수는 **본인을 포함하여 모두 몇 명**입니까?

총 □□명

D6 귀하의 **최종 학력**은 다음 중 어디에 해당되는지 응답해주십시오.

① 초등학교 졸업 이하

② 중고등학교 졸업

③ 대학교 졸업 이상

3-5. 노인 영양지수

어르신(만 65세 이상)용 영양지수 조사지

본 조사는 어르신의 영양상태와 식사의 질을 간단하게 평가하기 위한 영양지수 계산에 사용될 것입니다. 가정에서는 물론, 노인정, 복지관 및 외식에서 잡수시는 것도 포함해서 답해 주시기 바랍니다.

1. 귀하는 **한 번 식사할 때 김치를 제외한 채소류**를 몇 가지나 드십니까?

※ 시금치나물, 콩나물, 미역나물, 쌈채소, 김구이, 시래기국 등 나물이나 국, 찌개를 통해 섭취한 채소류는 모두 포함합니다.
※ 한 번 섭취할 때 분량은 다음을 참고해주세요.
- 나물류(시금치나물, 콩나물 등) 작은 1접시, 상추 5장, 김구이 전지 1장(자른 것: 6장)
- 국이나 찌개 1대접

① 먹지 않는다.
② 1가지
③ 2가지
④ 3가지
⑤ 4가지 이상

2. 귀하는 **과일**을 얼마나 자주 드십니까?

※ 과일을 직접 갈아 먹는 것도 포함됩니다.
※ 한 번에 해당하는 양은 다음을 참고해주세요.
- 사과 1/2개, 귤(중) 1개, 참외 1/2개
- 포도 1/3 송이, 수박 1조각(10 cm 길이 부채꼴 모양)
- 생과일주스 1/2컵

① 2주일에 1번 이하
② 일주일에 1~3번
③ 일주일에 4-6번
④ 하루에 1번
⑤ 하루에 2번 이상

3. 귀하는 **우유 또는 유제품**을 얼마나 자주 드십니까?

※ 한 번에 해방하는 양은 다음을 참고해주세요.
- 우유 1컵(1팩 200 ml), 슬라이스 치즈 1장
- 마시는 요구르트 1병, 떠먹는 요구르트(요플레 등) 1개

① 2주일에 1번 이하
② 일주일에 1~3번
③ 일주일에 4~6번
④ 하루에 1번
⑤ 하루에 2번 이상

4. 귀하는 **콩이나 콩제품**을 얼마나 자주 드십니까?

※ 콩제품에는 두부, 두유, 된장, 청국장, 콩비지 등이 해당하며 밥에 들어있는 콩도 해당됩니다.
※ 한 번 섭취할 때 분량은 다음을 참고해주세요.
- 두부, 포장두부 1/4모, 판두부 1/6모, 두유 1컵, 콩조림 작은 1접시

① 2주일에 1번 이하
② 일주일에 1~3번
③ 일주일에 4~6
④ 하루에 1번
⑤ 하루에 2번 이상

5. 귀하는 **계란**을 얼마나 자주 드십니까?

※ 계란이나 메추리알 등이 해당합니다.
※ 한 번에 해당하는 양은 다음을 참고해주세요.
- 계란 1개, 메추리알 5개

① 2주일에 1번 이하 ② 일주일에 1~3번 ③ 일주일에 4~6번 ④ 하루에 1번 ⑤ 하루에 2번 이상

6. 귀하는 **생선이나 조개류**를 얼마나 자주 드십니까?

※ 각종 생선, 조개류 이외에 오징어, 새우, 멍게 등의 해산물이 해당합니다.
※ 한 번에 해당하는 양은 다음을 참고해주세요.
- 생선 작은 1토막, 새우(중간 크기) 5마리
- 건새우볶음, 오징어채볶음 작은 1접시

① 2주일에 1번 이하 ② 일주일에 1~3번 ③ 일주일에 4~6번 ④ 하루에 1번 ⑤ 하루에 2번 이상

7. 귀하는 **라면류**를 얼마나 자주 드십니까?

※ 봉지라면, 컵라면, 인스턴트 국수 등이 해당합니다.
※ 한 번에 해당하는 양은 다음을 참고해주세요.
- 봉지라면 1개, 컵라면 큰 것 1개, 컵라면 작은 것 2개

① 거의 먹지 않는다. ② 2주일에 1번 ③ 일주일에 1~3번 ④ 일주일에 4~6번 ⑤ 하루에 1번 ⑥ 하루에 2번 이상

8. 귀하는 **과자(초콜릿, 사탕 포함) 또는 달거나 기름진 빵(케이크, 도넛, 단팥빵 등)**을 얼마나 자주 드십니까?

※ 한 번에 해당하는 양은 다음을 참고해주세요.
- 과자, 스낵, 비스킷 1 작은 봉지(12 cm × 10 cm), 초콜릿 4쪽(30 g), 사탕 2개
- 케이크(파운드케이크) 1조각, 도넛 1개, 패스추리 1개, 단팥빵, 소보로빵 1개

① 2주일에 1번 이하 ② 일주일에 1~3번 ③ 일주일에 4~6번 ④ 하루에 1번 ⑤ 하루에 2번 이상

9. 귀하는 **가당음료**를 얼마나 자주 마십니까?

※ 가당 음료: 당을 첨가한 모든 음료를 말하며, 단매실차, 유자차, 믹스커피, 콜라 등 탄산음료 등이 포함됩니다.
※ 한 번에 해당하는 양은 종이컵 한 잔입니다.

① 2주일에 1번 이하 ② 일주일에 1~3번 ③ 일주일에 4~6번 ④ 하루에 1번 ⑤ 하루에 3번 이상

10. 귀하는 하루에 **물**을 얼마나 자주 마십니까?

※ 생수를 포함하여 보리차, 둥굴레차, 녹차, 달지 않은 잎차 등을 끓여서 마시는 것도 해당합니다.
※ 한 번에 해당하는 양은 종이컵 한 잔입니다.

① 거의 마시지 않는다. ② 하루에 1~2번 ③ 하루에 3~5번 ④ 하루에 6~7번 ⑤ 하루에 8번 이상

11. 귀하는 하루에 **식사를 몇 번** 하십니까?

① 1번
② 2번
③ 3번 이상

12. 귀하는 하루에 **간식을 몇 번** 하십니까?

① 하지 않는다.
② 1번
③ 2번
④ 3번 이상

13. 귀하는 얼마나 자주 **혼자서 식사**를 하십니까?

① 혼자 식사하는 경우가 거의 없다.
② 일주일에 1~3번
③ 일주일에 4~6번
④ 하루에 1번
⑤ 하루에 2번
⑥ 하루에 3번

14. 귀하는 평소에 **건강에 좋은 식생활**을 하려고 얼마나 노력하십니까?

※ 건강에 좋은 식생활이란 곡류, 육류, 어패류, 콩류, 채소류, 과일류, 우유 및 유제품 등 다양한 식품을 매일 규칙적으로 섭취하는 식생활을 의미합니다.

① 전혀 노력하지 않는다.
② 노력하지 않는 편이다.
③ 보통이다.
④ 노력하는 편이다.
⑤ 매우 노력한다.

15. 귀하는 현재 치아나 틀니, 잇몸 등의 문제로 인해 **음식을 씹는 것이 어느 정도 불편**하십니까?

① 전혀 불편하지 않다.
② 불편하지 않은 편이다.
③ 보통이다.
④ 불편한 편이다.
⑤ 매우 불편하다.

16. 귀하는 음식을 먹기 전에 **손을 씻으십니까**?

① 전혀 씻지 않는다.
② 씻지 않는 편이다.
③ 보통이다.
④ 씻는 편이다.
⑤ 항상 씻는다.

17. 귀하는 **하루에 운동**을 얼마나 하십니까?

※ 수영, 헬스, 등산 등의 활동 이외의 이동 및 운동을 위해 걷는 것도 포함합니다.
※ 복지관이나 주민센터 등에서 스포츠댄스나 전통무용을 배우는 것도 포함합니다.

① 거의 하지 않는다.
② 30분 이내
③ 30분 이상 ~ 1시간 이내
④ 1시간 이상 ~ 2시간 이내
⑤ 2시간 이상

18. 귀하는 평상 시 **우울함**을 어느 정도로 느끼십니까?

① 전혀 느끼지 않는다.
② 느끼지 않는 편이다.
③ 보통이다.
④ 느끼는 편이다.
⑤ 매우 느낀다.

19. 귀하는 본인이 얼마나 **건강하다고** 생각하십니까?

① 전혀 건강하지 않다.
② 건강하지 않은 편이다.
③ 보통이다.
④ 건강한 편이다.
⑤ 매우 건강하다.

20. 최근 1년 동안 귀하의 **식생활 형편**은 어떠했습니까?

① 경제적으로 어려워서 자주 먹을 것이 부족했다.
② 경제적으로 어려워서 가끔 먹을 것이 부족했다.
③ 충분한 양의 음식은 먹었으나 다양한 종류의 음식을 먹지는 못했다.
④ 원하는 만큼 충분한 양과 다양한 종류의 음식을 먹었다.

21. 최근 1년 동안 **영양교육 또는 영양상담**을 받은 적이 있습니까?

※ 보건소, 구청, 주민센터, 학교, 병원, 직장 등에서 받은 영양교육이나 영양상담이 해당합니다.

① 있다. ② 없다.

22. 귀하는 평소 **사회활동(여가활동 포함)**을 얼마나 활발하게 하고 계십니까?

① 전혀 하지 않는다. ② 하지 않는 편이다.
③ 보통이다. ④ 하는 편이다.
⑤ 매우 많이 한다.

다음 문항은 영양지수 계산 외에도 여러분의 식생활 상담에 필요한 내용이니 답해 주시기 바랍니다.

D1 성별은?

① 남자 ② 여자

D2 출생연도와 월은?

_________년 _______월

D3 키는?	**D4** 몸무게는?
________cm	________kg
D5 현재 함께 살고 계시는 가족 수는 **본인을 포함하여** 모두 몇 명입니까?	**D6** 귀하의 **최종 학력**은 다음 중 어디에 해당되는지 응답해주십시오.
총 ☐☐명	① 초등학교 졸업 이하 ② 중고등학교 졸업 ③ 대학교 졸업 이상

4. 영양불량검색을 위한 영양판정 도구

4-1. Mini Nutritional Assessment (MNA-SF)

Nestlé NutritionInstitute

Mini Nutritional Assessment

MNA®

이름: 성별: 나이:

체중: kg 키: cm 일자:

검색

A 지난 3개월 동안 식욕을 잃거나 소화불량, 씹거나 삼키는 어려움으로 식사섭취량이 줄었습니까?

0 = 많이 줄었음
1 = 조금 줄었음
2 = 전혀 줄지 않았음 ☐

B 지난 3개월 동안 체중이 줄었습니까?

0 = 3 kg 이상 감소
1 = 모르겠음
2 = 1 ~3 kg 정도 감소
3 = 변화 없음 ☐

C 거동능력

0 = 침상 또는 의자에서만 생활이 가능함
1 = 침상/의자 이외의 공간에서 생활은 가능하나 외출은 불가한 상태임
2 = 외출 가능함 ☐

D 지난 3개월간 정신적 스트레스 또는 급성질환을 앓았던 적이 있습니까?
0 = 예　　2 = 아니요 □

E 신경정신과적 문제
0 = 중증치매 또는 우울증
1 = 경증 치매
2 = 신경정신과적 문제없음 □

F1 체질량지수(Body Mass Index, BMI) (weight in kg) / (height in m)^2
0 = BMI < 19
1 = 19 ≤ BMI < 21
2 = 21 ≤ BMI < 23
3 = BMI ≥23 □

만일 BMI를 산출할 수 없다면 F1 대신 F2로 대신할 수 있음
F1질문에 대한 응답이 되었다면 F2에 대한 응답을 할 필요가 없음

F2 종아리 둘레(Calf circumference, CC) cm
0 = CC < 31
3 = CC ≥ 31 □

검색결과 (최대 14점) □□

12~14 점: □ 정상
8~11 점: □ 영양불량 위험
0~7 점: □ 영양불량

보다 심도 있는 평가를 위해 www.mna-elderly.com에서 MNA® 전문을 완성하세요.

자료 : Vellas B, Villars H, Abellan G, et al. Overview of the MNA®– Its History and Challenges. J Nutr Health Aging 2006;10:456–465. Rubenstein LZ, Harker JO, Salva A, Guigoz Y, Vellas B. Screening for Undernutrition in Geriatric Practice: Developing theShort–Form Mini Nutritional Assessment (MNA–SF). J. Geront 2001;56A: M366–377.

Guigoz Y. The Mini–Nutritional Assessment (MNA®) Review of the Literature – What does it tell us? J Nutr Health Aging 2006; 10:466–487.

Kaiser MJ, Bauer JM, Ramsch C, et al. Validation of the Mini Nutritional Assessment Short–Form (MNA®–SF): A practical tool for identification of nutritional status. J Nutr Health Aging 2009; 13:782–788. ® Sociétédes Produits Nestlé, S.A., Vevey, Switzerland, Trademark Owners ©Nestlé, 1994, Revision 2009. N67200 12/99 10M

For more information: www.mna-elderly.com

Mini Nutritional Assessment(MNA-SF) 결과 중재안

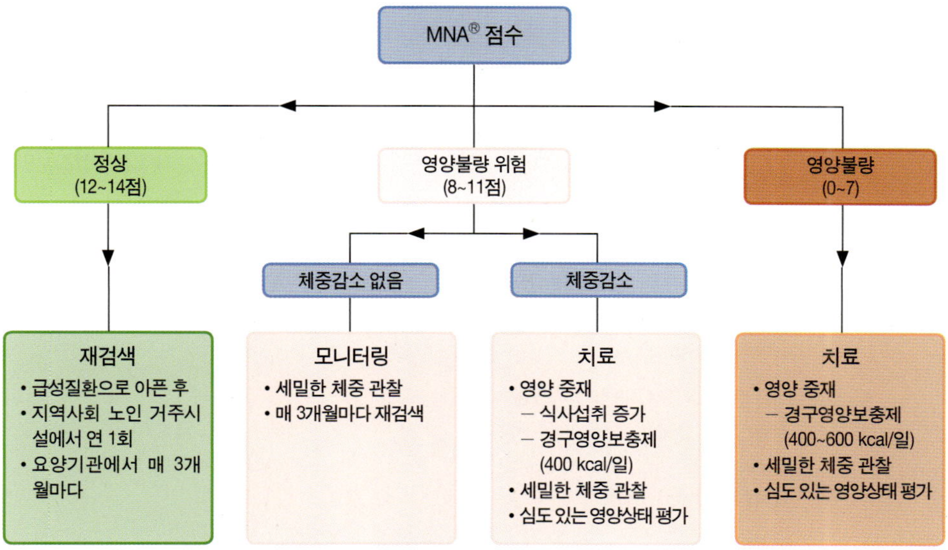

출처: A guide to completing the Mini Nutritional Assessment – Short Form (MNA-SF). www.mna-elderly.com

4-2. Nutritional Risk Screening(NRS 2002)

표 1 초기검색		예	아니요
1	BMI < 20.5kg/m² 인가?		
2	지난 3개월 안에 체중이 감소되었는가?		
3	지난 주 식사 섭취량이 감소되었는가?		
4	중증 질환이 있는가?(예, 집중치료)		

예: 만일 위의 어떠한 질문에 대한 대답이 '예'가 있다면 표 2를 완성하시오.
아니요: 만일 모든 질문에 대답이 '아니요'라면 환자는 매주 재검색을 한다. 예를 들어 만일 환자가 큰 수술이 계획되어 있다면 관련 위험상태를 피하기 위해서 예방적인 영양관리계획을 고려해야 한다.

표 2 최종검색

영양상태		질병 중증도(≈요구량 증가)	
없음 점수 0	정상적인 영양상태	없음 점수 0	정상적인 영양요구량
경도 점수 1	체중감소 > 5%/3개월 또는 지난 1주간 정상적인 식사섭취량의 50~75% 이하	경도 점수 1	고관절 골절*, 만성췌장염, 특히 급성합병증을 동반한 경우: 간경화*,만성폐쇄성 폐질환(COPD), 만성 혈액투석, 당뇨병, 암
중등도 점수 2	체중감소 > 5%/2개월 또는 BMI 18.5 ~ 20.5+ 전신상태 손상 또는 지난 1주간 정상적인 식사섭취량의 25~60%	중등도 점수 2	큰 복부수술*, 뇌졸중*, 중증 폐렴, 혈액암
중증 점수 3	체중감소 > 5%/1개월(> 15%/3개월) 또는 BMI < 18.5 + 전신상태 손상 또는 지난 1주간 정상적인 식사섭취량의 0~25% 이하	중증 점수 3	두부손상*, 골수이식*, 중환자(APACHE > 10)
점수:	+ 점수:	= 총 점수	
나이	만일 ≥70이면 위 총점수 +1	= 나이보정 총 점수	

점수 ≥ 3: 영양적 위험에 있으며 영양관리계획이 시작된다.
점수 < 3: 주단위로 재검색. 만일 환자가 큰 수술이 계획되어 있다면 관련 위험상태를 피하기 위해서 예방적인 영양관리계획을 고려해야 한다.

NRS-2002는 이용할 수 있는 무작위배정 임상시험의 이해를 기반으로 한 것임. *은 임상시험이 해당진단을 가진 환자의 분류를 직접적으로 지지한다는 것을 나타냄

영양적 위험(nutritional risk)은 현재의 영양상태와 임상적 조건에서 대사적 스트레스에 의한 에너지 요구량 증가로 현 상태의 손상 위험으로 제한함

영양관리계획(A nutritional care plan)은 다음과 같은 모든 환자에게 제공됨

(1) 심한 영양불량(점수 = 3), 또는 (2) 중증 질병(점수 = 3), 또는 (3) 중등도 영양불량 + 경도 질병(점수 2 + 1), 또는 (4) 경도 영양불량 + 중등도 질병(점수 1 + 2).

질병 중증도를 위한 기준(prototypes for severity of disease)

점수 = 1: 합병증으로 입원한 만성질환 환자. 허약하나 규칙적으로 침상에서 일어남. 단백질 요구량이 증가되어 있으나 대부분 경구식사 또는 보충제에 의해서 회복될 수 있음

점수 = 2: 질병으로 침상에 한정됨(예, 큰 복부수술 후), 단백질요구량이 상당히 증가되었으며 많은 경우 요구되지만 인공급식으로 충족될 수 있음

점수 = 3: 인공호흡기에 의존하는 환자를 비롯한 중환자실 입원환자. 단백질요구량은 증가되었으며, 인공급식으로도 충족될 수 없음, 단백질 분해와 질소 손실은 유의적으로 감소시킬 수는 있음

4-3. MUST(Malnutrition Universal Screening Tool)

1단계 BMI 수치 + **2단계** 체중 감소 점수 + **3단계** 급성질환 점수

1단계 BMI 수치

BMI kg/m²	점수
> 20(> 30 비만)	= 0
18.5~20	= 1
< 18.5	= 2

2단계 체중 감소 점수

최근 3~6개월 동안의 의도하지 않은 체중 감소

%	점수
> 5	= 0
5~10	= 1
>10	= 2

3단계 급성질환 점수

5일 이상 영양섭취를 못하고 있는 경우

점수 2

4단계 전반적인 영양불량 위험도

1~3단계의 점수를 합하여 전반적인 영양불량 위험 점수를 산출

0 : 저위험 1 : 중위험 > = 2 : 고위험

5단계 관리지침

0 저위험 일상적인 임상관리

- 스크리닝 반복
  병원–매주
  요양시설–매달
  지역사회–매년
  특정집단(예: 75세 이상)

1 중위험 관찰

- 3일간 식사섭취 자료수집
- 적절하다면, 스크리닝 반복
  병원–매주
  요양시설–최소 매달
  지역사회–최소 매2~3달
- 부적절하다면,
  - 임상적 위험 가능
  - 지역사회정책에 따름 영양섭취상태 개선 및 증가, 주기적으로 care plan을 모니터, 검토

2 고위험 치료

- 영양사, 영양지원팀에 의뢰하거나 지역정책을 따름
- 전반적인 영양섭취 개선 및 증가
- care plan을 모니터하고 검토함
  병원–매주
  요양시설–매달
  지역사회–매달

모든 위험군:

- 기저상황(질환)을 관리, 필요시 식품 선택에 대한 도움이나 조언 제공
- 영양불량 위험도 분류 기록
- 특별 식사에 대한 필요 기록, 지역정책을 따름

비만:

- 비만임을 기록, 기저상황(질환)을 가지고 있는 경우 비만 치료 전 통제

4-4. SNAQ(Short Nutritional Assessment Questionnaire)

SNAQ

Short Nutritional Assessment Questionnaire

질문	점수
• 의도하지 않은 체중감소가 있었습니까?	
지나 6개월에 6 kg 이상	●●●
지난 달 3 kg 이상	●●
• 지난 1개월 이상 식욕이 감소된 경험은 있었습니까?	●
• 지난 1개월 이상 보충음료 또는 경관급식을 이용하셨습니까?	●

점수	판정
●	중재가 필요 없음
●●	중등도 영양불량상태: 영양중재
●●●	심한 영양불량상태: 영양중재와 영양사에 의한 영양치료

출처: https://www.fightmalnutrition.eu/toolkits/summary-screening-tools

4-5. SGA(Subjective Global Assessment)

I. 환자력

1. 체중 변화

☐ 최대 체중 ____________ ☐ 6개월 전 체중 ____________

☐ 최근 체중 ____________

%체중 변화 = (6개월 전 체중 − 최근 체중)/ 6개월 전 체중 × 100

☐ 지난 6개월간의 체중 감소량 ____________

☐ 지난 6개월간의 체중 감소 비율 ____________

☐ 지난 2주간의 변화: ☐ 증가 _______ ☐ 변화 없음 ☐ 감소 _______

2. 식사섭취상태

☐ 변화 없음

☐ 변화 있음: ☐ 기간 : _______주

☐ 변화 형태: ☐ 섭취량이 증가함 ____________

☐ 반고형식 ____________

☐ 전유동식 또는 경구영양보충제 ____________

☐ 맑은 유동식 또는 최소 정맥영양공급 ____________

☐ 금식 ____________

☐ 지난 2주간 식사섭취상태: ☐ 적절함 ☐ 부적절하나 개선되는 상태

☐ 개선되지 않는 상태 또는 부적절함

3. 위장증상(2주 이상 지속된 경우만)

☐ 없음 ☐ 오심 ☐ 구토 ☐ 설사 ☐ 식욕부진

4. 신체기능력

☐ 기능장애 없음

☐ 기능장애 있음: ☐ 기간 ____________

☐ 형태 : ☐ 정상은 아니나 기능은 함

☐ 외래통원

☐ 침상에만 누워만 있음

5. 대사량 변화

☐ 스트레스 없음 ☐ 낮은 스트레스 ☐ 중정도 스트레스 ☐ 심한 스트레스

II. 신체진단

(각 문항별 정상이면 0, 경증이면 +1, 중정도이면 +2, 중증이면 +3으로 기입)

☐ 피하지방 손실(어깨, 삼두근, 가슴, 손) _______

☐ 근육 소모(삼각근, 대퇴사각근) _______

☐ 발목 부종 ______________ ☐ 복수 ______________

등급 판정

☐ A = 영양상태 양호

☐ B = 중정도의 영양불량 또는 영양불량이 의심됨

☐ C = 심한 영양불량

출처: Detsky AS, McLaughln JR, Baker JP, Johnston N, Whittaker S, Mendelson RA, Jeejeebhoy KN. What is subjective global assessment of nutrition status? Journal of Parental and Enternal Nutrition 11:8, 1987

SGA(Subjective Global Assessment) 평가기준

영역	항목	판정기준 및 고려사항
환자력	체중 변화	• 최근 6개월간의 체중변화가 5% 이하 감소되었다면 문제가 없으나, 5~10% 감소되었다면 잠재적 위험상태로 평가하며, 10% 이상이면 영양불량의 위험상태로 평가한다. • 지난 6개월간의 체중감소가 5~10%일지라도 최근에 체중이 증가되고 있는 상태라면 판정 시 고려하여야 한다.
	식사섭취상태	• 변화된 식사상태의 지속기간과 변화된 내용을 조사하여 평상 시(6개월~12개월) 식사패턴이나 섭취상태와 비교하여 평가한다.
	위장증상	• 2주 이상 지속되는 위장증상을 조사하며, 단지 수일간만 지속된 설사나 구토는 유의적인 것으로 여기지 않는다.
	신체기능력	• 환자의 일상적인 수행능력을 조사하여 기능장애 여부를 확인하며, 만약 어떤 기능장애가 있다면 장애기간 및 그 유형을 조사한다.
	대사량 변화	• 환자의 에너지대사량 변화에 영향을 미치는 질병 또는 스트레스 여부와 정도를 확인한다.
신체진단	피하지방 손실	• 어깨, 상완, 가슴, 손의 네 부위를 검사한다. 피하지방의 손실은 정상, 약간 손실, 보통 손실, 심한 손실로 나타낸다. 다만 손의 경우 영양불량이 아닌데도 노인들에게서는 피하지방 감소가 나타날 수 있다.
	근육 소모	• 근육 손실은 어깨의 삼각근과 대퇴부의 사각근을 조사하며, 어깨의 피하지방 손실 및 삼각근의 소모는 사각형 모양의 어깨로 나타나게 한다. • 근육소모는 정상, 약간 소모, 보통 소모, 심한 소모로 평가한다.
	부종과 복수	• 발목 또는 천골 부위의 부종 여부를 확인하며, 조사결과에 따라 부종 없음, 경미한 부종, 중등도 부종, 심한 부종으로 평가한다. • 복수의 유무 및 정도를 평가한다.
등급판정	A	지난 6개월간의 체중 손실이 5~10%일지라도 최근 체중이 증가하고 있는 경우
	B	5%의 체중 감소, 식사섭취량 감소, 경미 또는 중등도의 피하지방 손실과 근육소모가 있는 경우
	C	지속적으로 체중 감소율이 10% 이상이고, 식사섭취가 빈약하고, 피하지방과 근육 소모가 심한 경우

4-6. PG-SGA(Scored patient-Generated Subjective Global Assessment)

Scored patient-Generated Subjective Global Assessment (PG-SGA) (예: 국립암센터 서식)

Scored patient-Generated Subjective Global Assessment (PG-SGA)	등록번호 : 성별 / 나이 : 성명 :

History

1. 체중 (표 1 참조)
나의 현재 체중과 최근의 체중 변화
나는 현재 체중이 ______kg 이다.
나의 키는 ______cm 이다.
한달 전 나의 체중은 ______kg 이었다.
6개월 전 나의 체중은 ______kg 이었다.
지난 2주간의 나의 체중은:
☐ 감소했다.(1) ☐ 변화없다.(0) ☐ 증가했다.(0)

2. 섭취량: 지난 한 달 동안 평소와 비교하여 섭취량은?
☐ 변화없다.(0)
☐ 평소보다 많이 먹는다.(0)
☐ 평소보다 적게 먹는다.(1)
 ☐ 정상식사 형태로 적게 먹는다.(1)
 ☐ 약간 죽 형태의 식사를 먹는다.(2)
 ☐ 유동식 형태의 식사를 먹는다.(3)
 ☐ 영양 보충액만 마신다.(3)
 ☐ 어느 것이든지 약간만 먹는다.(4)
 ☐ 경관유동식 또는 정맥영양을 한다.(0)

3. 현재 나타나는 증상: 지난 2주 동안 식사 후 다음과 같은 증상이 있었는가? (해당하는 것을 모두 표시)
☐ 먹는 데 아무 문제없다.(0)
☐ 식욕이 없다.(3)
☐ 오심(1) ☐ 구토(3) ☐ 변비(1) ☐ 설사(3)
☐ 입안의 통증(2) ☐ 입안의 건조증(1)
☐ 맛을 느낄 수 없다.(1) ☐ 냄새 맡기 싫다.(1)
☐ 삼키는 데 문제가 있다.(2)
☐ 빨리 포만감이 온다(1)
☐ 통증이 있다.(3) 어디에? ______________
☐ 기타**(1) ______________
**예) 우울, 경제문제, 치아부실 등

4. 활동성과 기능: 지난 한 달 동안 나의 활동은?
☐ 제한 없이 정상적이다.(0)
☐ 힘들지만, 스스로 할 수는 있다.(1)
☐ 대부분의 활동에 제약을 받지만 누워 지내는 시간은 하루의 반보다는 적다.(2)
☐ 거의 활동을 할 수 없으며, 대부분의 시간을 눕거나 앉아서 보낸다.(3)
☐ 거의 침대에 누워 있으며, 침대 밖으로 나가는 일이 드물다.(4)

1~4번의 점수의 합계 ☐ A

※ *감사합니다. 남은 부분은 의료진에 의해서 완성이 됩니다.*

5. 질병과 관련된 영양 필요량 (표 2 참조)
진단명(구체적으로) ______________
원발성 질환의 단계는? Ⅰ Ⅱ Ⅲ Ⅳ 기타 ______________
연령 ______
5번의 점수 ☐ B

6. 대사적 요구량? (표 3 참조)
☐ no stress ☐ low stress ☐ moderate stress ☐ high stress
6번의 점수 ☐ C

7. 신체관찰 (표 4 참조)
7번의 점수 ☐ D

전반적인 평가 (표 5 참조)
☐ 영양 상태 양호함(SGA-A)
☐ 중정도 영양불량(SGA-B)
☐ 심한 영양불량(SGA-C)

총점 A + B + C + D = ☐
(※ 아래의 권장사항 참조)

담당 영양사: ______________ 날짜: ______________

권장사항
0~1 점 (표 3 참조) 현재로서는 영양관리나 중재가 필요 없으나 치료 기간 중에는 정기적인 재평가 요함
2~3 점 (표 3 참조) 환자와 가족의 영양 상담이 필요함
4~8 점 (표 3 참조) 의료진과의 협력 하에 영양사의 영양관리 및 중재가 필요함
≥ 9 점 (표 3 참조) 증상을 개선시키기 위하여 영양사의 집중적인 영양 관리 및 중재가 필요함

출처: 보건복지부. 임상영양치료를 위한 직무표준과 실행지침(2014)

참고문헌

구재옥 외 6인. 생애주기 영양학. 파워북, 2017.

구재옥 외 5인. 식사요법(제3판). 교문사, 2017.

김동욱 외 2인. 케톤 생성 식이요법. 고려의학, 2002.

김미현 외 4인. 식사요법 및 실습. 파워북, 2018.

김유리 외 5인. 영양판정. 파워북. 2019.

김은경 외 4인. 생애주기 영양학(5판). 신광출판, 2020.

김원경. 임상영양사를 위한 질환별 FOCUS XⅧ. 영양관리과정(Nutrition Care Process, NCP)의 이해. 국민영양 36(8): 16. 2013.

김혜영A. 노인영양지수(Nutrition Quotient for Elderly) 개발 및 활용. 대한영양사협회지 국민영양 41(4): 4–9, 2018.

김화영 외 3인. 영양판정(2판). 교문사, 2016.

농촌진흥청 국립농업과학원. 국가표준식품성분표(제9개정판). 농촌진흥청, 2016.

대한간학회. 알코올 간질환 진료 가이드라인. 대한간학회, 2013.

대한영양사협회, 경희대학교 의학영양학과. 국제 임상영양 표준용어 지침서(번역판): American Dietetic Association. International dietetics and nutrition terminology(IDNT) reference manual :standardized language for the nutrition care process, 대한영양사협회. 2011.

대한영양사협회. 영양판정. 국제임상영양 표준용어 지침서. 2011.

대한영양사협회. 임상영양관리지침서(제3판). 2010.

보건복지부. 국민건강통계. 2017.

보건복지부 · 질병관리본부 · 대한소아과학회. 2017 소아청소년 성장도표. 보건복지부, 2017.

보건복지부. 한국인 영양소 섭취기준. 2015.

보건복지부. 한국인 영양소 섭취기준. 2020.

서정숙 외 4인. 영양판정 및 실습(5판). 파워북, 2017.

승정자 외 4인. 영양판정(이론 및 실험). 청구문화사, 2007.

육성민 외 5인. 국민건강영양조사자료를 이용한 한국 성인의 식생활 평가지수 개발. J Nutr Health. 48(5):419–428, 2015.

이미숙 외 5인. 영양판정(4판). 교문사. 2017.

이정숙 외 6인. 청소년을 위한 영양지수 개발과 타당도 검증. J Nutr Health. 50(2):142–157, 2017.

이정숙 외 7인. 취학 전 아동 대상 영양지수 개발: 평가항목 선정과 구성 타당도 검증. J Nutr Health, Journal of Nutrition and Health, 49(5):378–394, 2016.

이정숙 외 7인. 한국 성인을 위한 영양지수 개발과 타당도 검증. J Nutr Health, Journal of Nutrition and Health, 51(4):340~356, 2018.

이정원 외 4인. 영양판정(3판). 교문사, 2012.

이연숙 외 6인. 생애주기영양학(4판). 교문사, 2017.

이현옥 외 4인. 생애주기영양학(2판). 교문사, 2016.

정민재 외. 노인 대상 영양지수 개발: 평가항목 선정과 구성 타당도 검증. J Nutr Health, Journal of Nutrition and Health, 51(1):87–102, 2018.

정현숙 외 5인. 생애주기 영양학(2판). 수학사, 2016.

한국농촌경제연구원. 식품수급표. 2017.

American Dietetic Association. ***Manual of Clinical Dietetics***, 5th ed. American Dietetic Association. 1996.

Bauer J et al. Use of the scored Patient–Generated Subjective Global Assessment (PG–SGA) as a nutrition assessment tool in patients with cancer. Eur J Clin Nutr. Aug;56(8):779–85. 2002.

Butterworth CE Jr. The skeleton in the hospital closet. Nutr Hosp. 2005;20:302–307.

Challenges: Workshop Summary. Washington, DC: The National Academies Press; p.105, 2008.

Cook JD, Flowers CH, Skikne BS. The quantitative assessment of body iron. Blood. 2003:101;3359–3364.

Detsky AS et al. What is subjective global assessment of nutritional status? JPEN. 1987:11(1):8–13.

Guenter P. et al. Addressing disease–related malnutrition in hospitalized patients: A call for a national goal. The Joint Commission Journal on Qualityand Patient Safety. 2015:41;469–473.

Heimburger DC. Malnutrition and nutritional assessment. In Longo DL, Fauci AS, Kasper DL, Hauser SL, Jameson JL, Loscalzo J(eds.), ***Harrison's principles of internal medicine***, 18th ed. New York: McGraw–Hill. 2012:605–612.

Holick MF, Chen TC. Vitamin D deficiency: A worldwide problem with health consequence. American Journal of Clinical Nutrition 2008:87;1080S–1086S.

Institute of Medicine(IOM). The Development of DRIs 1994–2004: Lessons Learned and New.

Ireton–Jones CS, Hasse JM. Comprehensive nutritional assessment: The dietitian's contribution to the team effort. Nutrition. 1992:8;75–81.

Kant AK, Schatzkin A, Ziegler RG, Nestle M, Dietary diversity in the US population. NHANES II 1976–1980. JADA. 1991:1526–1531.

Lee RD & Nieman DC. ***Nutritional assessment***, 4th ed., 2006.

Lee RD & Nieman DC. ***Nutritional assessment***, 5th ed., 2007.

Long CL. The energy and protein requirements of the critically ill patient. In Wright RA, Heymsfield SB, eds. ***Nutritional assessment***. Boston: Blackwell Scientific Publications; 1984.

Mentegut WJ, Lowry SF. Nutrition in burn patients. Seminars in Nephrology. 1993:13;400–408.

Kondrup J. et al. ESPEN Guidelines for Nutrition Screening 2002 Educational and Clinical Practice Committee, European Society of Parenteral and Enteral Nutrition (ESPEN). Clin Nutr. 2003:22(4);415–421.

Long CL, Schaffel N, et al. Metabolic response to injury and illness: Estimation of energy and protein needs from indirect calorimetry and nitrogen balance. Journal of Parenteral and EnteralNutrition. 1979:3;452–456.

Long CL. The energy and protein requirements of the critically ill patient. In Wright RA, Heymsfield SB, eds. ***Nutritional assessment***. Boston: Blackwell Scientific Publications. 1984.

Lowe NM, Fekete K, Decsi T. Methods of assessment of zinc status in human: A systematic review. American Journal of clinical Nutrition. 2009:89;2040S–2051S.

Lykkesfeldt J, Poulsen HE. Is vitamin C supplementation beneficial? Lessons learned from randomised controlled trials. British Journal of Nutrition. 2010:03;1251–

1259.

Mackey AD, Davis SR, Gregory JF. Vitamin B6. In Shils ME, Shike M, Ross AC, Cabellero B, Cousine RJ(eds.). ***Modern nutrition in health and disease***, 10th ed. Philadelphia: Lippincott William & Wilkins. 2006:452–461.

McKnight K, Farmer A, Zuberbuhler L, Mger D. 2010. Identification and treatment of protein–energy malnutrition in renal disease. Canadian Journal of Dietetic Practice and Research. 2010:71;27–32.

Madden AM, Smith S. Body composition and morphological assessment of nutritional status in adults: A review of anthropometric variables. Journal of Human Nutrition and Dietetics. 2016:29;7–25.

Malone A, Hamilton C. The Academy of Nutrition and Dietetics/the American Society for Parenteral and Enteral Nutrition consensus malnutrition characteristics: application in practice. Nutr Clin Pract. Dec;28(6):639–50. 2013.

Mini Nutritional Assessment – MNA® Elderly https://www.mna–elderly.com › forms › MNA_korean

Nelms M. et. al. The Nutrition Care Process. ***Nutrition Therapy and Pathophysiology***, Cengage Learning, 2nded.Belmont.CA. 2011.

Nieman, David C. ***Nutritional Assessment***: Assessment of the hospitalized patient. 7th Edition. McGraw–Hill, Education. The McGraw–Hill Companies. 2019.

Osterkamp LK. Current perspective on assessment of human body proportions of relevance to amputees. Journal of the American Dietetic Association. 1985:95;215–218.

Panel on Macronutrients, Panel on the Definition of Dietary Fiber, Subcommittee on

Upper Reference Levels of Nutrients, Subcommittee on Interpretation and Uses of Dietary Reference Intakes, Standing Committee on the Scientific Evaluation of Dietary Reference Intakes. Dietary reference intakes for energy, carbohydrate,fiber, fat, fatty acids, cholesterol, protein, and amino acids. Washington, DC: National Academies Press. 2002.

Rice AL, Stoltzfus RJ, de Francisco A, Kjolhede CL. Evaluation of serum retinol, the modified relative–dose–response ratio, and breast–milk vitamin A as indicators of response postpartum maternal vitamin A supplementation. American Journal of Clinical Nutrition. 2000:71;799–806.

Suchdev PS, Namaste SM L, Aaron GJ, Raiten DJ, Brown KH, Flores–Ayala R. Overview of the Biomarkers Reflecting Inflammationand Nutritional Determinants of Anemia (BRINDA) Project. Advances in Nutrition. 2016:7;349–356.

Vellas B, Villars H, Abellan G, et al. Overview of MNA–Its History and Challenges, J Nut Health Aging. 2006:10:456–465.

Waymack JP, Herndon DN. Nutritional support of the burned patient. World Journal of Surgery. 1992:16;80–86.

White JV et al. Consensus statement: Academy of Nutrition and Dietetics and American Society for Parenteral and Enteral Nutrition: characteristics recommended for the identification and documentation of adult malnutrition(undernutrition). JPEN J Parenter Enteral Nutr. 2012:36(3);275–283.

White JV. et al. Academy Malnutrition Work Group;A.S.P.E.N. Malnutrition Task Force; A.S.P.E.N. Board of Directors. Consensusstatement: Academy of Nutrition and Dietetics and American Society for Parenteral and Enteral Nutrition: Characteristics recommended for the identification and documentation of adult malnutrition (undernutrition). JPEN Journal of Parenteral and Enteral Nutrition. 2012:36;275–283.

White M. et al. Simple nutrition screening tool for pediatric inpatients. Journal of Parenteral and Enteral Nutrition. 2016:40;392–398.

Yetley EA, Pfeiffer CM, Phinney KW, et al. Biomarkers of folate status in NHANES: A roundtable summary. American Journal of Clinical Nutrition. 2011:94:303S–312S.

Zimmermann MB. Iodine deficiency. Endocrine Reviews. 2009:30;376–408.

Zimmermann MB. Iodine deficiency in industrialized countries. Clinical Endocrinology. 2011:75;287–288.

농촌진흥청 국립농업과학원, 농식품종합정보시스템 http://koreanfood.rda.go.kr.

대한골대사학회 http://www.ksbmr.org

대한신장학회 http://www.ksn.or.kr/

식품의약품안전처 식품안전나라, 식품영양성분DM https://www.foodsafetykorea.go.kr

의료기관평가인증원, 3주기 급성기병원 인증기준, 자료실 http://www.koiha.kr

(주)인바디 홈페이지 https://www.inbody.com/kr/product/comp_analyzer.aspx

질병관리본부 국민건강영양조사 https://knhanes.cdc.go.kr/knhanes

한국정맥경장영양학회 http://www.kspen.org/

한국영양학회 http://www.kns.or.kr/

한국영양학회, CAN 프로그램, http://canpro5.kns.or.kr

The Dutch Malnutrition Steering Group.

http://www.fightmalnutrition.eu/toolkits/guideline-malnutrition-2017.

The Nestlé Nutrition Institute. MNA® Forms. https://www.mna-elderly.com/

The Wrold Health Organization, WHO. Malnutrition. https://www.who.int/topics/malnutrition/en/

찾아보기

ㅈ

ㅊ

ㅋ

ㅌ

ㅍ

ㅎ

저자 소개

이현옥
숙명여자대학교 이학박사
연성대학교 식품영양학과 교수

백희준
한양대학교 이학박사
한양여자대학교 식품영양(학)과 교수

김미옥
일본 오차노미즈여자대학교 학술박사
대구보건대학교 식품영양학과 교수

서은영
단국대학교 이학박사
장안대학교 식품영양학과 교수

강주희
연세대학교 이학박사
수원여자대학교 식품영양과 교수

임희숙
순천향대학교 보건학박사
경희대학교 동서의학대학원 노인학과 교수

영양판정 및 실습

2022년 2월 28일 초판 인쇄
2022년 3월 4일 초판 발행

지은이 | 이현옥 · 백희준 · 김미옥 · 서은영 · 강주희 · 임희숙
발행인 | 유제구

발행처 | 파워북
주 소 | 경기도 고양시 일산동구 호수로 358-25
동문타워2차 529호
전 화 | (02) 730-1412
F A X | (031) 908-1410
등 록 | 1997년 1월 31일 제2014-000067호
편 집 | 북스북스

정가 24,000원
ISBN 978-89-8160-482-0 (93590)